Advanced Purchasing & SCM

Series Editors:

Gerd Kerkhoff
Erik Hofmann
Wolfgang Stölzle

Weitere Bände in dieser Reihe
http://www.springer.com/series/8869

Erik Hofmann • Daniel Maucher •
Martin Kotula • Oliver Kreienbrink

Erfolgsmessung und Anreizsysteme im Einkauf

Den Mehrwert der Beschaffung professionell erheben, bewerten und darstellen

Springer

Prof. Dr. Erik Hofmann
Universität St.Gallen
Kerkhoff Competence Center
of Supply Chain Management
Lehrstuhl für Logistikmanagement
Dufourstrasse 40a
9000 St. Gallen
Schweiz
erik.hofmann@unisg.ch

Daniel Maucher
Universität St.Gallen
Kerkhoff Competence Center
of Supply Chain Management
Lehrstuhl für Logistikmanagement
Dufourstrasse 40a
9000 St. Gallen
Schweiz
daniel.maucher@unisg.ch

Martin Kotula
Kerkhoff Consulting GmbH
Elisabethstr. 5
40217 Düsseldorf
Deutschland
m.kotula@kerkhoff-consulting.com

Oliver Kreienbrink
Kerkhoff Consulting GmbH
Elisabethstr. 5
40217 Düsseldorf
Deutschland
o.kreienbrink@kerkhoff-consulting.com

ISBN 978-3-642-34316-2 ISBN 978-3-642-34317-9 (eBook)
DOI 10.1007/978-3-642-34317-9
Springer Heidelberg Dordrecht London New York

Die Deutsche Nationalbibliothek verzeichnet diese Publikation in der Deutschen Nationalbibliografie; detaillierte bibliografische Daten sind im Internet über http://dnb.d-nb.de abrufbar.

Gedruckt auf säurefreiem und chlorfrei gebleichtem Papier

Springer ist Teil der Fachverlagsgruppe Springer Science+Business Media (www.springer.com)

Vorwort

Gerade in wirtschaftlich schwierigen Zeiten richtet sich in vielen Unternehmen der Fokus verstärkt auf Potenziale zur Realisierung von Einsparungen im Einkauf. Doch neben Kostensenkungen hat der Einkauf zahlreiche weitere Ziele zu verfolgen. Hierzu zählen vor allem die Erhöhung der Liquidität, Reduzierung von Risiken, Gewährleistung der Versorgungssicherheit, Sicherstellung der Produktqualität und Initiierung von Innovationen. Für den Einkauf gilt es daher, ein Gesamtoptimum der verschiedenen Zieldimensionen anzustreben.

Die Vielfältigkeit dieser Ziele sollte sich auch in der Erfolgsmessung und Anreizsetzung des Einkaufs widerspiegeln. Obwohl kostenbezogener Größen in den meisten Unternehmen eine hohe Bedeutung haben, greift die ausschließliche Ermittlung und Bewertung von Savings – wie in vielen Einkaufsabteilungen immer noch praktiziert – zu kurz. Neben dem Preis sind qualitative Kriterien, die sich an den genannten Zielen des Einkaufs orientieren sollten, in die Erfolgsmessung einzubeziehen.

Eine Grundvoraussetzung, um ein effizientes und effektives System zur Erfolgsmessung und Anreizsetzung im Einkauf implementieren und betreiben zu können ist die Transparenz über Daten und Informationen. Jedes System ist nur so gut, wie die Daten mit denen es gespeist wird. Hilfreich dabei können Systeme für Cost-Break-Down Analysen oder Preisentwicklungseinflüsse sein. Eine wesentliche Aufgabe ist es daher, zunächst die Vielzahl der vorhandenen Informationen im Einkauf zu erfassen und zu strukturieren. Idealerweise beginnt das in den einzelnen Warengruppen, geht über die Beschaffungsorganisation und reicht bis zur Lieferanten- und Supply Chain-Evaluation.

Ein weiterer zentraler Aspekt der Erfolgsmessung im Einkauf stellt die Gewährleistung der Wirksamkeit der ausgewiesenen Savings dar. So ist es Aufgabe der Unternehmensleitung dafür zu sorgen, erzielte Einsparungen im Einkauf tatsächlich im Unternehmen zu halten. So sollten diese direkt zu Budgetanpassungen führen um zu verhindern, dass realisierte Einsparungen an anderer Stelle ausgegeben werden. Kostenreduzierungen im Einkauf sind daher ein wichtiger Baustein für die Erfüllung von Unternehmenszielen.

Eine weitere Herausforderung der Erfolgsmessung und Anreizsetzung im Einkauf ist die Frage, wie die Erfolge innerhalb einer Unternehmensgruppe, eines Konzerns oder eines Buying Centers auf die einzelnen Einheiten bzw. Mitarbeiter heruntergebrochen werden können. Die Einführung einer Purchasing Balanced Scorecard und die daran gekoppelten Anreizsysteme haben dabei wesentlichen Einfluss auf die Motivation der beteiligten Akteure.

Meine Erfahrung zeigt, dass viele Unternehmen Schwierigkeiten bei der Hebung von Potenzialen im Einkauf haben. Dabei ist der Einkauf als verbindendes Element zum Beschaffungsmarkt und als Garant für die Versorgung mit qualitativ hochwertigen und gleichzeitig kostengünstigen Waren und Dienstleistungen von großer Bedeutung für das Gesamtwohl eines Unternehmens.

Die Autoren der Publikation greifen diese und weitere Themen im Rahmen der Erfolgsmessung und Anreizsetzung im Einkauf auf und überführen diese in ein umfassendes Methodenset. Den Lesern wünsche ich viel Vergnügen bei der Lektüre sowie zahlreiche konkrete Anregungen für die praktische Umsetzung.

Geschäftsführer Projekte
Kerkhoff Consulting GmbH

Dirk Schäfer

Geleitwort zur Schriftenreihe

Der Trend zur Globalisierung und zunehmenden Arbeitsteilung sowie die rasante Entwicklung der Informations- und Kommunikationstechnologie haben zu weltweiten, durch Material-, Informations- und Finanzmittelflüsse verbundenen Wertschöpfungsnetzwerken geführt. Diese globalen Supply Chains stellen aufgrund ihrer Komplexität und der länderübergreifenden Struktur große Herausforderungen an die beteiligten Akteure.

Dem Supply Chain Management kommt dabei die Aufgabe zu, unter Beachtung ökonomischer, ökologischer und sozialer Aspekte (Stichwort: Nachhaltigkeit), Wertschöpfungsnetzwerke nach den Bedürfnissen der Endkunden zu planen und zu lenken. Eine professionelle Beschaffungsfunktion (Advanced Purchasing) umfasst dabei das ganzheitliche Management aller Prozesse zur Versorgung eines Unternehmens mit den benötigten Gütern aus unternehmensexternen Quellen. Dabei steht zunächst das Ziel der Realisierung von Wettbewerbsvorteilen des eigenen Unternehmens im Vordergrund. Durch die Verknüpfung der Beschaffung mit dem Supply Chain Management können darüber hinaus unternehmensübergreifende Verbesserungen erzielt und nachhaltig gefestigt werden.

Beschaffung als Bestandteil von Supply Chain Management zählt zu den zentralen Managementaufgaben – in vielen Unternehmen sind sie bereits in der obersten Führungsebene verankert. Aufgrund dieser Relevanz sind Einkäufer und Supply Chain Manager bereits heute nicht mehr ausschließlich auf die Reduzierung von Kosten fokussiert, sondern tragen zur Differenzierung von Unternehmen und Wertschöpfungsnetzwerken bei. Die Auseinandersetzung mit Themen wie Sortimente, Risikomanagement, Finanzierung oder Qualität in der Supply wird in den kommenden Jahren aufgrund neuer Herausforderungen steigen. Dazu kommen sich ändernde politische Rahmenbedingungen, Oligopole auf Anbietermärkten oder Ressourcenengpässe.

Trotz der großen praktischen Bedeutung der Beschaffung erscheinen diese zukünftigen Herausforderungen aus wissenschaftlicher Sicht noch nicht ausreichend gewürdigt. So wurde die Verbindung zwischen Einkauf und dem Supply Chain Management bis lang nicht umfänglich erforscht. Die Buchreihe „Advanced Purchasing & Supply Chain Management" soll einen Beitrag dazu leisten, diese Lücken zu schließen. Damit einher geht der Anspruch, sowohl für die Wissenschaft als auch für die Praxis einschlägigen Nutzen zu generieren. Die in dieser Reihe erscheinenden Publikationen werden außerdem parallel dazu in der englischsprachigen Reihe „Professional Supply Management" veröffentlicht.

Die Realisierung dieser Zielsetzung wird vom „Kerkhoff Competence Center of Supply Chain Management" (KCC) – einer gemeinsam initiierten Exzellenzplattform von Kerkhoff Consulting und dem Lehrstuhl für Logistikmanagement der Universität St.Gallen – gestützt. Das Ziel des KCC ist es, eine aktive Schnittstelle zwischen Wissenschaft und Praxis zu schaffen, um Trends und Herausforderungen in Einkauf, Beschaffung und Supply Chain Management zu analysieren sowie Handlungsempfehlungen für die Praxis abzuleiten

Die Beiträge der Buchreihe „Advanced Purchasing & Supply Chain Management" behandeln aktuelle Fragestellungen sowie Innovationen und Exzellenz-Ansätze im Management von Wertschöpfungsnetzwerken. Durchgängig werden theoretische Konzepte mit praktischen Anwendungen verknüpft. Die Autoren setzen sich aus Forschern der Universität St.Gallen, Wissenschaftlern weiterer führender internationaler Forschungseinrichtungen mit den Schwerpunkten Beschaffung und Supply Chain Management, Beratern von Kerkhoff Consulting sowie weiteren Experten aus der Praxis zusammen. Durch die Bildung gemischter Autorenteams aus Wissenschaft und Praxis entsteht eine enge Verzahnung dieser Bereiche.

Nach einer Phase starken Wachstums in den letzten beiden Jahren zeichnet sich angesichts der Schuldenkrise in Europa aktuell in vielen Unternehmen eine konjunkturelle Abschwächung ab. Dabei nimmt naturgemäß der Kostendruck auf die Einkaufsabteilungen zu und andere Ziele, wie z. B. die Sicherstellung der Verfügbarkeit, treten etwas in den Hintergrund. Dennoch sollten auch in wirtschaftlich schwierigen Zeiten langfristige Lieferantenbeziehungen gepflegt und zum beiderseitigen Nutzen entwickelt werden.

Im ersten Band der Reihe werden ausgehend von der Situation eines erhöhten Kapitalbedarfs bei gleichzeitig zurückhaltender Kreditvergabe der Banken, Konzepte zur Ermittlung und Stärkung der Innenfinanzierungskraft aus Unternehmenspraxis- und aus Supply Chain-Sicht und damit „Wege aus der Working Capital-Falle" vorgestellt. Ferner werden konkrete Handlungsempfehlungen für Einkaufsverantwortliche und Supply Chain Manager ausgesprochen, um die finanzielle Wettbewerbsfähigkeit des eigenen Unternehmens und der Wertschöpfungspartner zu steigern.

Im zweiten Band wird das Thema Investitionsgütereinkauf aufgegriffen. Bezugnehmend auf die besonderen Herausforderungen, die der Investitionsgütereinkauf an die beteiligten Akteure stellt, werden Instrumente und Methoden erläutert, mit denen diesen Herausforderungen begegnet werden kann. Der Prozess zur Beschaffung von Investitionsgütern dient dazu, den komplexen Beschaffungsprozess zu strukturieren und die relevanten Instrumente und Methoden darin zu positionieren. Das Buch leistet damit einen Beitrag zur Professionalisierung eines in der Literatur bisher wenig beachteten Erfolgsfaktors des Beschaffungsmanagements.

Das vorliegende Buch repräsentiert den dritten Band der Reihe. Mit der „Erfolgsmessung und Anreizsysteme im Einkauf" greifen die Autoren ein für die meisten Beschaffungsorganisationen relevantes Thema auf. Dabei werden die Erfolgsmessung im Einkauf und der Lieferanten-Abnehmer-Beziehung, Lieferantenbewertung, ganzheitliche Systeme zur Erfolgsmessung sowie erfolgsorientierte Anreizsysteme vorgestellt und diskutiert. Getreu dem Motto „you can't manage what you can't measure" können Unternehmen mit Hilfe des vorgestellten Methodensets ihre Steuerung des Einkaufs maßgeblich verbessern. Durch die Vorgabe von Zielen, der Messung der relevanten Größen und der anschließenden Rückkopplung an die Steuerung des Einkaufs können die im Einsatz befindlichen Instrumente voll zur Geltung gebracht werden.

Die Herausgeber der Schriftenreihe wünschen den Lesern dieses Bands ein ausgeprägtes Interesse sowie zahlreiche Anregungen zur praktischen Umsetzung der behandelten Themen.

Düsseldorf, Deutschland	Gerd Kerkhoff
St. Gallen, Schweiz	Erik Hofmann
St. Gallen, Schweiz	Wolfgang Stölzle
im August 2012	

Inhalt

Abbildungsverzeichnis

Tabellenverzeichnis

Herausforderung „Erfolgsmessung im Einkauf" 1

1.1 Vielschichtigkeit der Ergebniswirksamkeit des Einkaufs

Besonders in wirtschaftlich schwierigen Zeiten rückt die Einkaufsfunktion in den Vordergrund, da sich Einsparungen im Einkauf direkt auf das Unternehmensergebnis auswirken. Aber auch Phasen des wirtschaftlichen Aufschwungs sollte der Fokus auf den Einkauf nicht verloren gehen, selbst wenn in diesen Zeiten eher der Vertrieb im Vordergrund steht. In beiden Situationen hat die Beschaffung einen wesentlichen Einfluss auf den Unternehmenserfolg. Zur Erzielung des gleichen Ergebniseffektes wie durch eine Reduzierung der Materialkosten um beispielsweise 4 % müsste der Umsatz eines Unternehmens – bei einer in vielen Branchen üblichen Beschaffungsquote von 50 % und einer Umsatzrendite von 6 % – um 33 % steigen.[1] Eine Konjunkturveränderung führt in der Regel ebenfalls zu deutlichen Marktbewegungen im Bereich der Rohstoffe sowie zu Auswirkungen auf Produktionskapazitäten. Während in Krisenzeiten Einsparungen leichter realisiert werden können, stehen in der wirtschaftlichen Erholungsphase meistens die Abwehr von Preissteigerungen und die Gewährleistung der Versorgungssicherheit im Vordergrund des Interesses von Entscheidungsträgern.

Immer wieder wird der Vorwurf erhoben, dass sich der Einkauf die Einsparungen „schön rechnet" und diese in der Gewinn- und Verlustrechnung (GuV) nicht verzeichnet werden. In der Tat ist die Darstellung von Einsparungen oder Einkaufserfolgen nicht immer einfach. So hat sich noch keine unternehmens- und branchenübergreifende Methodik etabliert, die in der Praxis anerkannt wird.[2] Der Fokus wird hingegen im Allgemeinen auf ergebniswirksame Einsparungen und den finanziellen Wertbeitrag einzelner Warengruppen oder Abteilungen gelegt, wodurch unter Umständen nur ein Teil der tatsächlichen Einsparungen betrachtet wird. Besonders auf Prozessoptimierungsebene werden die Tätigkeiten der Beschaffungsorganisation, die indirekt zu Einsparungen führen können, wie die Schaffung von Transparenz, vernachlässigt. Doch gerade an dieser Stelle liegt Verbesserungspotenzial. So kann

[1] Vgl. Arnolds et al. (2010, S. 13).

[2] Vgl. Henke und Quitt (2008, S. 22).

E. Hofmann et al., *Erfolgsmessung und Anreizsysteme im Einkauf*, Advanced Purchasing & SCM, DOI 10.1007/978-3-642-34317-9_1,

eine strategische Ausrichtung des Einkaufs auf eine geringe Anzahl an Lieferanten oder Dienstleister, mit denen im Gegenzug aber in Forschung und Entwicklung, Qualitätsmanagement oder anderen Bereichen verstärkt zusammengearbeitet wird, Vorteile bringen.[3] Skaleneffekte durch erhöhte Bestellvolumina gehen mit Kosteneinsparungen einher, Kooperationen auf anderer Ebene können die Lieferantenbeziehung sowie die Produktqualität verbessern und neue Impulse und Innovationen von außen ins Unternehmen einbringen.[4] So konnte Coca Cola einen Anstieg der Verkaufszahlen verzeichnen, nachdem das von einem Lieferanten initiierte „Fridge Pack" eingeführt wurde, eine Verpackung, die eine 12er-Packung Dosen so anordnet, dass sie vollständig im Kühlschrank des Endkunden aufbewahrt werden kann.[5]

Aus finanzieller Sicht hat der Einkauf verschiedene Möglichkeiten, die Kostenstruktur und -höhe eines Unternehmens zu beeinflussen. Ein Hebel zur Generierung von Einsparungen liegt in der Rationalisierung des Material- und Dienstleistungsbedarfs. Dies kann durch die Verwendung von Substituten, gemeinsame Nutzung von Ressourcen mit anderen Unternehmen oder über die stringente Einführung des Lean-Ansatzes erfolgen. Des Weiteren können durch Verhandlungen mit Lieferanten oder Bündelung von Bestellungen günstigere Preiskonditionen oder Skonti erzielt werden. Außerdem lassen sich anfallende Transaktionskosten durch eine vom Einkauf initiierte Effizienzsteigerung in der Supply Chain reduzieren.[6] Dabei kann jedoch die ausschließliche Betrachtung von Vergangenheitswerten ein Problem darstellen, da deren zukünftige Ergebniswirksamkeit nur schwer zu quantifizieren ist. Aus finanzieller Sicht ist es daher erforderlich, dass Finanz- und Controlling-Abteilung sowie Einkauf eng zusammenarbeiten.[7]

Von großer Relevanz ist die Fixierung verbindlicher Richtlinien und Vorgaben für die Ermittlung von Einsparungen oder Erfolge durch den Einkauf. Bedeutsam sind dabei vor allem die einzelnen Einkäufer, die bei einer entsprechenden variablen, von den generierten Einsparungen abhängigen Entlohnung ein nachdrückliches Interesse an der positiven Darstellung von Erfolgen haben. Folglich ist ein eindeutiges und nicht manipulierbares Verständnis über die Erfolgsmessung im Einkauf eine wichtige Ausgangsbasis. Für den Chief Financial Officer (CFO) spielen diese Richtlinien eine zentrale Rolle bei einer möglichst objektiven Bewertung von erzielten Einsparungen sowie der tatsächlichen Einkaufsleistung durch die Einkäufer. So können gemeinsam mit anderen Unternehmensabteilungen erhebliche Einsparungen generiert werden, was bei der verursachergerechten Zuordnung der Einkaufserfolge von Wichtigkeit ist.[8] Dabei sind Markteinflüsse in der Erfolgsmessung zu berücksichtigen und gegeben falls Bereinigungen anzustoßen. Darüber hinaus sollte der CFO den Fokus auf die Gesamthöhe der Einsparungen legen, unabhängig von ihrer GuV-Wirksamkeit oder dem Effekt von Marktbereinigungen. Eine in

[3] Vgl. Chen et al.(2004, S. 506 ff.).

[4] Vgl. Hartmann et al. (2011, S. 18 ff.).

[5] Vgl. Blascovich und Markham (2005, S. 34 ff.).

[6] Vgl. Hartmann et al. (2011, S. 22 ff.).

[7] Vgl. Ashenbaum (2006, S. 6).

[8] Vgl. Maucher et al. (2012, S. 56).

der Praxis häufig zu beobachtende Problematik ist organisatorischen Ursprungs, da oftmals die im Einkauf oder der Produktion eingesparten Kosten durch zusätzlich gewährte Rabatte auf der Vertriebsseite oder durch Bedarfseffekte „neutralisiert" werden. In diesen Fällen weist der Einkauf möglicherweise Einsparungen auf, die längst an anderer Stelle verrechnet bzw. weitergereicht wurden oder erst gar nicht aufgetreten sind. Aufgrund solcher eingeschränkten Betrachtungen kommt es zum Vorurteil des „Schönrechnens" durch den Einkauf. Des Weiteren können auch falsche Annahmen und ungenaue Bedarfsprognosen zu Fehlern bei der Erfolgsermittlung führen. In der Regel berechnet der Einkäufer die Einsparungen anhand eines „ex-post" Mengengerüsts bzw. adjustiert diese um einen pauschalen zukünftigen Entwicklungsfaktor.

In spezifischen Situationen wird der Einkauf – auch im Falle von Kostensteigerungen – Einsparungen ausweisen können.

Der Einfluss des Einkaufs erstreckt sich jedoch nicht nur auf finanziell sichtbare Faktoren, sondern weiterhin auf Maßnahmen mit strategischem Ausmaß. Daher sind bei der Konzipierung und Implementierung von Erfolgsmessungs-Ansätzen sowohl die Berücksichtigung der Beschaffungs- und der Unternehmensstrategie sowie die Einbindung des Einkaufs in relevante Geschäftsprozesse erforderlich.[9] Aufgrund der Vielzahl an Einflussmöglichkeiten des Einkaufs, der Interdependenzen mit weiteren Unternehmensfunktionen sowie der aktiv betriebenen Verbindung zu Lieferanten und Dienstleister stellt die Messung der Erfolgswirksamkeit des Einkaufs eine große Herausforderung dar.

1.1.1 Finanzwirtschaftliche Erfolgsbreite des Einkaufs

Eine in der Praxis häufig verwendete Spitzenkennzahl ist der Return on Capital Employed (ROCE), der die Kapitalrendite repräsentiert. Der Zähler (EBIT) repräsentiert die GuV. Der Nenner (CE) wird durch relevante Bilanzgrößen gebildet. Durch Einsparungs- und Verbesserungsmaßnahmen kann der Einkauf diese Kennzahl auf vielfältige Weise beeinflussen. In der nachfolgenden Darstellung wird verdeutlicht, welche Möglichkeiten der Einkauf hat, positiv auf diese Kennzahl einzuwirken (Abb. 1.1). Zur Steigerung des ROCE gibt es im Wesentlichen fünf Stellhebel: Die Sales (Umsätze), Cost of Goods Sold (Herstellungskosten), General & Administration Expenses (allgemeine Verwaltungskosten), Property, Plant & Equipment (Sachanlagen) sowie das Net Working Capital (Netto-Umlaufvermögen).

Sales Umsatzerlössteigerung durch Beschaffung von Innovationen oder qualitativ hochwertigen Materialien und Bauteilen, die ihrerseits einen höheren Verkaufspreis rechtfertigen beziehungsweise Kunden „binden". Allerdings ist in der Regel die monetäre Wirkung schwierig zu ermitteln.

[9] Vgl. Henke und Quitt (2008, S. 22).

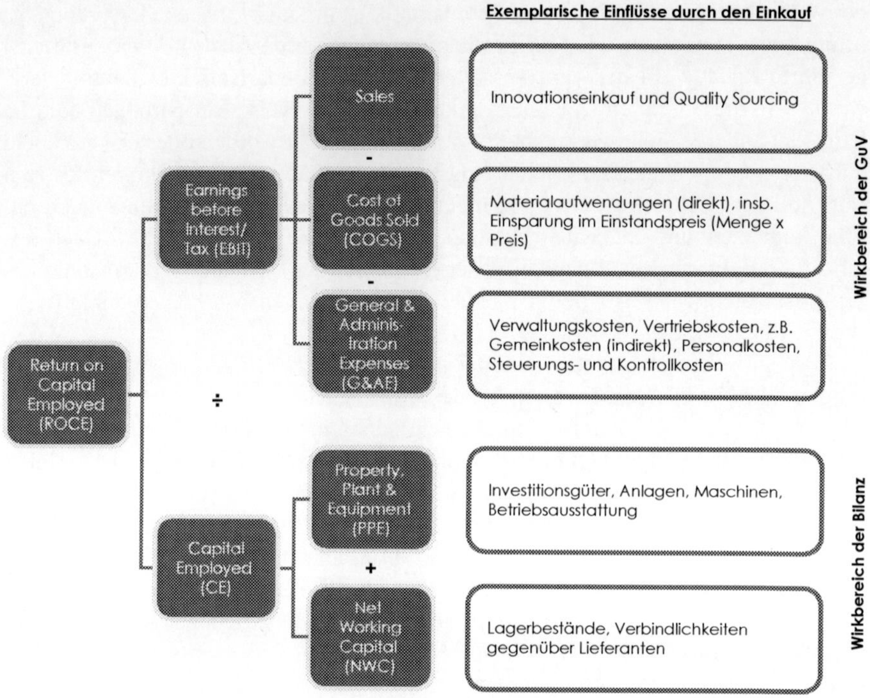

Abb. 1.1 Stellhebel des Einkaufs auf den Return on Capital Employed

Cost of Goods Sold (COGS) In den Bereich der „Cost of Goods Sold" fallen sämtlich direkte, mit einem Produkt verbundene Kosten, direkte Arbeitskosten sowie Produktionsgemeinkosten. Dazu gehören Roh-, Betriebs- und Hilfsstoffe, Produktmodule wie Autositze, Kabelbäume, Interieur sowie direkte Personalkosten. Der Einkauf kann über verhandelte Preisreduktionen in Warengruppen wie Metalle, Schrauben oder Personalleasing für Produktionspersonal Materialkosteneinsparungen erzielen.

General & Administration Expenses (G&AE) Die relevanten „General & Administration"-Aufwendungen beinhalten sämtliche Gemeinkosten eines Unternehmens, die im Rahmen des Wertschöpfungsprozesses anfallen. Gelegentlich werden hierunter auch Vertriebskosten für Provisionen oder Werbematerial subsumiert. Zu den Gemeinkosten gehören u. a. Energiekosten, Mieten oder Versicherungen. Die Verwaltungskosten setzen sich unter anderem aus Büromaterial, IT Hard- und Software oder Rechtsberatung zusammen.[10] Für Analysezwecke sollten diese Kostengrößen jeweils getrennt voneinander betrachtet werden. Dies ist insbesondere für die Ermittlung von Einsparungspotenzialen sinnvoll. Durch die Anwendung von

[10] Vgl. Wahlen et al. (2008, S. 17 ff.).

geeigneten Einkaufsmethoden lassen sich für diese extern beschafften Repetierfaktoren erfolgswirksame Kosteneinsparungen realisieren.

Property Plant & Equipment (PPE) Der Bereich „Property, Plant and Equipment“ stellt die Sachanlagen, das Anlagevermögen der Bilanz, dar. Darin wird Vermögen in folgende Kategorien unterteilt: Grundstücke, Gebäude, Maschinen sowie Betriebs- und Geschäftsausstattung.[11] Der Einkauf hat in diesem Bereich einen signifikanten Werthebel, um diese Bilanzposition bewertungsseitig zu reduzieren, beispielsweise bei seiner Einbindung in Investitionsprojekte.[12] Darüber hinaus ist die Berücksichtigung der Lebenszykluskosten,[13] das heißt die Einbeziehung gegenwärtiger und zukünftiger Aufwendungen wie Anlauf-, Inbetriebnahme-, Wartungs- und Instandsetzungskosten von Bedeutung, um die tatsächlichen Ausgaben und mögliche Einsparungen vollständig bewerten zu können.

Net Working Capital (NWC) Das Net Working Capital (NWC) errechnet sich aus dem Umlaufvermögen reduziert um das kurzfristige, nicht zinstragende Fremdkapital.[14] Das Umlaufvermögen setzt sich aus Vorräten, Forderungen aus Lieferungen und Leistungen sowie Wertpapieren und anderen liquiden Mitteln zusammen. Diese Bestandteile sind in der Regel schnell verfügbar und somit von Wichtigkeit bei sich abzeichnenden Liquiditätsengpässen. Zudem kann durch eine Stärkung der Innenfinanzierungskraft die Alternativen der Außenfinanzierung verbessert werden, zum Beispiel durch eine erleichterte und günstige Aufnahme von Krediten. Die Hauptkenngröße des Working Capitals wird durch den Cash-to-Cash-Cycle dargestellt, der den Kreislauf von finanziellen Ausgaben für die Bezahlung von Lieferanten über Bestandreichweiten bis zum Zahlungseingang durch Kunden beschreibt. Um die im Unternehmen vorhandenen finanziellen Mittel erfolgswirksam einzusetzen und das gebundene Kapital zu reduzieren, kann mit Hilfe des Einkaufs an verschiedenen Punkten angesetzt werden. Auf Ebene der Zahlungskonditionen sollten die Skontosätze sowie die Skontonutzungsquote erhöht werden. Im Bestandsmanagement sind unter Berücksichtigung der Versorgungssicherheit die durchschnittlichen Lagerbestände zu senken und der Bestellprozess zu beschleunigen. Ferner lassen sich im Warengruppen- und Lieferantenmanagement durch Standardisierungen und der Schaffung von Transparenz messbare Effizienzsteigerungen erzielen. Dadurch wird ein zeitnaher Vergleich von Waren und Lieferanten und die Realisierung der besten Konditionen und Rahmenbedingungen ermöglicht.

Die zahlreichen Stellhebel auf den ROCE belegen die beeindruckende Bandbreite der Einflüsse des Einkaufs. Die vielfach in der Praxis zu beobachtenden Reduktionen der Erfolgsermittlung auf den Einflussbereich der COGS ist damit nicht gerechtfertigt. Vielmehr hat die Konzeption einer Mess- und Steuerungssystematik im Einkauf das ganzheitliche Erfolgsspektrum abzudecken.

[11] Vgl. Victor (2012, S. 64 ff.).

[12] Vgl. Hofmann et al. (2011, S. 35 ff.).

[13] Vgl. Ellram und Siferd (1998, S. 55 ff.).

[14] Vgl. Hofmann et al. (2011, S. 11 ff.).

1.1.2 Typische Fehler bei der Erfolgsermittlung im Einkauf

Die durch den Einkauf erzielten und verhandelten Erfolge sind für einen Geschäftsführer oder CFO oftmals theoretische Werte, die selten wertmäßig in der GuV und Bilanz abgebildet werden. Daraus folgt, dass der Einkaufserfolg möglicherweise falsch eingeschätzt wird oder dass Erfolge, die zwar durch die Beschaffungsorganisation realisiert wurden, sich jedoch nicht direkt im Jahresabschluss ablesen lassen, bei der Beurteilung nicht berücksichtigt werden. Um dies zu vermeiden, sollte im Unternehmen eine einheitliche und von allen relevanten Entscheidungsträgern akzeptierte Grundlage zur Erfolgsmessung vorliegen. Dadurch lässt sich sicherstellen, dass bei der verursachergerechten Erfolgsermittlung keine Abteilung gegenüber einer anderen benachteiligt wird. Zudem sollte zur Darstellung des Einkaufserfolges in vollem Umfang zwischen monetären und nicht monetären Effekten unterschieden werden.[15]

Insbesondere beim Ausweisen von Einsparungen werden häufig Fehler begangen. Die typischen Mängel lassen sich in vier Gruppen unterteilen: allgemeine Fehler, Unterbewertungen, Überbewertungen sowie zeitliche Zuordnungsfehler.

Allgemeine Fehler beim Ausweis von Einsparungen Allgemeine Fehler beim Ausweis von Einsparungen, die durch die Beschaffungsorganisation initiiert wurden, treten meist dann auf, wenn eine mangelhafte Abstimmung zwischen dem Einkauf und anderen Funktionseinheiten eines Unternehmens vorliegt oder wenn sich relevante Kontextfaktoren ändern. Solche allgemeinen Fehlkalkulationen sind:

- Es werden im Vertrieb zusätzliche Nachlässe für Kunden gewährt, wodurch ein erzielter Einsparungseffekt reduziert oder gänzlich aufgehoben wird.
- Realisierte Einsparungen im Einkauf sind häufig schwer auszuweisen, da diese mitunter in den Bereich der indirekten Gemeinkosten fallen und nicht explizit ausgewiesen sind (z. B. bei Büromaterial und Arbeitsschutz aus Katalogen mit einer großen Anzahl an unterschiedlichen Artikeln).
- Fehlende Richtlinien, mehrdeutige Messverfahren sowie unzureichende Einbindung der Finanzabteilung beziehungsweise des Controllings gehen mit Schwäche und Konflikten bei der Ermittlung des Einkauferfolgs einher.[16]
- Volumenveränderungen führen zu mengenbedingten höheren Kosten in der GuV. Mögliche Einsparungen auf Artikel- beziehungsweise Warengruppenebene werden dabei nicht berücksichtigt.
- Mangelnde Budgetanpassungen führen unter anderen dazu, dass Budgets trotz Einsparungen weiterhin aufgebraucht werden, um zukünftige Kürzungen des zur Verfügung stehenden Finanzvolumens zu vermeiden.[17]

---

[15] Vgl. Arthur D. Little (2009).

[16] Vgl. Ashenbaum (2006, S. 7); vgl. Reuter und Hartmann (2008, S. 48 ff.).

[17] Vgl. Schoddel und Krentscher (2004, S. 28 ff.); Ashenbaum (2006, S. 8 ff.); Henke und Grötsch (2010, S. 22 ff.); Johnson und Leenders (2010, S. 25 ff.).

- Maverick Buying anderer Unternehmensfunktionen ohne Einbeziehung der Beschaffungsorganisation sowie ohne Berücksichtigung von verhandelten Rahmenverträgen mit Lieferanten führt häufig dazu, dass günstigere Konditionen nicht genutzt werden.[18]

Unterbewertungen beim Ausweis von Einsparungen In vielen Unternehmen sind die Grundlagen für die Einsparungsdarstellung ungenau spezifiziert und nicht synchron für alle Abteilungen und Funktionsbereiche ausgerichtet. So werden häufig nur ergebniswirksame Erfolge akzeptiert, was zu einer Unterbewertung der Einsparungserfolge der Beschaffungsorganisation führen kann, da hierbei nur ein Ausschnitt der Tätigkeiten berücksichtigt wird.[19] Gründe für Unterbewertungen können in den folgenden Aspekten liegen:

- Eine zu enge und starre Definition von Einsparungen (z. B. wenn die Einsparungsdarstellung auf Jahresbasis erfolgt).
- Fehlende bzw. mangelnde Darstellung der Einkaufsleistung (z. B. nur Erfassung GuV-wirksamer Einsparungen, keine Darstellung von Kostenvermeidung).[20]
- Keine umfassende Erfassung der Einsparungen von Lebenszykluskosten (z. B. massive Einsparungen bei den zu erwartenden Instandhaltungskosten aufgrund einer robusten Technik oder höheren Qualität).
- Manipulative Unterbewertung der ausgewiesenen Einsparungen durch die Einkäufer, um keine Verschärfung der Erfolgsziele für das folgende Jahr zu riskieren.

Überbewertungen beim Ausweis von Einsparungen Zu einer Überbewertung der Einsparungserfolge kommt es insbesondere dann, wenn Teilaspekte des Beschaffungsprozesses, versteckte Kosten oder Marktentwicklungen unberücksichtigt bleiben oder Informationsdefizite vorliegen.[21] Folgende Faktoren können zu einer Überbewertung des Einsparungserfolges führen:

- Etwaige Preiserhöhungen werden nicht berichtet, sondern nur Einsparungen. Dadurch werden wesentliche Informationen für eine objektive Erfolgsermittlung zurückgehalten.
- Technologische Implikationen (z. B. erforderliche Updates) werden im Rahmen der Beschaffungsentscheidung nicht berücksichtigt.
- Kosten eines Lieferantenwechsels werden nicht betrachtet.
- Risiken werden nicht adäquat abgebildet (z. B. die Trade-Off-Abwägung zwischen den Kosten für einen Lieferantenwechsel und den dadurch möglichen Einsparungen).

[18] Vgl. Duffy (2008, S. 3 ff.); vgl. Schild (2008, S. 18 ff.).

[19] Vgl. Ashenbaum (2006, S. 21;) vgl. Johnson und Leenders (2010, S. 25 ff.).

[20] Cost Avoidance s. Abschn. 2.2.2.1.

[21] Vgl. Johnson und Leenders (2010, S. 28 ff.).

- Multi-Jahresverträge und daraus resultierende Einsparungen werden kumuliert im ersten Jahr ausgewiesen.
- Mehrfachzählung von Einsparungen aufgrund des gleichzeitigen Ausweises der Einkaufserfolge durch mehrere Unternehmensfunktionen, so genanntes Double Count.
- Manipulative Überbewertung der ausgewiesenen Einsparungen durch die Einkäufer, um persönliche Zielvorgaben zu erreichen und avisierte Boni einzustreichen.

Zeitliche Zuordnungsfehler Häufig werden im Einkauf Verträge über mehrere Jahre abgeschlossen. Die Einsparungen aus einem 3-Jahres-Vertrag werden allerdings nicht immer akzeptiert, sondern lediglich die Effekte der ersten 12 Monate.[22] Ein Mehrjahresvertrag bzw. eine Rahmenvereinbarung ist jedoch häufig mit hohen Anfangsinvestitionen der involvierten Partner verbunden.

Die Grundlagen der Zusammenarbeit wie Mengengerüste, Preisstaffelungen oder erforderliche Werkzeuge sind in der Regel auf die Gesamtlaufzeit ausgerichtet.[23] Mitunter werden Abnahmeverpflichtungen vereinbart, wie es bei einem Mobilfunk- oder Leasingvertrag üblich ist. Der Einkäufer verhandelt also über das Beschaffungsvolumen mehrere Perioden. Dennoch wird in der Praxis vielfach die jährliche Kostenbasis angewendet um mit dem Ablauf eines Finanzjahres die Vergleichsbasis neu zu erstellen.[24] Diese Ansicht ist jedoch kritisch. Einsparungen müssten hiernach auf das laufende Finanzjahr ausgewiesen werden. Angenommen eine Vereinbarung wird im Oktober eines Jahres abgeschlossen, sind die Einsparungen korrekterweise für die nächsten 12 Monate zu verrechnen. Folgt man hingegen strikt der Finanzjahres-Orientierung, dürften nur drei Monate angerechnet werden, da mit der neuen Periode eine neue Preisbasis beginnt. Hinzu kommt, dass insbesondere im ersten Jahr einer Einsparungsmaßnahme zahlreiche Umstellungsaufwendungen für Werkzeuge, Modelle, Muster und Ähnliches anfallen, was den Einsparungserfolg signifikant verringern kann.[25] Idealerweise sind Einsparungen aus einem Mehrjahres-Vertrag periodengerecht zu erfassen.[26] Im ersten Jahr des Vertrages sind die Einsparungen GuV-wirksam darzustellen, in den Folgejahren sind die Erfolge als nicht GuV-wirksam zu erfassen. Ferner ist die Preisstabilität, die durch eine Preisfixierung entsteht, zu berücksichtigen. Erfolgt keine Preiserhöhung, ist die Inflationsrate additiv als entsprechende Einsparung zu berücksichtigen.

[22] Vgl. Ashenbaum (2006, S. 3).
[23] Vgl. Ashenbaum (2006, S. 3 ff.).
[24] Vgl. Ashenbaum (2006, S. 4).
[25] Vgl. Ashenbaum (2006, S. 6 ff.).
[26] Vgl. Ashenbaum (2006, S. 7).

1.2 Vielfalt der zu berücksichtigenden Faktoren auf den Einkaufserfolg

Der Einkauf unterscheidet sich in vielfältiger Weise von Unternehmen zu Unternehmen. Neben internen Charakteristika haben auch externe Faktoren Einfluss auf den Einkaufserfolg. Bei der Messung und Bewertung des Einkaufserfolgs sind daher zahlreiche Einflussfaktoren zu berücksichtigen. Beispielsweise hat die Wertschöpfungstiefe eines Unternehmens Auswirkungen auf den Status der Beschaffungsorganisation und damit auf die Bedeutung der Erfolgsmessung. Auch die Beschaffungsmarktkonstellation sollte bei der Erfolgsmessung im Einkauf berücksichtigt werden. So sind in einem Lieferantenmonopol deutlich geringere monetäre Einsparungen (Savings) zu erwarten als beim Vorliegen eines Lieferantenpolypols. Um diese und weitere Aspekte näher zu beleuchten, werden im Folgenden der Einfluss von Sortimentsbreite und Wertschöpfungstiefe, der Einfluss von Organisationsstruktur und Führungsrichtlinien auf den Einkaufserfolg sowie der Einfluss von Supply Chain-Strategie und Beschaffungsmarktkonstellation auf den Einkaufserfolg betrachtet.

1.2.1 Einfluss von Sortimentsbreite und Wertschöpfungstiefe auf den Einkaufserfolg

Bei der Ermittlung des Einkaufserfolges sind verschiedene Aspekte zu berücksichtigen, die Einfluss auf die Höhe des ausgewiesenen Erfolges haben können. Dabei spielen besonders die Sortimentsbreite sowie die Wertschöpfungstiefe eines Unternehmens eine bedeutende Rolle. Im Folgenden sollen diese zwei Einflussfaktoren diskutiert werden.

Einfluss von Sortimentsbreite Die Sortimentsbreite ist definiert durch die Anzahl der von einem Unternehmen angebotenen Produktarten und Warengruppen und ist von der Sortimentstiefe abzugrenzen. Diese beschreibt die Anzahl alternativer Artikel innerhalb einer Produktgruppe.[27] Dabei gilt generell, dass mit zunehmender Sortimentsbreite die Spezialisierung des Anbieters abnimmt. Eine hohe Sortimentstiefe kann zudem zu Lasten der Sortimentsbreite gehen. Am Beispiel unterschiedlicher Betriebsformen des Handels lässt sich der Einfluss von Sortimentsbreite und -tiefe verdeutlichen (Abb. 1.2).

Während Unternehmen mit hoher Sortimentsbreite und somit einer hohen Anzahl verschiedener Produkten eher eine Großzahl an Kunden ansprechen, spezialisieren sich Unternehmen mit hoher Sortimentstiefe und geringer bis mittlerer Sortimentsbreite eher auf ein kleines Kundensegment. Diese Einteilung ist jedoch unabhängig von der Unternehmensgröße. Das heißt, dass auch kleine Unternehmen eine hohe Sortimentsbreite haben können.

[27] Vgl. Bichler et al. (2011, S. 168).

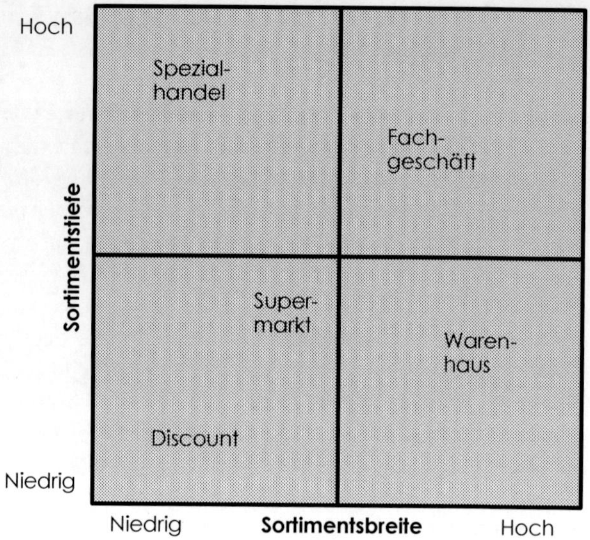

Abb. 1.2 Darstellung von Handelsbetriebsformen anhand der Sortimentsbreite und -tiefe. (Vgl. Bichler et al. 2011, S. 168; vgl. Hansen 2006, S. 30 f)

Allgemein kann eine hohe Sortimentsbreite zu Schwierigkeiten bei der Erfolgsmessung führen, da mit zunehmender Sortimentsbreite die Komplexität der Beschaffung zunimmt. Dadurch ist eine genaue Überprüfung erforderlich, ob allgemein angewendete Verfahren und Kennzahlen zur Messung des Einkaufserfolges für alle Artikel und deren Lieferanten anwendbar sind. Müssen verschiedene Verfahren und Kennzahlen angewendet werden, ist die Erfolgsmessung mit einem hohen Aufwand verbunden, obwohl möglicherweise der durchschnittliche Wert der einzelnen Artikel verhältnismäßig gering ist.

Einfluss der Wertschöpfungstiefe Unter Wertschöpfung versteht man vereinfacht den „Prozess des Schaffens von Mehrwert resultierend aus einer internen Bearbeitung".[28] Aus dieser Definition lässt sich ableiten, dass der Anteil der erbrachten Eigenleistungen eines Unternehmens die Wertschöpfungstiefe darstellt. Gleichzeitig kann die Wertschöpfungstiefe als Gegenstück der Materialquote interpretiert werden, die den Anteil des Einkaufsvolumens am Umsatz beschreibt. Wie Abb. 1.3 zeigt, ist die Materialquote im Branchenvergleich sehr unterschiedlich.

Generell ist festzustellen, dass dem Einkauf bei hoher Materialquote eine höhere Bedeutung zukommt, da in diesem Fall der Großteil der Produkte extern beschafft und nicht vom Unternehmen selbst produziert wird. Dies sollte sich in der Erfolgsmessung widerspiegeln. Daraus folgt, dass eine Gleichstellung von und ein Vergleich zwischen Beschaffungsorganisationen mit unterschiedlicher Wertschöpfungstiefe nur schwer möglich ist. Vielmehr sollte eine differenzierte Betrachtung entstehen. Erfolge sind unterschiedlich zu gewichten, um der tatsächlichen Leistung der Beschaffungsorganisationen bezogen auf die jeweils zu realisierenden Material-

[28] Vgl. Reisetbauer und Schlattl (2004, S. 313).

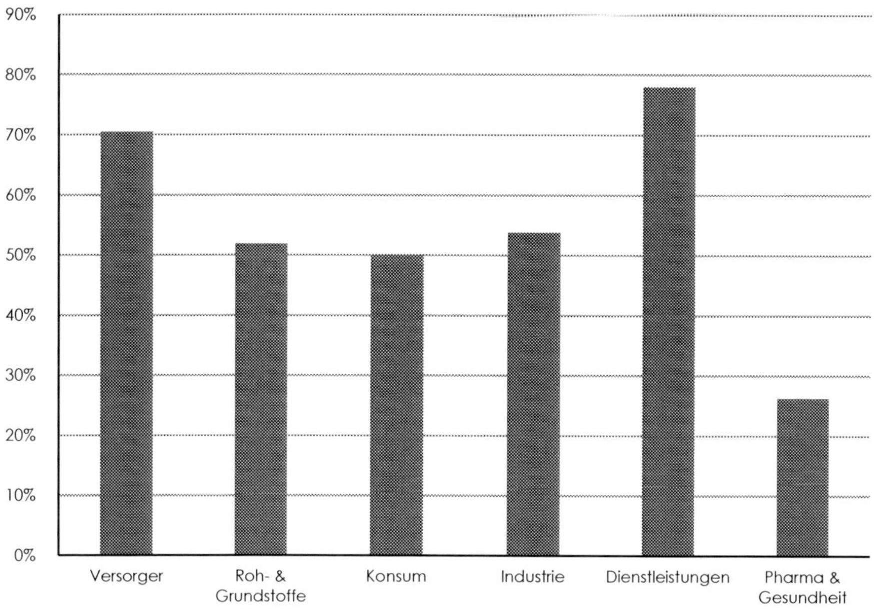

Abb. 1.3 Durchschnittliche Materialquote nach Branchen. (Vgl. Maucher et al. 2012, S. 73)

quote gerecht zu werden. Des Weiteren ist zu beachten, dass bei hoher Materialquote differenziertere und aufwendigere Verfahren und Kennzahlen zur Messung des Einkaufserfolges angemessen sind. In einem solchen Fall ist die Kommunikation der Erfolgsmessung an die Unternehmensleitung von größerer Bedeutung. Die Berichterstattung sollte in kürzeren Abständen erfolgen als bei Akteuren mit niedriger Materialquote.

Zusammenfassend lässt sich festhalten, dass sowohl die Sortimentsbreite als auch die Wertschöpfungstiefe einen großen Einfluss auf die Erfolgsmessung haben können. Für beide Charakteristika gilt: Je höher die Merkmalsausprägung, desto komplexer wird die Erfolgsmessung im Einkauf. Dabei sind besondere Verfahren und Kennzahlen in Betracht zu ziehen, um die tatsächliche Leistung der Beschaffungsorganisation in vollem Umfang darzustellen.

1.2.2 Einfluss von Organisationsstruktur und Führungsrichtlinien auf den Einkaufserfolg

Eine durchgängige Systematik für die Einsparungs- und Erfolgsmessung im Einkauf ist essentiell, um potenzielle Maßnahmen effizient auszuwählen und transparent umzusetzen. Am Ende einer Geschäftsperiode ist die Geschäftsführung oder der Vorstand darüber in Kenntnis zu setzen, inwiefern die Maßnahmen erfolgreich umgesetzt wurden. Dies ist in der Regel nicht ohne Erfolgsmessungs-Tools zu erreichen. So werden Marktentwicklungen nicht adäquat reflektiert. Sinken Rohstoffpreise marktbedingt, können vermeintliche Einsparungen realisiert werden. Berücksichtigt man anstelle des durchschnittlichen Marktpreises jedoch lediglich die Preissenkung des Lieferanten, wird unter Umständen zu viel bezahlt. Verändert sich der Markt um 10 % und der Lieferant reduziert seinen Preis um 5 %, kann durch Verhandlung die Preisreduktion auf 8 % intensiviert werden. Beide Parteien sind augenscheinlich zufrieden, obwohl der Einkäufer Einsparungen von 10 % hätte realisieren können.

Obwohl viele Unternehmen ein umfassendes Berichtswesen betreiben und zahlreiche Controller einsetzen, liegt eine ausgewogene Regelung der Erfolgsmessung im Einkauf selten vor. Viele Finanzabteilungen kalkulieren Einsparungen auf Basis des realisierten Preises im Vergleich zu früheren Preisen und wenden keine weiteren Möglichkeiten an, die Einkaufsleistung adäquater darzustellen. Um Einsparungen jedoch in vollem Umfang zu erfassen, sollte auch der Einkauf aktiver werden, um Richtlinien und Handbücher über die Erfolgsmessung zu definieren.[29] Dies gilt insbesondere, wenn die Mitarbeiter eine variable Vergütung in Abhängigkeit von generierten Einsparungen erhalten.[30] Für eine Einsparungsrichtlinie ist es folglich notwendig, Messgrößen und -verfahren zu etablieren und zu definieren, welche Werte zu welchem Zeitpunkt und mithilfe welcher Methoden zu messen sind. So werden oftmals zum Zeitpunkt einer Ausschreibung oder des Neuabschlusses eines Vertrages die Einsparungen ausgewiesen. Diese auf historischen Daten basierende Kalkulation ist jedoch lediglich eine Prognose. Die tatsächlich möglichen Einsparungen lassen sich im Zweifel gar nicht realisieren.

Eine Einkaufsrichtlinie bzw. ein entsprechendes Handbuch ist ein guter Ansatz, um die Grundvarianten der Erfolgsmessung – d. h. monetäre und nicht-monetäre Einsparungen – für ein Unternehmen zu definieren und über Funktionsgrenzen hinweg zu etablieren.[31] In diesem Zusammenhang sollten auch Anknüpfungspunkte an die variablen Gehaltsmodelle und Zielvereinbarungen eingebracht werden, um die Zufriedenheit der Mitarbeiter der Beschaffungsorganisation zu gewährleisten. Die Verantwortung zur Ausarbeitung solcher Richtlinien obliegt in der Regel dem Einkaufsleiter. Das ganzheitliche Erfolgsmessungskonzept sollte insbesondere zwischen GuV-wirksamen und nicht GuV-wirksamen Effekten differenzieren und durch die Geschäftsführung freigegeben werden. Dabei ist darauf zu achten, dass einheitliche Maßstäbe für alle Abteilungen gleichermaßen gelten, damit ein interner Vergleich zwischen einzelnen Unternehmenseinheiten möglich ist. Idealerweise ist die Finanzabteilung bzw. ein Controller in die Definition der Erfolgsmessungsgrößen und das regelmäßige Berichtswesen eingebunden.[32] In größeren Unternehmen empfiehlt sich zudem die Einbindung der internen Revision. Grundsätzlich ist Sorge dafür zu tragen, dass die aufgestellten Grundsätze zur Erfolgsermittlung

[29] Vgl. Ashenbaum (2006, S. 13 ff.); vgl. Reuter und Hartmann (2008, S. 50); vgl. Johnson und Leenders (2010, S. 29 ff.).

[30] Vgl. Präuer (2006, S. 23 ff.).

[31] Vgl. Reuter und Hartmann (2008, S. 52).

[32] Vgl. Schoddel und Krentscher (2004, S. 32); Ashenbaum (2006, S. 13 ff.); vgl. Johnson und Leenders (2010, S. 34).

eingehalten werden. Entsprechende Führungsrichtlinien wie das „Management by Objective" sind zu etablieren und auf die formulierten Richtlinien auszurichten.

Bei komplexen Projekten sollten funktionsübergreifende Teams aus Marketing, Vertrieb, Produktion, Qualitätssicherung und Einkauf zusammengesetzt werden. Einem solchen Team könnte der Projekterfolg und die daraus resultierenden Einsparungen gemeinsam zugerechnet werden. Dadurch entsteht eine größere Einbindung der unterschiedlichen Fachbereiche und die Höhe der Einsparungen wird durch alle Bereiche getragen. In einigen Unternehmen wird ein sogenanntes „Sign Off-Verfahren" praktiziert, bei dem das gesamte Team die Einsparungen freigeben muss, bevor diese an den CFO berichtet werden.

Eine weitere strategische Komponente der Erfolgsmessung ist die Frage des „Stakeholder-Managements". Es ist nicht immer notwendig, dass der Einkauf die Einsparungen aus Projekten darstellt. So kann es durchaus nützlich sein, den Fachbereich die Verhandlungsergebnisse darstellen und berichten zu lassen, welcher die Einsparungen tatsächlich erzielt hat. Voraussetzung hierfür ist die Einbindung des Einkaufs im Projekt. Alternativ kann ein Kostenstellen-orientiertes Verteilungsszenario vereinbart werden, um etwaige Interessenkonflikte zwischen den involvierten Organisationseinheiten bei der Erfolgsermessung zu vermeiden. Eine konkurrierende Situation zwischen den einzelnen Funktionsbereichen oder Projektbeteiligten und die von der Abteilung losgelöste Darstellung des Erfolges sollte vermieden werden. In der Praxis ist es jedoch häufig üblich, dass Materialumstellungen oder Innovationen im Einkauf, der Produktion und dem Vertrieb zusammengefasst dargelegt werden, anstatt die von der Organisation tatsächlich initiierten Einsparungen auszuweisen.

Zusammenfassend kann festgestellt werden, dass eine eindeutige, funktionsübergreifende Definition der Einsparungsmessung, welche neben dem regelmäßigen Berichtswesen in enger Abstimmung mit dem Controlling und den Finanzverantwortlichen den Erfolg sichert, essentiell ist. Dieses harmonisierte Vorgehen auf Basis definierter Richtlinien und Führungsgrundsätze sollte dazu führen, dass das Vorurteil des „Schönrechnens" im Einkauf aufgehoben wird.

1.2.3 Einfluss von Supply Chain-Strategie und Beschaffungsmarktkonstellation auf den Einkaufserfolg

Im Folgenden soll der Einfluss von Supply Chain-Konfiguration und Beschaffungsmarktkonstellation auf den Einkaufserfolg erläutert werden. Dabei wird zuerst auf Grundlagen der beiden Charakteristika eingegangen und dann deren Einfluss und Auswirkungen auf die Erfolgsmessung im Einkauf dargestellt.

Supply Chain-Strategie Viele Unternehmen haben Schwierigkeiten, die richtige Supply Chain für ihre Produkte zu identifizieren. Dies ist jedoch notwendig, um die Zufriedenheit der Kunden zu gewährleisten und Produkte je nach Bedarf herstellen und bereitstellen zu können. Die Grundlage hierfür ist die Identifikation der Nachfrageeigenschaften, um eine adäquate Supply Chain-Strategie formulieren zu

Tab. 1.1 Inhaltliche Ausgestaltung der kosteneffizienten und reaktionsfähigen Supply Chain-Strategie

	Kosteneffiziente Supply Chain	Reaktionsfähige Supply Chain
Leitidee	Effiziente Bedienung einer relativ gut vorhersagbaren Nachfrage zu minimalen Kosten	Schnelle Reaktion auf unsichere Nachfrage, um Out-of-Stocks, erzwungenen Preisnachlässen oder überschüssigen Lagerbeständen vorzubeugen
Leistungserstellung und Transportmodus	Hohe durchschnittliche Kapazitätsauslastung und Vermeidung von Leerfahrten	Schaffung zusätzlicher Pufferkapazitäten und Vorhalten möglicher Eillieferungen
Lagerhaltung	Hohe Umschlagsfrequenz bei möglichst niedrigen Lagerbeständen	Signifikante Sicherheitsbestände von Teil- oder Fertigwaren
Durchlaufzeit	Kurze Durchlaufzeiten, solange die Kosten dadurch nicht erhöht werden	Proaktive Reduktion der Durchlaufzeiten
Lieferantenauswahl	Fokus auf Kosten und gegebenenfalls auf die Qualität sowie das Leistungsvermögen	Fokus auf Geschwindigkeit bzw. Flexibilität und gegebenenfalls auf die Qualität sowie das Leistungsvermögen
Produktdesign	„Kompaktes" Design (inklusive Verpackung) zur einfachen Handhabung und maximalen Kapazitätsauslastung (z. B. von Ladungsträgern)	„Modulares" Design zur möglichst späten Produktdifferenzierung

können.[33] Dabei wird zwischen vorrangig funktionalen und vorrangig innovativen Produktgruppen unterschieden, für die jeweils eine andere Supply Chain-Strategie anzuwenden ist. Funktionale Produkte zielen dabei eher auf die Befriedigung von Grundbedürfnissen ab, die sich im Zeitverlauf nur unwesentlich ändern. Daher liegt hier ein hoher Standardisierungsgrad vor. Im Gegensatz dazu sind innovative Produkte durch ihre Neuheit im Markt sowie eine hohe Spezifität gekennzeichnet. Häufig wird durch sie erst ein neues Bedürfnis kreiert.[34] Anhand dieser Kriterien lässt sich die passende Supply Chain-Strategie für jede Produktkategorie ableiten. Die wichtigsten, dabei zu berücksichtigenden Kriterien sind die Leistungserstellung und der Transportmodus, die Lagerhaltung, die Durchlaufzeit, die Lieferantenauswahl sowie das Produktdesign. Aus Tab. 1.1 sind die grundlegenden Eigenschaften der kosteneffizienten und reaktionsfähigen Supply Chain abzulesen.

Anhand von Tab. 1.1 lässt sich ableiten, dass die kosteneffiziente Supply Chain grundsätzlich eher für funktionale Produkte geeignet ist, da deren Nachfrage vorhersagbarer ist und sie relativ standardisiert konstruiert werden. Für innovative Produkte ist hingegen eher die reaktionsfähige Supply Chain anzuwenden, da

[33] Vgl. Fisher (1997, S. 106).

[34] Vgl. Fisher (1997, S. 106).

hier unvorhersehbare Nachfrageschwankungen auftreten können, auf welche das Unternehmen und die eingebundenen Lieferanten schnell reagieren müssen, um die Kundenzufriedenheit zu sichern. Zudem ist es bei dieser Produktkategorie von Bedeutung, die Waren schnell auf den Markt bringen zu können, da andernfalls Konkurrenten und Imitatoren die vorteilhafte Marktposition übernehmen könnten. Des Weiteren lassen sich beide Strategieausprägungen über die Einführung von Entkopplungspunkten miteinander verknüpfen.

Die strategische Ausrichtung der Supply Chain hat eine große Bedeutung für die Erfolgsmessung im Einkauf. So sollten die erforderliche Höhe der Bestände, die notwendige Länge der Durchlaufzeit, die Einstandskosten sowie die Qualität der Lieferanten Berücksichtigung in der Erfolgsmessung finden. Dabei ist zu beachten, ob grundsätzlich eine effiziente oder eine reaktionsfähige Supply Chain von Nutzen ist. Je nach Art der Supply Chain sollten die zu berücksichtigenden Erfolgskriterien unterschiedlich gewichtet werden. So sind niedrige Bestände bei der effizienten Supply Chain anzustreben, möglicherweise kann sogar das Just-In-Time (JIT)-Konzept angewandt werden. Bei der reaktionsfähigen Supply Chain ist jedoch die Aufstellung von Pufferkapazitäten sinnvoll, um auf Nachfrageschwankungen reagieren zu können. Auch geografische Dimensionen sollten bei der Erfolgsmessung berücksichtigt werden. So kann eine hohe Global-Sourcing-Quote die Kosten, Transportdauer oder Wiederbeschaffungszeiten beeinflussen. Lange Wiederbeschaffungszeiten sind jedoch besonders bei der reaktionsfähigen Supply Chain nicht anzuraten, da Flexibilität einen relevanten Wettbewerbsfaktor darstellt. Zudem ist die Beziehung zu Vor-Lieferanten mit zunehmender Produktspezifität und geforderten Qualitätsniveau von steigender Relevanz, was ebenfalls in die Erfolgsmessung einfließen sollte.

Beschaffungsmarktkonstellation Um die Beschaffungsmarktkonstellation für ein Unternehmen und seine Lieferanten darzustellen, sollte die Marktmacht des eigenen Unternehmens sowie die Marktmacht des Zulieferers eingeschätzt und analysiert werden. Hierfür kann sich des Marktmachtportfolios (Abb. 1.4) bedient werden. Dieses stellt die Position von Abnehmer und Lieferant im Markt dar und setzt sie ins Verhältnis zueinander. Dabei können verschiedene Kennzahlen wie der Marktanteil eines Lieferanten oder das Bedarfsvolumen bei einem Lieferanten zur Berechnung der Marktmacht verschiedener Zulieferer herangezogen, aggregiert und gewichtet werden.[35] Aus den Angaben zu Lieferanten und zum eigenen Unternehmen lässt sich ableiten, welche möglichen Lieferanten-Abnehmer-Beziehungen mit bestehenden Zulieferern denkbar sind oder ob die eigene Marktmacht durch zusätzliche Maßnahmen ausgebaut werden sollte.

Die Konstellation des Beschaffungsmarktes sowie die Marktposition der einzelnen aktiven und potenziellen Lieferanten haben einen vielschichtigen Einfluss auf den Einkaufserfolg. Dazu gehören Kosten, Qualität oder die Beteiligung von Lieferanten an Innovationen in Zusammenarbeit mit dem Abnehmer-Unternehmen. Diese sollten bei der Erfolgsmessung beachtet werden, damit die Leistung

[35] Vgl. Piontek (2004, S. 118 ff.).

Abb. 1.4 Marktmachtportfolio von Lieferanten und Abnehmern. (Vgl. Piontek 2004, S. 121)

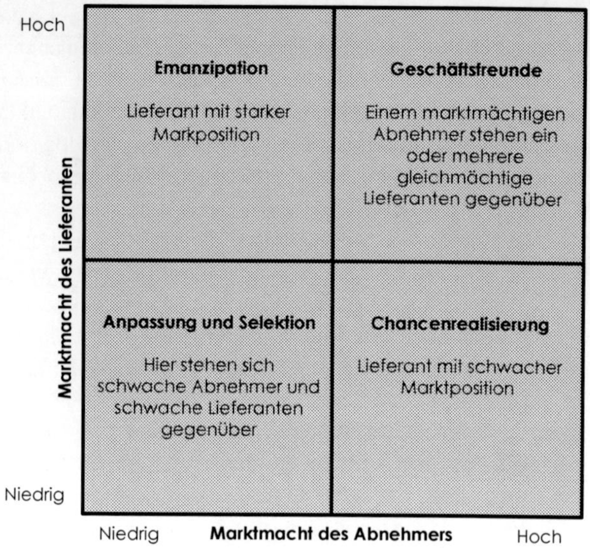

der Beschaffungsorganisation vollumfänglich dargestellt werden kann. So könnten die Ziele der Beschaffungsorganisation an die jeweiligen Beschaffungsmarktkonstellation angepasst werden, um eine Gewichtung der Erfolge in Abhängigkeit von Lieferanten-Abnehmer-Beziehungen vorzunehmen.

Aus dem vorangegangenen Abschnitt lässt sich schlussfolgern, dass sowohl die Supply Chain-Strategie als auch die Beschaffungsmarktkonstellation einen Einfluss auf die Erfolgsmessung im Einkauf haben können. Bei der Ausgestaltung und Gewichtung von Erfolgsmessungsmaßnahmen sind grundsätzlich die Konzipierung der Supply Chains und der Beschaffungsmärkte zu berücksichtigen. So haben die effiziente und die reaktionsfähige Supply Chain unterschiedliche Anforderungen an erfolgsrelevante Kenngrößen, weshalb eine pauschale Gleichstellung der Kenngrößen nicht empfehlenswert ist. Weiterhin korrelieren die Kategorien des Marktmachtportfolios mit den Leistungsbewertungsgrößen. Dementsprechend ist auch hier eine Anpassung der Erfolgsmessungsmethoden anzuraten.

1.3 Konzeptioneller Bezugsrahmen zur Erfolgsmessung im Einkauf

Zur Aufstellung eines konzeptionellen Bezugsrahmens zur Erfolgsmessung im Einkauf ist zunächst der zu Grunde gelegte Leistungsbegriff zu präzisieren. Hierzu finden sich in der Literatur vielfältige Angaben wie die Messung über Arbeitseinheit je Zeiteinheit oder das Ergebnis eines Leistungserstellungsprozesses.[36] Dabei

[36] Vgl. Küpper und Helber (2004, S. 133 f.); vgl. Dyckhoff (2000, S. 188).

setzt sich der Leistungsbegriff aus der Leistungsfähigkeit sowie der Leistungsbereitschaft zusammen:

- Die Leistungsfähigkeit ist charakterisiert durch die Versorgung eines Unternehmens mit für die Wertschöpfung benötigten Waren und Ausrüstungsgegenständen sowie Personal und Know-how.
- Unter Leistungsbereitschaft wird die termingerechte Verfügbarkeit der Leistungsfähigkeit verstanden.[37]

Im wirtschaftlichen Bereich werden zur Leistungsmessung häufig Referenzgrößen herangezogen.[38] Diese ergeben sich nicht nur aus Vergleichsgrößen, die am Markt verfügbar sind, wie zum Beispiel Preisen, sondern lassen sich auch durch Planwerte darstellen, welche mit den tatsächlich erreichten Werten verglichen werden. Dabei sollte die Zielerreichung gemessen und korrigiert werden, wenn sich keine adäquaten und nachvollziehbaren Werte ausweisen lassen. Ferner spielen Effizienz und Effektivität eine große Rolle bei der Leistungsbewertung und sind bei der Konzipierung eines Erfolgsmodells zu berücksichtigen.[39] So können einerseits effizienzseitig Aufwendungen für Ressourcen reduziert und Einsparungen generiert werden. Andererseits lassen sich effektivitätsseitig die Qualität der beschafften Materialien und Bauteile sowie die Zufriedenheit interner und externer Kunden im Messkonstrukt des Einkaufserfolgs integrieren. Generell sollte dabei auf ein mehrdimensionales Leistungsbewertungssystem zurückgegriffen werden, welches sowohl quantitative als auch qualitative Sachverhalte beinhaltet.

Um ein ganzheitliches Bild über die Leistungsfähigkeit und -bereitschaft zu erhalten, sind in die Erfolgsmessung im Einkauf die Ebene der Warengruppe (Abschn. 2), die Ebene der Beschaffungsorganisation (Abschn. 4) und die eng verknüpften Ebenen der Lieferanten (Abschn. 5.2) sowie der Lieferanten-Abnehmer-Beziehung (Abschn. 5.3) einzubeziehen. Bei der Umsetzung und Durchführung der Erfolgsmessung im Einkauf sind zunächst die Zielsetzungen und das Erfolgsverständnis zu formulieren. Darauf aufbauend können quantitative und qualitative Verfahren zur Erfolgsmessung im Einkauf angewendet werden. Im Rahmen dieser Verfahren sind i. d. R Kennzahlen zur Informationsverdichtung zu definieren, wobei vor allem die sogenannte Härtegrad-Systematik zum Einsatz kommt (Tab. 1.2). Ziele, Verfahren und Kennzahlen sollten dabei nicht nur situationsspezifisch, sondern als ganzheitliche Systeme der Erfolgsmessung, z. B. durch den Procurement Value Added (Abschn. 6.2) sowie eine Purchasing Balanced Scorecard (P-BSC) (Abschn. 6.3) umgesetzt werden. Zur erfolgsorientierten Steuerung von Einkäufern, Beschaffungsorganisationen und Lieferanten greifen schließlich Anreizsysteme diese Informationen auf und setzen sie entsprechend um (Abschn. 7). Diesen konzeptionellen Bezugsrahmen zur ganzheitlichen Erfolgsmessung im Einkauf verdeutlicht Abb. 1.5. Der Bezugsrahmen findet sich im Folgenden jeweils innerhalb

[37] Vgl. Corsten (2004, S. 267 ff.).

[38] Vgl. Becker (1994, S. 30).

[39] Vgl. Karrer (2006, S. 125 f.).

Tab. 1.2 Härtegrad-Systematik zur Messung von Einsparungen im Einkauf

Ausprägung Härtegrad	Titel	Ergebnisse
HG 1	Maßnahme identifiziert	Optimierungsbedarf identifiziert, übergeordnete Zielsetzung definiert
HG 2	Maßnahme bewertet	Potenzial quantifiziert (Quick Check, Potenzialanalyse)
HG 3	Maßnahme vorbereitet	Vorgehensweise, Zeitplan und Verantwortliche festgelegt, Volumenbestätigung finalisiert, strategische Anfrage durchgeführt (inkl. Angebotsrücklauf)
HG 4a	Maßnahme vor Verhandlung	Angebotsrücklauf ausgewertet, Vergabeszenarien erstellt
HG 4b	Maßnahme final verhandelt	Mit ausgewählten Anbietern verhandelt, Vergabeszenarien erstellt
HG 4c	Maßnahme vor Implementierung	Testierung oder Bemusterung durchgeführt, Freigabe erfolgt
HG 5	Maßnahmenimplementierung begonnen	Kontrakt unterzeichnet, Einphasen neues Lieferantenportfolio begonnen, erste Ergebniswirksamkeit nachvollziehbar
HG 6	Maßnahme vollständig implementiert	Maßnahmen vollständig umgesetzt, Ergebniswirksamkeit auf Basis von 12 Monaten nachvollziehbar

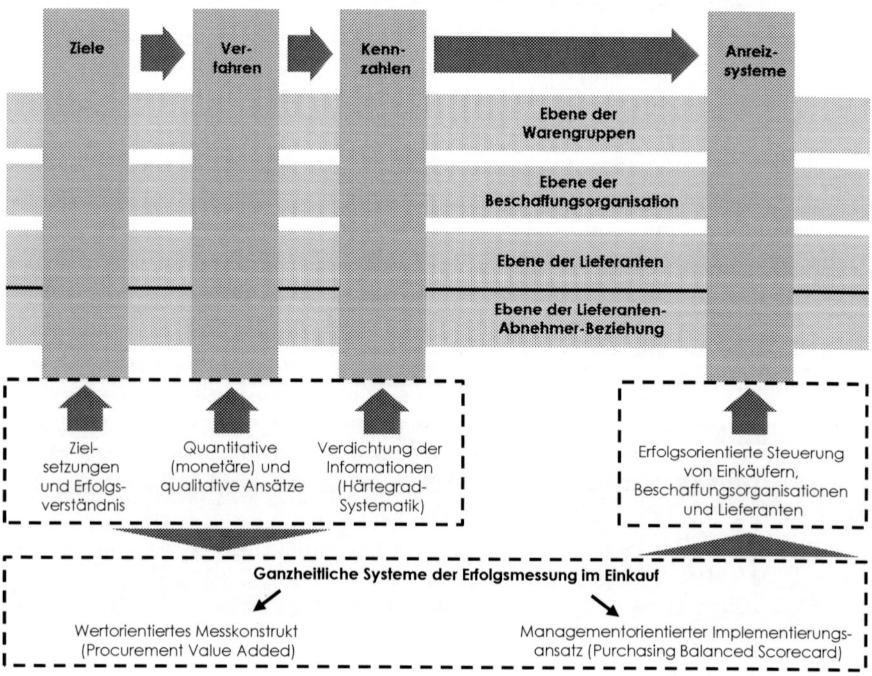

Abb. 1.5 Konzeptioneller Bezugsrahmen zur ganzheitlichen Erfolgsmessung im Einkauf

der Managementempfehlungen wieder und wird mit Beispielen versehen, um die Aussagen der vorangegangenen Kapitel zu veranschaulichen.

Da sich die ausgewiesenen Erfolge i. d. R. im Laufe der Maßnahmenumsetzung verändern, sollten diese anhand der Härtegrad-Systematik verfolgt werden (Tab. 1.2). Dabei wird für jede Maßnahme definiert, welchen Umsetzungsstand („Härtegrad") diese erreicht hat.[40] Die Umsetzungswahrscheinlichkeit der Maßnahme und damit auch die Realisierungswahrscheinlichkeit der ausgewiesenen Erfolge nehmen mit zunehmendem Härtegrad ebenfalls zu.

[40] Vgl. Entchelmeier (2008, S. 88 f.).

Erfolgsmessung im Einkauf auf Ebene der Warengruppen

2

2.1 Einführung der Erfolgsmessung auf Warengruppenebene

Die Einkaufsleistung anhand der Daten in der GuV zu messen, ist eine besondere Herausforderung. Die Skepsis der Mitarbeiter ist häufig groß, da oftmals die Einsparungen der Beschaffungsorganisation in den Budgets oder der GuV nicht angezeigt werden. So ist es möglich, dass der Einkauf eine Einsparung von 800.000 Mio. € berichtet, in der GuV des Unternehmens jedoch ein Verlust von 1.6 Mrd. € ausgewiesen wird.[1] In diesem Fall waren die berichteten Einsparungen des Einkaufs wohl nicht alle GuV-wirksam. In vielen Unternehmen ist die Annahme verbreitetet, dass lediglich solche Einsparungen ausgewiesen werden dürfen, die einen unmittelbaren GuV-Effekt haben. Allerdings ist diese Auffassung inkorrekt, insbesondere wenn die Erfolgsmessung für einzelne Warengruppen nicht eindeutig definiert wird. Während bei steigenden Marktpreisen bzw. einem Wirtschaftsaufschwung der Einkauf nur Preiserhöhungen vermelden kann und dadurch möglicherweise negativ bewertet wird, sind bei fallenden Marktpreisen bzw. einer Rezession hohe Einsparungen generierbar und der Einkauf wird entsprechend positiv bewertet. Folglich sind Marktbewegungen, insbesondere bei Rohstoffen, gesondert zu betrachten und in der Erfolgsmessung auszuweisen. Eine weitere Herausforderung stellen Mengenbewegungen dar. Während im Vertrieb ständig Plan- und Ist-Werte in der Umsatzplanung abgeglichen und berichtet werden, ist dies im Einkauf in der Regel eine Ausnahme. Zudem sind GuV-wirksame Einsparungen schnell auszugleichen, wenn in anderen Fachabteilungen die zusätzlichen Kosten kompensiert werden.[2] So können beispielsweise durch Neuverhandlung der Flugticketpreise mit einem Reisebüro signifikante Einsparungen vorgewiesen werden. Wenn es jedoch zu einem steigenden Bedarf kommt, der sich hingegen nicht in einer Budget-Anpassung niederschlägt, lassen sich die generierten Einsparungen nicht adäquat ausweisen.[3] Das

[1] Vgl. Johnson und Leenders (2010, S. 25 ff.).

[2] Vgl. Henke und Grötsch (2010, S. 22 ff.).

[3] Vgl. Schoddel und Krentscher (2004, S. 28 ff.); vgl. Ashenbaum (2006, S. 13 ff.); vgl. Henke und Grötsch (2010, S. 28); vgl. Johnson und Leenders (2010, S. 25 ff.).

E. Hofmann et al., *Erfolgsmessung und Anreizsysteme im Einkauf*,
Advanced Purchasing & SCM, DOI 10.1007/978-3-642-34317-9_2,

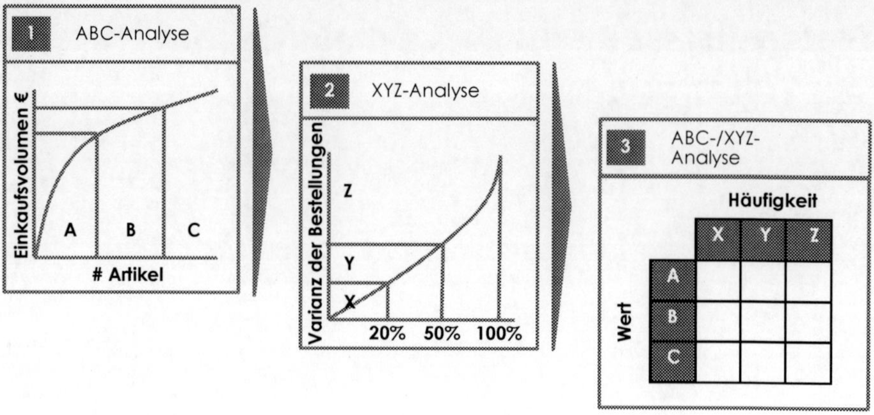

Abb. 2.1 Beschaffungsspezifische ABC- und XYZ-Analyse

Budget wird in solchen Fällen tendenziell von den Abteilungen aufgebraucht, um im folgenden Jahr keine Kürzungen tragen zu müssen. Dieses Beispiel verdeutlicht, wie schwierig es sein kann, Einsparungen nachhaltig zu realisieren und korrekt auszuweisen. Folglich sollte die Anwendung von Erfolgsmessungsmaßnahmen auf Warengruppenebene stattfinden.

Die Basis einer Erfolgsmessung auf Warengruppenebene sind Warengruppenstrategien, in denen die entsprechenden Ziele für die zu beziehenden Materialien, Rohstoffe, Bauteile, Investitionsgüter oder Dienstleistungen definiert werden. Diese leiten sich aus der Einkaufsstrategie ab. Ein geeignetes Analyseinstrument ist die Anwendung einer ABC/XYZ-Analyse, die nicht absatzseitig auf Produktebene sondern beschaffungsseitig auf Warengruppen-Ebene eingesetzt wird. Diese Analyse führt zur Identifikation der relevanten Warengruppen (A-, B- und C-Gruppen) sowie des entsprechenden Bedarfscharakters (X-, Y- und Z-Bedarf) (Abb. 2.1).

- Dabei stehen A-Warengruppen für strategische Güter, die einen hohen Wert haben, jedoch in geringer Anzahl beschafft werden müssen. Hierfür gibt es häufig eine geringe Anzahl spezialisierter Lieferanten. C-Warengruppen haben generell einen geringen Wert, müssen jedoch in hoher Anzahl beschafft werden. Hier ist aufgrund einer hohen Anzahl an potenziellen Zulieferern ein Lieferantenwechsel meist relativ einfach möglich. B-Warengruppen liegen sowohl vom Wert als auch von der zu beschaffenden Menge zwischen A- und C-Warengruppen.
- X-Warengruppen stehen für einen konstanten Verbrauch und müssen entsprechend regelmäßig beschafft werden. Z-Warengruppen unterliegen hohen Bedarfsschwankungen und werden eher selten beschafft. Der Bedarf von Y-Warengruppen schwankt in einem begrenzten Rahmen, beispielsweise wenn es sich um die Produktion saisonaler Güter handelt. Selten beschaffte und nicht planbare Warengruppen stehen folglich nicht im direkten Fokus einer Optimierung, auch wenn dies nicht ausgeschlossen ist. Vielmehr weisen diese Warengruppen das größte prozentuale Einsparungspotenzial auf, insbesondere bei ad-hoc Bedarfen wird selten auf den Preis geschaut. Es stellt sich hierbei die Frage, inwieweit der Einkauf die Bedarfsträger beeinflussen kann.

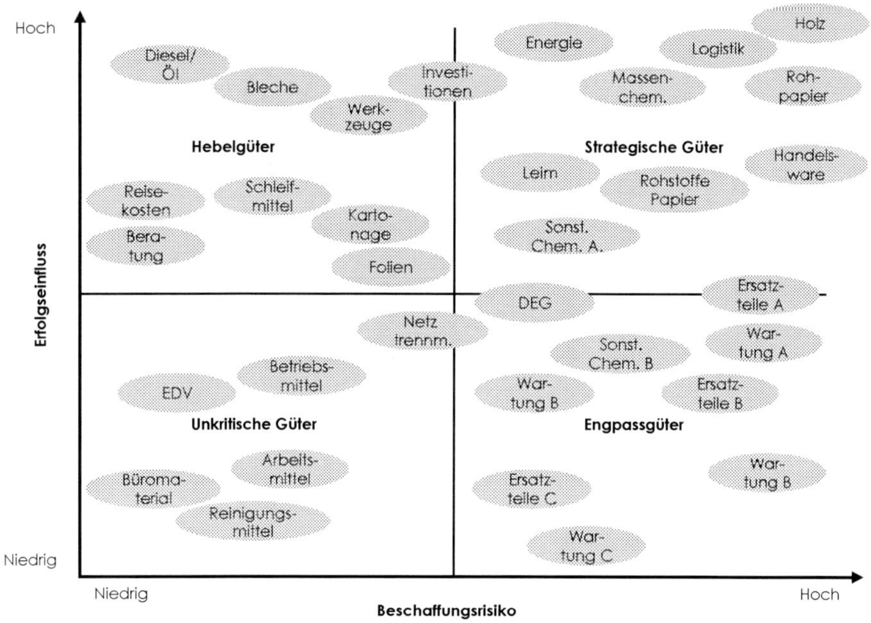

Abb. 2.2 Beispiel-Warengruppen im Kraljic Portfolio. (Vgl. Kraljic 1983, S. 109 ff.)

In der Ableitung der Einsparungszieldefinition auf Warengruppenebene sollten neben der ABC-XYZ-Kategorisierung unterschiedliche Aspekte wie Preisschwankungen oder Verfügbarkeiten berücksichtigt werden. Dabei ist die Bedeutung der jeweiligen Warengruppe oder des Produktes für die Maßnahmen entscheidend. Insbesondere bei strategischen und Engpass-Gütern (A-Warengruppen) ist eine differenzierte Betrachtungsweise notwendig, um eine mögliche dominierende Stellung des Lieferanten adäquat einzuschätzen (Abb. 2.2). Ein zentraler Aspekt in der Zieldefinition ist die Reflektion der Verhandlungsposition, des Marktes sowie der Produktanforderungen. Dies ist ebenfalls für die Evaluierung der Produkte erforderlich. Standardprodukte können aufgrund der geringen Spezifität beliebig ausgetauscht werden, während im Bereich spezieller Rohstoffe, Rezepturen oder kundenindividueller Produkte die Maßnahmen schwieriger zu realisieren sind. Hier kann die Aufstellung eines Zweit- oder Drittlieferanten erforderlich sein, um die eigene Verhandlungsposition zu verbessern und die Versorgung sicherzustellen. Im Bereich der am Markt gehandelten Rohstoffe, wie bei Kakao, Weizen, Glukose oder Metallen, ist ferner eine Indexierung unumgänglich.

Ausgehend von der jeweiligen vorzufinden Situation können qualitative Ziele oder eine reine Kostenvermeidungsstrategie dominieren. Qualitative Ziele spiegeln sich in der Reduktion von Ausschuss oder von Retouren wider. Sind Zulieferungen kausal für Produktionsstillstände oder Ausschuss verantwortlich, so sind diese aus Serviceniveau- und Risikosicht zu verbessern. Hierzu können Lieferantenaudits angestoßen oder konkrete Maßnahmen zur Serviceniveausteigerung implementiert werden, die erst in folgenden Schritten zu Einsparungen führen, ohne dass sich der Einstandspreis verändert. Oftmals werden solche „Fehlerkosten“ dem Einkauf nicht zugerechnet, sondern in den korrespondierenden Produktionskostenstellen abgebildet. Aus Unternehmensgesamtsicht sind dann Fehlinterpretationen möglich, denn während der eine Bereich eine hohe Anzahl an Einsparungen vorweisen kann, hat eine andere Organisationseinheit diese Fehlerkosten zu tragen. Saldiert bedeutet dies unter Umständen erhebliche Mehrkosten. Ein weiteres, in der Praxis häufig unterschätztes Problem ist der Anspruch, einerseits massive Kosten einzusparen und andererseits die internen und externen Kunden zu befriedigen. Optimieren beispielsweise Einkäufer die Folienstärken einer Endverpackung auf ein absolutes Minimum, wodurch sich signifikante Einsparungen im Verpackungsmaterial realisieren lassen, kann dies zu einer deutlichen Erhöhung der Retouren aufgrund von Kundenbeanstandungen im Vertrieb führen. In diesem Fall entstehen signifikante Mehrkosten auf Vertriebskostenseite, welche die Einsparungen auf Beschaffungskostenseite weit übersteigen.

Weiterhin sind in der Warengruppenstrategie sensible Themen, wie Entscheidungen in Bezug auf die strategische Ausrichtung der Warengruppe (z. B. Definition von Lead Buyern) mit den einzelnen Fachabteilungen abzustimmen.[4] Es bietet sich an, dass der Einkauf sogar eine Stufe weiter geht und bezogen auf eine einzelne Warengruppe direkt in der Budgetplanungsphase mit den involvierten Fachabteilungen konkrete Einsparungsmaßnahmen und Budgetanpassungen vereinbart.[5] Ein solcher Schritt sollte durch den CFO bzw. die Geschäftsführung gestützt werden, um die Akzeptanz der Einsparungsvorhaben zu stärken.[6]

Die Verfahren der Erfolgsmessung im Einkauf sind in vielen Fällen abhängig von der jeweiligen Warengruppe. Häufig fokussiert sich der Einkauf lediglich auf die wert-gewichtigen Warengruppen mit regelmäßigem Verbrauch, sogenannte A/X-Warengruppen. Kleinere Einmalbedarfe, wie ein Aktenvernichter oder ein Hochdruckreiniger stehen hingegen nicht im direkten Fokus der Erfolgsmessung. Dabei fallen gerade bei C-Gütern die häufigsten Bestellungen und somit auch die größten Prozesskosten-Gruppen an. Auch für diese Waren sind geeignete Verfahren zu Erfolgsmessung auszuwählen und einzusetzen.

2.2 Verfahren zur Erfolgsmessung auf Warengruppenebene

Um Erfolge im Einkauf messen zu können, sollten Verfahren entwickelt und im Unternehmen implementiert werden, welche die Leistungen der Mitarbeiter umfassend ermitteln und bewerten können. Dabei sind sowohl GuV-wirksame als auch GuV-unwirksame Einsparungen und Erfolge zu berücksichtigen. Neben kostenbe-

[4] Vgl. Carter et al. (2005, S. 27); vgl. Henke und Grötsch (2010, S. 22 ff.).

[5] Vgl. Schoddel und Krentscher (2004, S. 28 ff.); vgl. Ashenbaum (2006, S. 2 ff.); vgl. Henke und Grötsch (2010, S. 22 ff.).

[6] Vgl. Henke und Grötsch (2010, S. 22 ff.).

zogenen Methoden sollten daher qualitative Aspekte und Verfahren in die Erfolgsermittlung einfließen. Qualitative Leistungssteigerungen lassen sich möglicherweise nicht monetär darstellen oder treten erst in zukünftigen Geschäftsperioden indirekt in Form von Einsparungen auf. Im Folgenden werden weitverbreitete kostenbasierte und qualitative Verfahren präsentiert. Zudem erfolgt die Erörterung relevanter Einflüsse und Bereinigungen bei der Erfolgsmessung auf Warengruppenebene.

2.2.1 Kostenbasierte Verfahren zur Savingsmessung von Warengruppen

Die kostenbasierte Erfolgsmessung ist in den meisten Unternehmen die zentrale Methodik zur Abbildung des Erfolges der Einkaufsleistung. Hierbei geht es vor allem um die Darstellung der Kosteneinsparungen, worunter häufig auch die Kostenvermeidung subsumiert wird. Die Kostenvermeidung drückt die Sicherung eines gleichbleibenden Kostenniveaus bei steigenden Marktpreisen aus.

Grundsätzlich wird zwischen den in Tab. 2.1 dargestellten Verfahren unterschieden. Allen Verfahren gemein ist der Vergleich des tatsächlichen bezahlten Preises mit einer Referenzgröße. Die Anwendung eines Verfahrens hängt hauptsächlich von der zu bewertenden Materialgruppe und ihrer Bedeutung für das Unternehmen ab. So würde man das vergleichsweise aufwendige Marktpreisanpassungsverfahren typischerweise nur für marktabhängige A-Warengruppen anwenden. Für eine Warengruppe aus dem C-Bereich mit einem geringen Einkaufsvolumen sollte hingegen eher das einfachere Periodenvergleichsverfahren gewählt werden.

Periodenvergleichsverfahren

Die Anwendung des Periodenvergleichsverfahrens ist die verbreitetste Form der Einsparungsberechnung. Bei diesem Verfahren wird der Preis der Vorperiode mit dem Preis für die aktuelle Periode verglichen.[7] Das Ergebnis stellt eine Einsparung oder eine Verteuerung dar. Sinnvoll ist dieses Verfahren ausschließlich für Wiederholkäufe, da hier in der Regel eine direkte Vergleichbarkeit vorliegt. Ferner ist bei der Berechnung zu berücksichtigen, dass schnell alternde Produktgruppen, wie Computer, nicht direkt verglichen werden können, da neuere Versionen in der Regel eine höhere Leistung erbringen. Auch Re-Spezifikationen der Bedarfsanforderungen können zu Einsparungen oder Verteuerungen führen. So kann ein Wechsel zu einem Zulieferer mit besseren Lieferzeiten dazu führen, dass Bestände und somit gebundenes Kapital reduziert werden können. Wird jedoch aufgrund des Lieferantenwechsels schlechtere Qualität geliefert, muss aufgrund der kürzeren Verschleißzeiten möglicherweise häufiger nachbestellt werden, was Kostenerhöhungen nach sich zieht.[8] Zudem bleibt die Marktentwicklung bei diesem Verfahren unberücksichtigt. Bei Anwendung des Periodenvergleichsverfahrens wird weiterhin eine direkte Einsparung bzw. Verteuerung in der GuV sichtbar. Volumenveränderungen,

[7] Vgl. Jahns et al. (2007, S. 74 ff.); vgl. Hug (2011).

[8] Vgl. Rounsavill et al. (2008).

Tab. 2.1 Messverfahren zur Einsparungsberechnung in der Beschaffung. (Vgl. Hug 2011, S .28)

Verfahren	Referenzgröße	Charakteristika	
Periodenvergleichsverfahren	Historischer Preis (Vorperiode/letzter notierter Preis)	*W*	Keine Messung der Einsparung bei Neukäufen
			Keine Differenzierung der Einkaufsleistung aufgrund externer Effekte (Währungseffekte, Markpreisschwankungen, Volumenänderung)
Preisangebotsverfahren	Durchschnitt der „n" besten kommerziell und technisch geprüften Angebote	*N/W*	Validität des Verfahrens basiert auf Qualität der ausgewählten Angebote
			Hohe Beeinflussbarkeit – leichte Manipulierbarkeit des Verfahrens
			Neutralisierung externer Effekte möglich
Zielkostenverfahren	Target Price	*N/W*	Orientierung der Einkaufsleistung am Absatzmarkt
			Messung von Wiederhol- und Neukäufen möglich
			Relativ aufwändiges Verfahren (Zielkostenermittlung/ Zielkostenspaltung)
Marktpreisindexverfahren	Marktpreisindex	*N/W*	Verhandlungsstärke des Einkaufs relativ zum Markt
			Indizes nur für ausgewählte Beschaffungsobjekte verfügbar (Rohstoffe)
			Kein Einfluss externer Effekte ausweisbar
			Akzeptanz der Akteure (Einkauf, Controlling, Bedarfsträger) sicherstellen
			Teilweise hoher Aufwand zur Ermittlung der Indizes
Marktpreisanpassungsverfahren	Historischer Preis – Eliminierung Marktpreisschwankungen der Rohstoffe	*W*	Bestehende Preisstrukturen sind vertraglich fixiert, meist in Form von Preisgleitklauseln
			Teilweise Eliminierung externer Effekte möglich
			Teilweise aufwändige Berechnungen der Historie
Budgetverfahren	Budget (Soll) = Planpreis × Planmenge	*N/W*	Einhaltung und Realisierung geplanter Einsparungen wird aufgezeigt
			Hohe Komplexität bei der Durchführung der Preis- und Mengenplanung
			Einfluss des Einkaufs auf die GuV kann transparent gemacht werden

W: für Wiederholkäufe geeignet, *N:* für Neukäufe geeignet

die sich aus der Härtegrad-Systematik ergeben, sollten zur Erhöhung der Aussagekraft ebenfalls berücksichtigt werden.

$$\sum E_{Warengruppe} = (P_{alt} - P_{neu}) \times M \tag{2.1}$$

mit:

$E_{Warengruppe}$	Einsparung je Warengruppe in € p. a.
P_{alt}	Preis alt je Artikel in €
P_{neu}	Preis neu je Artikel in €
M	Planmenge je Artikel in Stück p. a.

Beispiel:

$$\begin{aligned} E_{Warengruppe,\,Bsp.1} &= (10{,}50\,€ - 9{,}50\,€) \times 10.000\ \textit{Stück} \\ &= 10.000\,€\ (\textit{Einsparung}) \\ E_{Warengruppe,\,Bsp.2} &= (10{,}50\,€ - 12{,}00\,€) \times 10.000\ \textit{Stück} \\ &= -15.000\,€\ (\textit{Verteuerung}) \end{aligned}$$

Preisangebotsverfahren

Das Preisangebotsverfahren eignet sich hauptsächlich für die Erfolgsmessung von Einmalbeschaffungen und kaum für die wiederholte Beschaffung von Produkten oder Dienstleistungen. Im Mittelpunkt steht hierbei eine adäquate „technische und kommerzielle" Vergleichbarkeit der vorliegenden Angebote.[9] Um eine entsprechende Vergleichbarkeit sicherzustellen, sollten mindestens drei bis fünf Angebote von potenziellen Lieferanten vorliegen. Darüber hinaus sollte eine detaillierte Vorarbeit bezüglich der Ausschreibung und der angefragten Spezifikationen durchgeführt werden.[10] Je breiter die Interpretationsmöglichkeiten der Ausschreibung für den Lieferanten sind, desto unterschiedlicher werden die Angebote ausfallen. Eine gute Charakterisierung der Angebotsbasis ist die Preisspreizung und Varianz zwischen den kostengünstigsten und teuersten Angeboten.

Unter der Voraussetzung, dass die Angebote vergleichbar sind, wird als Vergleichsbasis der arithmetische Angebotsmittelwert der besten, in die engere Verhandlungsauswahl einbezogenen, Anbieter angeführt. Das Verfahren kann allerdings auch als Vergleich des gewählten Angebots mit lediglich einem Vergleichsangebot durchgeführt werden. Um eine zu starke Einflussnahme des Einkaufs zu vermeiden, sollten Vertreter der Fachbereiche in die Verhandlungen involviert sein. Im Idealfall sollte eine gemeinsame, funktionsübergreifende Angebotsbewertung mittels eines Bewertungsmodells erfolgen. Nichtsdestotrotz steht dieses Verfahren oftmals in der Kritik, da die manipulative Einflussnahme des Einkäufers auf die Lieferantenauswahl und Angebotserstellung recht hoch ist. So könnte man unterstellen, dass Einkäufer in der ersten Auswahlrunde zu hochpreisigen Angeboten tendieren, um im Nachgang eine hohe Einsparung ausweisen zu können.

Der Einkaufserfolg wird als „Delta" zwischen dem arithmetischen Angebotsmittelwert zum tatsächlichen Vergabewert dargestellt.[11] Der Vergabewert, der sich aus

---

[9] Vgl. Hug und Weber (2011, S. 48 f.).

[10] Vgl. Hug und Weber (2011, S. 42 ff.).

[11] Vgl. Rounsavill et al. (2008).

Material		72,21%
Materialeinsatz	2.181 €	
Zukaufteile	429 €	
Direkte Fertigungskosten		9,73%
Abschreibungen	171 €	
Lohnkosten	192 €	
Sonstiges	223 €	
Gemeinkosten		6,36%
Fertigung	843 €	
Vertrieb	683 €	
Verwaltung	100 €	
Entwicklung	642 €	
Sonstige	157 €	
Sonstige		11,69%
Sondereinzelkosten	384 €	
Gewinn	345 €	
Gesamt (Ohne Skonto)		
Gesamt	6.350 €	100,00%

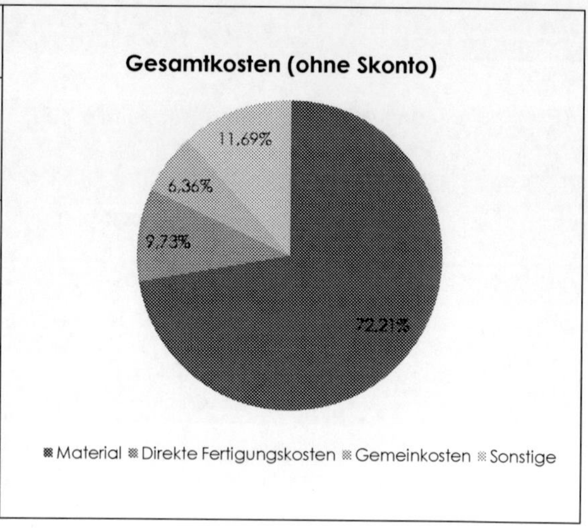

Abb. 2.3 Beispiel einer Cost Break Down-Analyse im Zielkostenverfahren

Preis und jeweiliger Mengeneinheit bestimmt, wird zum Zeitpunkt der Vergabe festgeschrieben. Nachträgliche Mehrungen oder Minderungen, die sich im Rahmen der Montage ergeben, werden üblicherweise im Härtegrad 5 entsprechend adjustiert.

$$VP = arithm_{Anbieter\ Verhandlung} - Vergabewert \tag{2.2}$$

mit:

VP	finaler Vergleichspreis je Artikel in €
$arithm_{Anbieter\ Verhandlung}$	Arithmetisches Mittel der Angebote in €

Zielkostenverfahren

Das Zielkostenverfahren, auch Target Costing genannt, wurde in Japan in den 1970er Jahren entwickelt. Das Ziel ist eine stärkere Orientierung an Marktpreisen, insbesondere am Absatzpreis.[12] Hierbei sollte allerdings ein fundiertes Produkt- und Marktverständnis seitens der Beschaffungsorganisation vorhanden sein. In vielen Fällen werden wertanalytische Ansätze zur Ermittlung der jeweiligen Preisbestandteile angewendet, die so genannte „Cost Break Down-Analyse", die dann als weitere Entscheidungsgrundlage dienen (Abb. 2.3). Diese Ermittlung basiert auf gängigen Kalkulationsmethoden sowie auf Reverse Engineering, um das Endprodukt in einzelne Bauteile zu zerlegen und dadurch die Kostentreiber zu ermitteln.[13] Insbesondere die „Identifikation von Schwachstellen in der Materialkostenstruktur" ist dabei von großer Wichtigkeit.[14]

[12] Vgl. Wildemann (1999, S. 54 ff.); vgl. Jahns et al. (2007, S. 51 ff.).

[13] Vgl. Hug und Weber (2011, S. 47 f.).

[14] Wildemann (1999, S. 54 ff.).

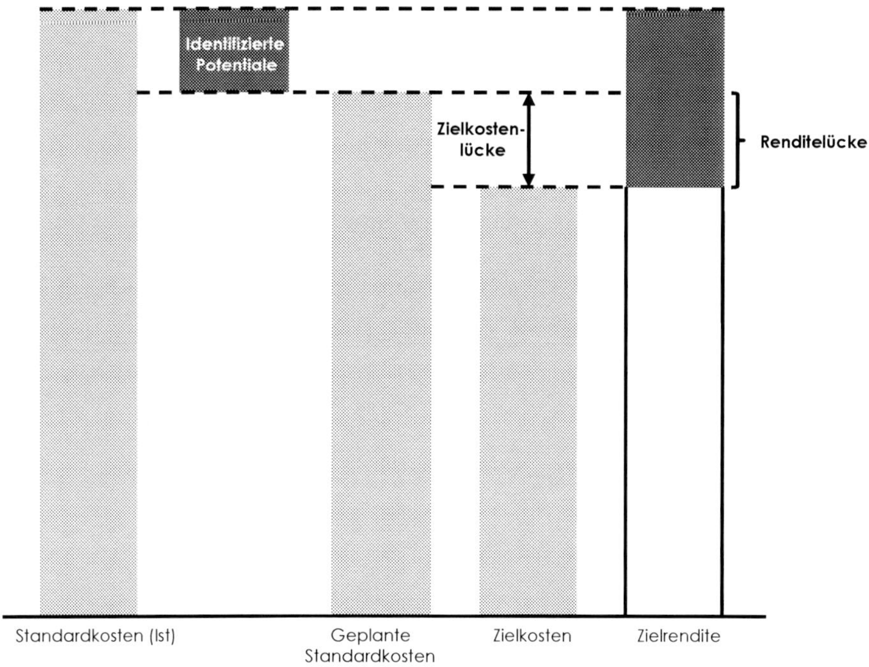

Abb. 2.4 Allgemeine Darstellung der Zielkostenlücke. (Vgl. Buck 2005, S. 457)

Das Zielkostenverfahren unterscheidet im Einkauf unterschiedliche Vorgehensweisen. Die klassische Variante besteht darin, die Ziele vom verkauften Endprodukt, wie einem Kugelschreiber, abzuleiten (Abb. 2.4). Verkauft das eigene Unternehmen diesen Kugelschreiber für 1,50 €, während der Marktpreis bei 1,30 € ermittelt wurde, würde das Einsparungsziel für das kommende Jahr bei 30 Cent liegen, damit ein Verkaufspreis von 1,20 € erzielt werden kann. Im zweiten Schritt ist eine Produktkostenanalyse notwendig, um die einzelnen Preisbestandteile der zugekauften Materialien ermitteln zu können. Anschließend werden die Zielkosten je Artikel ermittelt. Die letzte Phase besteht schließlich in der Definition der Einkaufsaktivitäten und den entsprechenden Maßnahmen. Dies können Re-Spezifikationen, Ausschreibungen, Nachverhandlungen oder Kalkulationsworkshops mit Lieferanten sein.

Eine andere, leicht abgewandelte Form des Zielkostenverfahrens bezieht sich auf die vom Einkauf initiierten lieferantenbezogenen Maßnahmen. Insbesondere bei neuen Lieferanten entsteht durch eine Lernkurve ein Einsparungspotenzial im Zeitverlauf. So könnte ein Lieferant, der Gussteile ursprünglich für 500 € angeboten hat, durch Optimierung der Produktionslosgröße anhand tatsächlich stattfindender Abrufe, der Lagerhaltung und des Transports Preisreduktionen vornehmen. Eine gute Möglichkeit zur Preisoptimierung bietet sich bereits in der Verhandlungsphase, in welcher mit Schlüssellieferanten ein Zielsystem aufgebaut werden kann. In diesem könnten sequenzweise weitere Optimierungen festgehalten werden, sodass der Lieferant nach Ablauf des ersten Jahres den Preis um weitere 5 % senken muss und im zweiten Jahr um weitere 3 %. Im Gegenzug wird dem Lieferanten zugesichert, dass weiterhin bei ihm bezogen wird. Ergänzend können Lieferantenworkshops oder Lieferantentage durchgeführt werden, um weitere Kostensenkungspotenziale zu ermitteln. Das Zielkostenverfahren lässt sich zudem mit der Methode des Benchmarkings oder elektronischen Auktionen kombinieren, um die angestrebten Marktpreise tatsächlich zu realisieren.

Die Ermittlung der Einsparung wird im Zielkostenverfahren ausschließlich in Bezug auf den Zielpreis durchgeführt. Allerdings kann die Einsparung viel höher ausfallen, wenn der alte Bezugspreis über dem Zielpreis liegt. Es gilt somit zu definieren, welche Berechnungsmethodik angewendet werden soll. In der Regel wird die Zielpreisvorgabe mit dem realisierten Preis verglichen.

$$\sum ZE_{Produkt} = (ZP_{neu} - P_{neu}) \times M \tag{2.3}$$

mit:

$ZE_{Produkt}$	Zielpreis-Einsparung je Produkt in € p. a.
ZP_{neu}	Zielpreis neu, abgeleitet vom Marktpreis je Artikel in €
P_{neu}	Realisierter Preis neu je Artikel in €
M	Planmenge je Artikel in Stück p. a.

Marktpreisindexverfahren

Im Marktpreisindexverfahren wird die Einkaufsleistung in Bezug auf einen passenden Index evaluiert.[15] Indizes liegen zum Beispiel für Warengruppen wie Holz, verschiedene Metalle und andere Rohstoffe vor. Kann der Einkäufer einen Preis unterhalb des Indexes erzielen, wird eine Einsparung generiert. Angenommen eine Tonne Kupfer wird für einen geringeren Preis als den Indexwert bezogen, so wurde unter dem Marktwert eingekauft und lässt sich eine Einsparung entsprechend ausweisen. Diese Methode kann jedoch ausschließlich auf indizierte Produkte, also meistens Rohstoffe, angewendet werden. In der Regel werden Indizes von unabhängigen Organisationen publiziert und sind daher transparent nachvollziehbar. Das Verfahren ist daher relativ robust gegenüber potenziellen Manipulationsversuchen.

$$\sum E_{Rohstoff} = (MP - P) \times M \tag{2.4}$$

mit:

$E_{Rohstoff}$	Einsparung je Rohstoff in € p. a.
MP	Marktpreis, abgeleitet vom Index je Produkt in €
P	Realisierter Preis je Produkt in €
M	Planmenge je Artikel in Stück p. a.

Marktpreisanpassungsverfahren

Das Marktpreisanpassungsverfahren berücksichtigt die Marktentwicklungen mit Hilfe der Nutzung von repräsentativen Indizes sowie der alten Preisbasis. Es han-

[15] Vgl. Jahns et al.(2007, S. 74 ff.); vgl. Hug (2011).

delt sich dabei um eine Kombination aus Periodenvergleichsverfahren und Marktpreisindexverfahren.[16] Der Vorteil des Marktpreisanpassungsverfahrens ist, dass die Marktentwicklung berücksichtigt und die Einkaufsleistung entsprechend objektiver bewertet werden kann. Dies gilt insbesondere für den Vergleich der relativen Veränderung des Markt- und des Bezugspreises. Essentiell ist hierbei die Definition bzw. die Ermittlung des jeweiligen Rohstoffanteils, was nicht immer einfach darzustellen ist. Bei der Beschaffung von Stahlrohren dürfte mit einem Rohstoffanteil von 50 % und einer 20 %-igen Erhöhung des Marktpreises im Vergleichszeitraum der neu geforderte Preis vom Lieferanten nicht höher als 10 % über dem Ursprungspreis liegen. Die Anwendbarkeit dieses Verfahrens impliziert jedoch, dass es sich um wiederkehrende und vergleichbare Bedarfe handelt,[17] wie bei der Neuausschreibung oder Vertragsverlängerung von Produktionsmaterialen. Alternativ kann die Festlegung auf einen Rohstoffanteil und den entsprechenden Index auch bei neuen Produkten herangezogen werden.

Die Berechnung des Einkaufserfolgs im Bereich von Well- und Vollpappe erfolgt häufig indexbasiert auf den relativen Materialeinsatz. Als Basiswert wird der jeweilige verhandelte Preis aus dem Vertrag zu Grunde gelegt. Das Datum dieses Vertragsabschlusses wird als Ausgangsbasis benutzt. Für Wellenstoff könnte der Index dann bei 327 € liegen, was 100 % entspräche. Dieser Preis stellt folglich die Basis für die Ermittlung des Einkaufserfolges dar. Zur finalen Herleitung der Vergleichspreise sind zunächst die Materialquote (Anteil der Materialkosten am Umsatz) und die Materialzusammensetzung (wesentliche Materialbestandteile, z. B. Testliner weiß, Wellenstoff und Testliner II) in der jeweiligen Warengruppe zu definieren. Dabei wird die Entwicklung des jeweiligen Indexwerts bzw. -preises vom Datum des ursprünglichen Preisabschlusses bis zum Monat des Neuabschlusses verwendet. Liegt der Index im Jahr 2011 bei 440 €, so liegt eine marktbedingte Preiserhöhung von 113 € oder entsprechend von 35 % vor. Wird die Materialquote des Wellstoffes mit 60 % vom Endpreis festgelegt, so ergibt sich eine reine, marktbedingte Preiserhöhung von 21 %.

Beispiel:

$$VP = RVP \times NMatQ + RVP \times Mat\,Q \times \left(1 + \sum_{i=1}^{n} MatA_i \times IndE_i\right) \qquad (2.5)$$

mit:

VP	finaler Vergleichspreis je Artikel in €
RVP	Rahmenvertragspreis je Artikel in €
$NMatQ$	Nicht-Materialquote (Anteil der Kosten, die nicht über den Einsatz von Material zu erklären sind in Prozent)
$MatQ$	Materialquote (Anteil des Materials an den Gesamtkosten in Prozent)
i	spezifisches Material

[16] Vgl. Jahns et al. (2007, S. 74 ff.).

[17] Vgl. Hug und Weber (2011, S. 45 f.).

n	Menge der Materialien
MatA	Anteil des spezifischen Materials im Verhältnis zum Gesamtmaterial in Prozent
IndE	Indexentwicklung des spezifischen Materials in Prozent

Beispiel: RVP = 10 €
MatQ = 50 %
NMatQ = 50 %
$MatA_1$ = 40 % (Anteil Material 1)
$MatA_2$ = 60 % (Anteil Material 2)
$IndE_1$ = 20 % (Indexentwicklung Material 1)
$IndE_2$ = 25 % (Indexentwicklung Material 2)

$$VP = 10\,€ \times 50\,\% + 10\,€ \times 50\,\% \times (1 + 40\,\% \times 20\,\% + 60\,\% \times 25\,\%) = 11{,}15\,€$$

Der Betrag von 11,15 € stellt den Vergleichspreis dar, der aus der Vergangenheit mit der heutigen Marktentwicklung bewertet wurde.

Die Einsparungen werden basierend auf den um die Marktentwicklung adjustierten Vergleichspreis berechnet:

$$\sum E_{Warengruppe} = (VP - P_v) \times M \tag{2.6}$$

mit:

$E_{Warengruppe}$	Einsparung je Warengruppe in € p. a.
VP	finaler Vergleichspreis je Artikel in €
P_v	Preis verhandelt je Artikel in €
M	Planmenge je Artikel in Stück p. a.

Beispiel:

$$E_{Warengruppe} = (11{,}15\,€ - 9{,}50\,€) \times 10.000\,\text{Stück} = 16.500\,€$$

Liegt angenommen der verhandelte Preis bei 9,50 €, so ergibt sich bei einer Planmenge von 10.000 Stück ein marktbereinigter Erfolg von 16.500 €. Diese Einsparung wäre somit die Ausgangsbasis für die Implementierungsphase im Härtegrad 5. Anzumerken ist in diesem Zusammenhang, dass der Erfolg lediglich auf der Planmenge beruht, die über die Volumenbereinigung in der Implementierungsphase zu bewerten ist.

Projekteinkauf und Budgetverfahren

Im Projekteinkauf und dabei vor allen im Bereich der Investitionsgüterbeschaffung stehen der Einkauf sowie die Fachabteilung oftmals vor der Herausforderung, eine plausible Einsparung zu identifizieren. Die Vergleichbarkeit der Bedarfe ist kaum ermittelbar, da es sich um Einmalbedarfe handelt. Obwohl der Einkauf zur Messung der Einkaufleistung auf Vergleiche mit dem arithmetischen Mittelwert der Angebote zurückgreift, ist dies keine Größe, die in der GuV bzw. Bilanz ausgewiesen wird. Die einzigen hier relevanten bilanziellen oder GuV-Größen sind geplante Projekt- oder Investitionsbudgets. Mit ihnen sind diverse Herausforderungen für die Beteiligten verbunden, die primär aus Mehrungen bzw. Minderungen der Budgets im Projektverlauf sowie der entsprechenden Planung entstehen (s. Härtegrad 5 und 6). Projektleiter und Finanzverantwortliche legen jedoch besonderen Wert auf einen erfolgreichen Projektabschluss „in time and in budget". Dementsprechend müssen dies auch die Ziele für den Einkauf sein. Allerdings steht der Einkauf in der Umsetzung vor zahlreichen Herausforderungen, die er in der Regel nicht zu vertreten hat, wie Marktpreisänderungen über den Zeitraum des Projektverlaufs. Dies ist besonders dann kritisch, wenn Projekte über mehrere Jahre hinweg geplant und mit Produktpreisen aus dem ersten Planungsjahr kalkuliert werden. Dies ist bei Investitionsgütern häufig der Fall, sodass die ursprünglich geplanten Budgets schnell veralten. Dieser Sachverhalt stellt ein zentrales Problem des Budgetverfahrens dar. Allein eine marktpreisbedingte Veränderung von 20 % über 2 Jahre kann die ursprüngliche Budgetierung obsolet machen. Das Projektteam sollte daher bei der Anwendung des Budgetverfahrens zwischen vier Phasen unterscheiden:

- Die Phase 1 stellt die Basis für die Projektierung und das Angebot dar (Beispiel: Elektroarbeiten zu einem Preis von 500.000 €).
- In Phase 2 ist das überarbeitete Projektbudget nach Auftragserteilung zu ermitteln.
  Beispiel: Veränderung der Materialienpreise am 01.10.2011.
  - Materialanteil: 30 %
  - Personalanteil: 70 %
  - Erhöhung der Rohstoffpreise: 30 %
  - Erhöhung der Lohnkosten: 5 %

$$\begin{aligned} Budget_{Neu} &= (30\,\% \times 500.000\,€ \times 130\,\%) + (70\,\% \times 500.000\,€ \times 105\,\%) \\ &= 195.000\,€ + 367.500\,€ \\ &= 562.500\,€ \end{aligned}$$

Dies bedeutet, dass das zu beauftragende Spektrum in der Neubetrachtung der Projektbudgets in den Kosten bereits um 12 % angepasst werden müsste. Dieses angepasste Budget wäre in der Regel das neue überarbeitete Budget im Rahmen des Projekt-Kick-offs. Sofern Unternehmen diese Anpassung bei der Erfolgsermittlung nicht vornehmen und vom ursprünglich angebotenen Umfang, also den 500.000 € ausgehen, muss dieses als Bemessungsgrundlage zu Grunde gelegt werden.

- Die 3. Phase konkretisiert das vergebene Budget anhand des beauftragten Leistungsumfangs. Im Beispiel hat der Einkauf diesen Leistungsumfang für 520.000 € vergeben. Das Resultat wäre folglich eine Verteuerung um 20.000 €, wenn keine Neubudgetierung vor Projektstart stattfindet. Ansonsten könnte der Einkauf einen Erfolg von zunächst 42.500 € ausweisen.
- Die kritische Phase 4 beginnt nach der Abnahme – entweder intern gegenüber dem Lieferanten oder dem Endkunden. Spätestens in dieser Phase sind Mehrungen bzw. Minderungen zu berücksichtigen. Im Beispiel waren zwei Nachträge erforderlich, die in Summe einen Auftragswert von 15.000 € ergeben. In der betrachteten Erfolgsberechnung bedeutet dies eine Verteuerung von 35.000 € im Vergleich zum ursprünglichen Budget bzw. eine Einsparung von 7.500 € im Vergleich zum angepassten Budget.

Wie das Beispiel zeigt, können abhängig vom Basisbudget entweder Einsparungen oder Verteuerungen ausgewiesen werden. Folglich sollte auch in diesem Bereich zwischen der Erfolgsmessung mit und ohne GuV-Wirksamkeit unterschieden werden.

Die Spezifizierung der Budgetierung hängt zunächst von der Detailtiefe der Planung ab. Oftmals umfasst die Planung die wesentlichen Abschnitte eines Projektes. Die Kostenplanung erfolgt anschließend in der Regel in einem Tabellenverarbeitungsprogramm, einem ERP-System oder einem Projektplanungsprogramm. Idealerweise definiert der Planer das notwendige Budget anhand externer Angebote oder vergangenheitsbezogener Planungserfahrungen.

Im Rahmen der Projektbearbeitung sind die einzelnen Budgetpunkte in einen Projektstrukturplan im ERP-System zu überführen. Es ist erforderlich, dass die entwickelte Struktur einheitlich im Einkauf und im Idealfall im gesamten Unternehmen umgesetzt wird. Die Erfolgsmessung sollte schließlich nach Abnahme des Projektes inklusive Mehrungen und Minderungen erfolgen. Ansonsten besteht die Gefahr einer unvollständigen Berichterstattung über die im Projektverlauf tatsächlich erbrachte Einkaufsleistung. Während zu Projektbeginn der Stahlbau im Rahmen eines Bauvorhabens im Vergleich zum Budget für einen 300.000 € geringeren Preis vergeben wird, kann nach Abnahme eine Verteuerung von 100.000 € vorliegen. Dies tritt insbesondere dann auf, wenn für zusätzliche Leistungen im Projektverlauf andere Projektstruktur-Positionen, wie zum Beispiel ein Kostensammler, der Kalkulationsrisiken abfängt, verwendet werden. Zudem werden Minderungen durch den Einkauf selten konsequent verfolgt. Fällt hier ein spezifischer Leistungsumfang in der Projektumsetzung weg, dann wird dies zwar in der Baubesprechung definiert, jedoch in der Regel nicht konsequent monetär erfasst. Es ist nicht selbstverständlich, dass in diesen Fällen der korrespondierende Lieferant aktiv auf den Einkauf zukommt, um einen Nachtrag vorzunehmen. Hingegen fordert der Lieferant bei Mehrungen meist aktiv die entstandenen Mehrkosten ein. In beiden Fällen ist eine intensivere Zusammenarbeit für die objektive Erfolgserfassung sowie eine schlüssige Dokumentation etwaiger „Nebenabsprachen" notwendig.

Situative Eignung der kostenbasierten Verfahren zur Erfolgsmessung

In den vorangegangenen Abschnitten wurden verschiedene Verfahren zur Erfolgsmessung auf der Ebene der Warengruppen sowie deren Referenzgrößen vorgestellt. Dabei sind jedoch die Charakteristika der unterschiedlichen Warengruppen zu berücksichtigen. Nicht jedes Verfahren ist für die Erfolgsmessung im Investitionsgütereinkauf geeignet. Generell wird zwischen Neukäufen und identischen sowie modifizierten Wiederholkäufen unterschieden. Bei Neukäufen liegen innerhalb des Unternehmens keine historischen Vergleichspreise vor. Auch bei modifizierten Wiederholkäufen können nur bedingt Vergleiche angestellt werden. Durch Produktveränderungen, wie einer erhöhten Leistungsfähigkeit beispielsweise bei Computern, sind die Modelle und deren Preise untereinander nicht mehr vergleichbar. Daraus resultieren Schwierigkeiten bei der Anwendung der Erfolgsmessungs-Verfahren. Bei identischen Wiederholkäufen hingegen wird immer wieder das gleiche Produkt oder die gleiche Dienstleistung beschafft, wodurch im Unternehmen historische Preise vorliegen, die sich zu Vergleichszwecken heranziehen lassen. Abbildung 2.5 zeigt, welche Verfahren für Warengruppen mit verschiedenen Beschaffungsmerkmalen geeignet sind.

Aus dem skizzierten Entscheidungsbaum geht hervor, dass bei Neukäufen und modifizierten Wiederholungskäufen wie bei der Beschaffung von Investitionsgütern oder Dienstleistungen das Preisangebots-, das Budget- sowie das Zielkostenverfahren zur Erfolgsmessung angewendet werden können. Dabei ist jedoch zu berücksichtigen, dass das Zielkostenverfahren mit einem relativ hohen Aufwand verbunden ist, weshalb es nur bei hohen Bestellvolumina der Waren oder hohen Investitionsbeträgen durchgeführt werden sollte.

Bei identischen Wiederholkäufen ist zwischen der Beschaffung von individuellen und standardisierten Gütern sowie Gütern mit hoher Rohstoffabhängigkeit zu differenzieren. Individualisierte Güter besitzen eine höhere Spezifität, standardisierte Güter hingegen sind nicht kundenspezifisch hergestellt. Dennoch können bei beiden Güterarten das Preisangebotsverfahren sowie das Zielkostenverfahren angewendet werden. Ist die Bestellmenge gleichbleibend, steht aufgrund der Vergleichbarkeit historischer Preise im Unternehmen zusätzlich das Periodenvergleichsverfahren zur Verfügung.

Für die Warengruppe der Rohstoffe sollte das Marktpreisindexverfahren angewendet werden. Da für Rohstoffe in der Regel Marktpreisindizes vorliegen, über welche die Marktpreisentwicklung nachvollzogen werden kann, lassen sich diese einfach für die Erfolgsmessung nutzen. Bei Gütern für die historische Preise zur Verfügung stehen und die gleichzeitig eine hohe Rohstoffabhängigkeit aufweisen, ist das Marktpreisanpassungsverfahren am geeignetsten.

Die kostenbasierten Methoden der Savingsmessung beleuchten insgesamt nur eine Seite der Einkaufsleistung. Um die Erfolge der Beschaffungsorganisation vollständig und umfassend zu ermitteln, sollten weitere Methoden angewendet werden, die auch qualitative Merkmale einschließen.

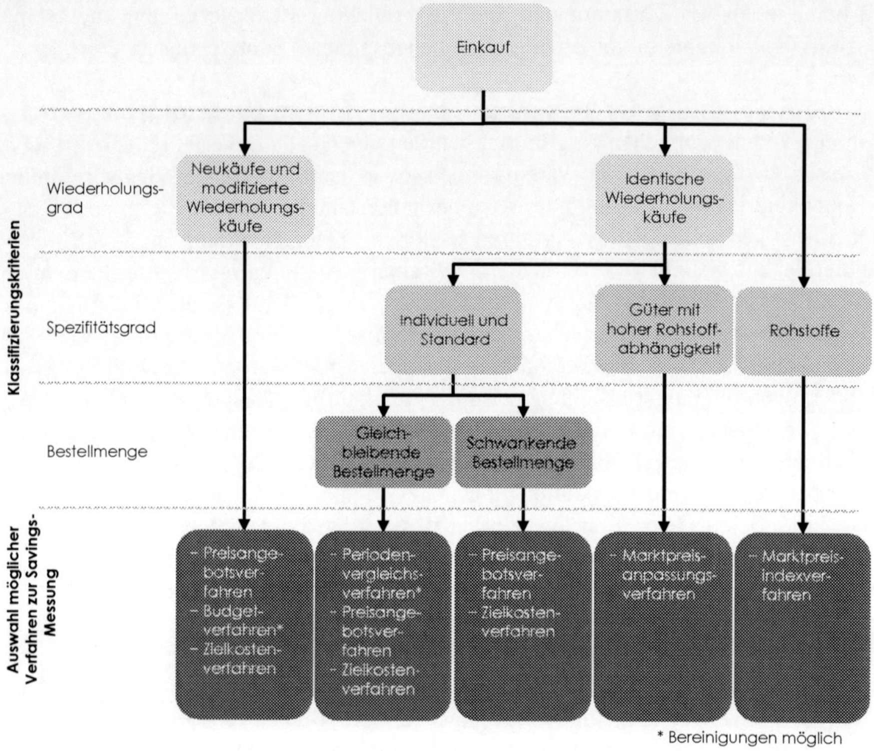

Abb. 2.5 Entscheidungsbaum zur Auswahl der kostenbasierten Verfahren zur Erfolgsmessung

2.2.2 Qualitative Erfolgsermittlung von Warengruppen

Die dominierende Bemessungsgrundlage für die Erfolgsmessung im Einkauf sind heutzutage finanzielle Einsparungen, die sich vor allen in der GuV widerspiegeln. Der Bereich der qualitativen und somit nicht direkt monetarisierbaren Einsparungen bleibt oftmals in der Praxis unberücksichtigt, sodass die tatsächliche Einkaufsleistung im Allgemeinen unterbewertet wird. Die Betrachtung der alleinigen direkt monetarisierbaren Einsparungen im Sinne eines Zielsystems legt einen zu starken Fokus auf Einstandspreisreduzierungen. Dadurch wird die Motivation der Mitarbeiter mit Beschaffungsaufgaben zur Realisierung weiterer Potenziale mitunter negativ beeinflusst. Obwohl eine Differenzierung der diversen Bewertungsfaktoren wie Preis, Qualität, Lieferzeit, Gewährleistung etc. stattfindet, werden die Mitarbeiter – bei entsprechend einseitiger Anreizsetzung – tendenziell denjenigen Lieferanten bevorzugen, der am besten zur eigenen finanziellen Zielerfüllung beiträgt. Folglich sind weitere qualitative Parameter in der Bewertung der Einkaufsleistung notwendig, die weiterhin in den individuellen Zielvereinbarungen der Einkäufer zu berücksichtigen sind.[18]

Kostenvermeidung

Der Bereich der nicht direkt monetarisierbaren Erfolge enthält einen weitverbreiteten Ansatz, die Kostenvermeidung oder „Cost Avoidance".[19] Eine objektive Darstellung von Kostenvermeidungseffekten ist oftmals schwierig, zumal bekannte Vorurteile wie das bereits erwähnte „Schönrechnen" von Einsparungen bestehen. Die Messung und Erfassung von Kostenforderungen durch Lieferanten ist daher von großer Bedeutung.[20] So können Verhandlungserfolge wie Preisreduktionen, Mengenrabatte oder Skonti konkret ausgewiesen werden. Wird beispielsweise eine Kostenerhöhung durch Verhandlungen umgangen, fällt dies in die Kategorie der Cost Avoidance und kann somit der Beschaffungsorganisation zugeordnet werden. Darüber hinaus eignet sich die Analyse von Kostenvermeidungseffekten, um eine entsprechende Marktbeobachtung durchzuführen. Fordert angenommen die Mehrzahl der Lieferanten einer Warengruppe eine Preiserhöhung, so ist dies ein plausibles Indiz für eine mögliche Marktbewegung. Insbesondere im Bereich des Projektgeschäfts sind Mehrungen und Nachforderungen an der Tagesordnung, die als „Lessons Learned" in eine nachfolgende Projektkalkulation einfließen könnten. Inwiefern diese Forderungen gerechtfertigt sind, ist gesondert zu bewerten. Sollten in A-Warengruppen zahlreiche Preisforderungen anfallen, ist mit dem Vertrieb und der Geschäftsführung die Marktreaktion zu reflektieren, um Preiseffekte gegebenenfalls an die eigenen Kunden weiterzureichen. Durch eine lückenlose Erfassung können ferner präventive Aktivitäten angestoßen werden, um in Budgetplanungen für die kommenden Jahre mögliche Preissteigerungen und Liefermarktentwicklungen rechtzeitig einzukalkulieren.

Cost Avoidance spielt zudem eine psychologische Rolle, die mit der quantitativen Evaluierung der Preisforderungen verbunden ist. Der Einkäufer ist angehalten sich mit der Mehrforderung auseinanderzusetzen und diese zu bewerten. So ist es nicht unüblich, dass Lieferanten jeweils Bezug nehmend auf steigende Löhne und Rohstoffpreise pauschale Erhöhungen für das Lieferanten-Artikelportfolio von 5 bis 10 % fordern. Führen Einkäufer direkte Verhandlungen mit Lieferanten, so werden teilweise nur pauschal der Kreditorenumsatz und die korrespondierenden Forderungen überschlagen. Eine gewichtete Bewertung auf Artikelebene wäre zudem erstrebenswert. Problematisch gestaltet sich dabei vor allem die Bewertung von Qualitätssteigerungen bei gleichbleibendem Preis.[21] In der Regel wird hierdurch eine Preiserhöhung über den Lebenszyklus umgangen (z. B. aufgrund geringerer Instandhaltungskosten im Betrieb), was insbesondere für beschaffte Investitionsgüter zutrifft.

[18] Zur Ausgestaltung von Anreizsystemen im Einkauf siehe ausführlich Abschn. 7.

[19] Vgl. Ashenbaum (2006, S. 13 ff.); vgl. Schild (2008, S. 18 ff); vgl. Johnson und Leenders (2010, S. 27 f.).

[20] Vgl. Ashenbaum (2006, S. 4. ff.).

[21] Vgl. Wyld (2003, S. 408).

Im Rahmen eines etablierten Cost Avoidance-Berichtswesens lässt sich die monetäre Bewertung der Verhandlungserfolge überschlagsmäßig ermitteln. Die Einsparungen aus umgangenen Preiserhöhungen oder Kostenvermeidungen sind dabei möglichst exakt auszuweisen, wobei die Preisforderungen belegbar und nachvollziehbar sein müssen. Des Weiteren ist der neue Preis entsprechend zu verhandeln und zu dokumentieren. Die Ermittlung der Preisforderung und des verhandelten Ergebnisses wird durch eine gewichtete Darstellung aus den jeweiligen Artikelmengen pro Jahr multipliziert mit den Preisen dargestellt:

$$\sum KV_{Warengruppe} = (\sum_{i=1}^{n} PfA_i \times M_i) - (\sum_{i=1}^{n} PvA_i \times M_i) \tag{2.7}$$

mit:

$KV_{Warengruppe}$	Kostenvermeidung je Warengruppe in € p.a.
PfA	Preisforderung je Artikel in €
PvA	Preis verhandelt je Artikel in €
M	Planmenge je Artikel in Stück p.a.
i	Artikel

Qualitätssteigerung

Eine ähnliche Bedeutung wie der Kostenvermeidung fällt der Umsetzung von qualitativen Zielen innerhalb der Warengruppen zu.[22] Diese stellen eine wichtige Dimension der nicht-monetären Erfolgsdarstellung im Einkauf dar. Ausschlaggebend sind sowohl die eingeschlagene Wettbewerbsstrategie, als auch die damit zu verknüpfenden Einkaufs- und Warengruppenstrategien. Im Falle einer angestrebten Differenzierungsstrategie über Qualitätsführerschaft ist eine intensive Koordination zwischen dem Einkauf und weiteren Fachabteilungen (insbesondere Produktion, Vertrieb sowie Forschung und Entwicklung) zur Vermeidung konkurrierender Ziele zwingend anzuraten. Neben einer grundsätzlichen Qualitätsorientierung können ergänzend weitere qualitative Ziele definiert werden, die sich beispielsweise mit Re-Spezifikationen von Baugruppen oder Einsatzmaterialien auseinandersetzen. Besteht etwa die Möglichkeit einer Verpackungsänderung, die den Materialeinsatz senkt oder auf alternative, ökologische Grundstoffe setzt, kann dies ebenfalls als qualitativer Erfolg ausgewiesen werden. Zur Stärkung der CO_2-Bilanz eines Unternehmens, nimmt in einigen Konzernen die Ökologisierung der Fahrzeugflotte eine hohe Bedeutung ein. „Spritschlucker" werden konsequent aus der Fahrzeugflotte entfernt und der CO_2-Ausstoß jedes Fahrzeugs wird erfasst und dargestellt. Eine ähnliche Situation liegt für Unternehmen bei der Nutzung von Stromanbietern und der Nutzung von regenerativen Quellen vor. Auch in solchen Fällen ließe sich ein „qualitativer" Erfolg womöglich ausweisen.

Weitere Bereiche einer möglichen Qualitätssteigerung betreffen die Verbesserung der Rahmenbedingungen der Wertschöpfung oder der Produktqualität, insbe-

[22] Vgl. Buchholz (2002, S. 369); vgl. Ashenbaum (2006, S. 3 ff.); vgl. Schild (2008, S. 18 ff.).

sondere wenn die vom Einkauf angestoßenen Aktivitäten zu einem spürbaren Endkundennutzen führen oder den Ausschuss in der Produktion reduzieren.

Zu den qualitativen Zielen in der Beschaffung zählen unter anderem:

- Qualitätsverbesserung der hergestellten Produkte oder geleisteten Dienstleistungen
- Erfüllung ökologischer Anforderungen
- Erhöhung von Gewährleistungs-/Garantiezeiten
- Reduzierung von Reparaturzeiten
- Festlegung von Kulanzquoten und Ersatzregelungen
- Losgrößen-Optimierungen
- Verkürzung der Lieferzeiten
- Optimierung der Produktlebensdauer und Laufleistung (z. B. in Maschinenstunden)
- Verbesserung des Service-Level
- Gewährleistung von Bedienungsfreundlichkeit
- Sicherung von Kompatibilität mit vorhandenen Anlagen und Technologien
- Initiierung von Lieferanteninnovationen bzw. Einbindung des Lieferanten in die Produktentwicklung
- Einführung von Upgrades beim Travel-Management (z. B. bei Flugtickets, Hotelübernachtungen oder Mietfahrzeugen)
- Vereinbarung kostenloser Bevorratung beim Lieferanten
- Reduzierung der Reklamationsquoten

Eine separat zu betrachtende und mit Mehrkosten verbundene strategische Entscheidung ist beispielsweise die qualitative Verbesserung der Arbeitsschutzkleidung. Wenn Mitarbeiter über mangelnde Qualität der Schutzbekleidung oder unzureichenden Schutz im Allgemeinen klagen, kann dies zu einer Verschlechterung der Gefahrenlage führen und die öffentliche Wahrnehmung des Unternehmens beeinflussen. Um solche negativen Effekte zu vermeiden, kann der Einkauf durch Beauftragung neuer Lieferanten, die eine höhere Sicherheit anbieten, die Prozesse verbessern. Trotz höherer Kosten für die Arbeitsschutzkleidung kann durch solche Maßnahmen die Sicherheit sowie die Mitarbeiterzufriedenheit und damit unter Umständen die Produktivität gesteigert werden.

Der Dienstleistungsbereich mit Servicepartnern stellt eine besondere Anforderung an die qualitative Bewertung von Einkaufserfolgen, da Dienstleistungen individuell wahrgenommen werden und – nach dem Uno-Actu-Prinzip – die Erstellung und Konsumierung der Leistung zeitlich zusammenfallen. Eine erbrachte Service-Leistung kann von Service-Empfängern ganz unterschiedlich bewertet werden. Besonders sensibel in der Dienstleistungsbeschaffung sind die Bereiche Zeitarbeit, Marketing, Agenturen, Freelancer, Catering oder der IT-Service, da entsprechende Referenzgrößen häufig fehlen. Oftmals wird beim Angebotsvergleich im personenbezogenen Umfeld der Dienstleister das Argument vorgebracht, dass Anbieter A qualifizierteres Personal einsetze, dafür aber teurer sei als Anbieter B. In diesem Fall gestaltet sich die Einsparungs- und Erfolgsermittlung schwierig, da sowohl mögliche Zeit- als auch Kostenersparnisse, die mit der Qualität der Service-Kräfte einhergehen, erfasst und in die Erfolgsbestimmung einbezogen werden müssen. Aufgrund der Immaterialität empfiehlt es sich, zunächst das bei der Dienstleistungserstellung benötigte Material und die Arbeitsleistung voneinander zu trennen und separat zu evaluieren. Eine Erfolgsberechnung in den oben genannten Warengruppen lässt sich jedoch nur bedingt anwenden. Handelt es sich dabei um nicht vergleichbare Lösungen oder Konzepte, wie die Erstellung eines Marketingkonzeptes oder Beratungsleistungen, so können diese schwerlich untereinander verglichen werden. Folglich muss der Erfolg im qualitativen Feld auf zuvor definierten Parametern beruhen, die idealerweise von einem funktionsbereichsübergreifenden Team evaluiert und somit mehrere fachliche Perspektiven miteinander verknüpft werden. Ergänzend dazu sollten in regelmäßigen Abständen Leistungsbewertungen mit Hilfe von standardisierten Erfassungsbögen durchführt werden, die sowohl durch den Bedarfsträger, als auch durch die betroffene Fachabteilung und den Einkauf vorzunehmen sind. Im Idealfall können vorab angestrebte Service-Level definiert werden, die jeweils mit verschiedenen Aktivitäten und Verbesserungsmaßnahmen unterlegt sind. Im Bereich der Kreativleistungen, wie bei Beratungsdienstleistungen, ist ein ähnliches Vorgehen ratsam, bei dem vorab ein Kriterienkatalog festgelegt wird, der im Rahmen des Wettbewerbs der Anbieter zu Grunde gelegt wird.

Nicht nur für den Dienstleistungssektor im engeren Sinne sondern für den gesamten Qualitäts- und Innovationsbereich sollte bei der Erfolgsmessung eine ausgewogene Bewertung mit qualitativen und quantitativen Faktoren umgesetzt werden. Nur mit einem zwischen den Funktionsbereichen abgestimmten und transparenten Verfahren lassen sich Beschaffungsentscheidungen tätigen, die mit Einsparungen bei gleicher Qualitätsorientierung einhergehen.

Nachhaltigkeitsorientierung

Umweltverträgliche Produkte oder die Sicherstellung der ökologischen und sozialen Nachhaltigkeit haben in den letzten Jahren zunehmend an Bedeutung gewonnen. Die grundsätzliche Ausrichtung auf diese Aspekte sollte zunächst durch das Unternehmen vorgegeben sein und auch in der Beschaffung umgesetzt werden. Allerdings kann gerade im Einkauf ein Zielkonflikt zwischen günstigstem Preis und der Erfüllung der Nachhaltigkeitskriterien auftreten, weshalb klar definiert sein sollte, welcher Aspekt im Zweifel höher zu gewichten ist. Damit ist die Fixierung eines Schwellenwertes verbunden, ab dem ein Wechsel von einer reinen Kosten- auf eine Nachhaltigkeitsorientierung unter Berücksichtigung etwaiger Mehraufwendungen zu erfolgen hat. Das dominierende Ziel des Einkaufs liegt demzufolge weiterhin in der Identifikation eines ökologischen Top-Anbieters, der über entsprechende Zertifizierungen verfügt. Hierbei können unabhängig vergebene Gütesiegel wie BSCI (Business Social Compliance Initiative), FSC (Forest Stewardship Council) oder Fairtrade hilfreich sein, die für unterschiedliche Nachhaltigkeitskriterien bei den Zulieferern stehen. Gütesiegel, die sich vorrangig auf eine umweltfreundliche und schonende Produktion sowie die Gesundheit der Konsumenten beziehen, werden „Green Labels" genannt und unterstützen den aktuellen Trend des körper- und umweltbewussten Konsums. Dazu gehören verschiedene Bio-Siegel, das MSC-Siegel

(Marine Stewardship Council) für nachhaltige Fischerei oder das europäische Eco Flower-Zertifikat.[23] Konsumgüterhersteller im Bekleidungssektor kämpfen heute noch gegen Vorurteile von Interessengruppen, die eine fehlende soziale und ökologische Verantwortung unterstellen. Vor allem Lieferanten mit Fertigungsstätten in Asien, die sich oftmals der Kinderarbeit oder unsozialen Arbeitsverhältnissen bedienen, stehen häufig in der öffentlichen Kritik.

In der Erfolgsmessung im Einkauf sollte daher das Nachhaltigkeitskriterium berücksichtigt werden, insbesondere dann, wenn aus Schwellen- und Drittweltländer (Non-OECD) beschafft wird. Während in der Vergangenheit die Verantwortung zur Sicherung der Nachhaltigkeit in der Regel dem Lieferanten übertragen wurde, verlagert sich dies zunehmend in Richtung des Auftraggebers. Denn Insbesondere das abnehmende Unternehmen hat im Falle eines Verstoßes gegen Nachhaltigkeitsgrundsätze den Reputationsschaden zu tragen. Aus dieser Entwicklung heraus hat der Sportartikelhersteller Nike im Jahr 1992 eine erste Nachhaltigkeitsrichtlinie für seine Lieferanten herausgegeben.[24] In dieser Richtlinie, dem sogenannten Code of Conduct, definiert Nike konkrete ökologische und soziale Ziele sowie klare Formen der Zusammenarbeit. Demnach müssen sich Lieferanten dazu verpflichten, die gemeinsamen Ziele, wie beispielsweise Respekt gegenüber Mitarbeiterrechten, Bereitstellung einer sicheren Arbeitsumgebung, Vermeidung von Umweltverschmutzung sowie die Gesundheit und Zufriedenheit von Mitarbeitern, zu verfolgen und kontinuierlich zu verbessern. Darüber hinaus definiert Nike klare Verbote von Kinder- oder Zwangsarbeit.[25] Eine zunehmende Anzahl Unternehmen folgt inzwischen diesem Trend, nicht zuletzt auf Grund des zunehmenden Drucks der Öffentlichkeit, der Regierung oder anderer Interessengruppen. Dabei gelten die Codes of Conduct im Allgemeinen nicht nur für Lieferanten, sondern sollen vor allem auch im Unternehmen selbst angewendet werden und den Mitarbeitern als Leitfaden dienen.[26]

Für den Einkauf ist die Verankerung der Nachhaltigkeitsgrundsätze im Zielsystem erforderlich, um deren Umsetzung für alle relevanten Warengruppen zu gewährleisten. Auch ist die kontinuierliche Überprüfung der Einhaltung dieser Richtlinien bei den Lieferanten festzuhalten, da die Richtlinien meist auf freiwilliger Basis gefordert werden und keine gesetzliche Grundlage haben. Zur Gewährleistung der Einhaltung der Richtlinien können interne Kontrollsysteme sowie externe Audits der Lieferanten oder die Einführung von Bußgeldern, Ausschluss aus Gemeinschaften mit anderen Unternehmen oder andere Strafen eingeführt werden.[27] Um Erfolge in der Nachhaltigkeit deutlich im Einkauf messbar zu machen, sollte der Anteil nachhaltiger Lieferanten gemessen und gegebenenfalls erhöht werden. Hierbei sollte vor allem die Geschäftsführung positive Nachhaltigkeits-Exempel statuieren und den Einkäufern in den entsprechenden Warengruppen geeignete Anreize setzen (z. B. erzielte CO_2-Reduktion für die Beschaffungstransporte der ein-

[23] Vgl. Hart et al. (2010, S. 123 ff.).

[24] Vgl. Locke und Romis (2006, S. 6 ff.).

[25] Vgl. Locke und Romis (2006, S. 6 ff.).

[26] Vgl. Wulf (2011, S. 19 ff.); vgl. Saleem (2006, S. 23 ff.).

[27] Vgl. Mamic (2004, S. 57 ff.).

zelnen Warengruppe). Auch kann eine Verankerung des Nachhaltigkeitsgedanken in der Unternehmens- und der Einkaufsstrategie dazu beitragen, das Bewusstsein der Mitarbeiter für diese Thematik zu stärken.

Auflagenkonformität

Eine zunehmende Bedeutung nimmt die Auflagen- bzw. Richtlinienkonformität der beschafften Waren und der korrespondierenden Lieferanten ein. Insbesondere im Rahmen des Global Sourcings können Imitate oder falsch zertifizierte Produkte gekauft werden, die nicht den geltenden Auflagen und Richtlinien entsprechen. Auch die Sicherstellung von Konformitätserklärungen über die Supply Chain und verschiedene Lieferanten hinweg spielt in diesem Zusammenhang eine Rolle. Hauptsächlich in zulassungspflichtigen Bereichen, wie der Pharma-, Medizintechnik-, Lebensmittel- oder Elektroindustrie, sind besondere Zulassungsvoraussetzungen und Prüfungsverordnungen der Endprodukte sicherzustellen. Eine erfolgreiche Lieferantenzertifizierung, kann im Falle eines Neuprodukts ein qualitatives Kriterium darstellen.

In der Erfolgsmessung lässt sich die Auflagen- und Richtlinienkonformität vereinfacht über die Anzahl zertifizierter Lieferanten abbilden. Je nach Wirtschaftsfaktor und Branche spielen Zertifizierungen eine unterschiedliche Rolle. In der Erfolgsmessung sollten daher insbesondere in solchen Industrien geeignete Kriterien berücksichtigt werden, die besonders sensibel auf die Einhaltung der Auflagen und Richtlinien reagieren. Die dabei nachgehaltenen Zertifizierungen bei Lieferanten sollten jeweils dem neuesten Stand entsprechen, was gegebenenfalls mit höheren Wertschöpfungskosten einhergehen kann, die anteilig vom Abnehmer zu tragen sind. Des Weiteren können zusätzliche Kosten für die kontinuierliche Überprüfung sowie die Zertifizierungen anfallen.

2.2.3 Einflüsse und Bereinigungen bei der Erfolgsmessung von Warengruppen

Der Einkaufserfolg wird durch viele Faktoren geprägt, die nicht vom Einkäufer beeinflusst werden können. Im Wesentlichen handelt sich hierbei um Volumen- bzw. Mengenveränderungen, Marktentwicklungen sowie Währungseffekte.[28] Um den tatsächlich erzielten Einkaufserfolg in einer Warengruppe darzustellen, ist häufig eine Bereinigung notwendig. Dabei gilt es herauszustellen, dass die Faktoren GuV- bzw. Bilanz-wirksam sind und folglich mit einem positiven oder negativen Werteffekt einhergehen. Im Rahmen der Erfolgsmessung sind diverse Faktoren aufgrund ihrer fehlenden Beeinflussbarkeit durch den Einkauf von der Einkaufsleistung zu trennen und separat auszuweisen.

[28] Vgl. Buchholz (2002, S. 363 ff.); vgl. Ashenbaum (2006, S. 4 ff.); vgl. Jahns et al. (2007, S. 74 ff.); vgl. Schild (2008, S. 18 ff.); vgl. Johnson und Leenders (2010, S. 25 ff.).

Marktbereinigte Erfolgsmessung

In der Praxis werden den Einkaufsabteilungen in Zeiten von Rezessionen häufig gute Bewertungen erteilt. Steigen die Markpreise für einzelne Warengruppen, stehen die Einkaufsverantwortlichen schnell in der Kritik, da ihr Wertbeitrag häufig anhand des Vergleiches der aktuellen Einkaufspreise zur denen der Vorperiode gemessen wird, was wenig leistungsgerecht ist. Dabei werden Marktpreise häufig von exogenen Effekten determiniert, die außerhalb des Handlungsbereiches der Beschaffungsorganisation liegen. Weitere exogene Einflüsse sind beispielsweise Inflation oder Wechselkursschwankungen, auf welche noch vertieft eingegangen wird. Auch Nachfragerückgänge, aus Krisensituationen fallen in diese Kategorie.[29]

Wesentliche Einflussfaktoren, die den Preis eines Einkaufsgutes oder einer bezogenen Dienstleistung bestimmen sind Marktpreisveränderungen von Rohstoffen, Auslastung der Produktionskapazitäten beim Lieferanten, erwartete Umsatz- und Erlösentwicklung des Lieferanten, die strategische Bedeutung des Kunden für den Lieferanten sowie Qualität und Belastbarkeit der Lieferantenbeziehung bezogen auf den individuellen Verhandlungsspielraum des Lieferantenansprechpartners. Die Betrachtung dieser Einflussfaktoren macht schnell deutlich, dass ein einfacher Periodenvergleich zweier Preise eine unpräzise Indikation für die Bewertung einer Einkaufsleistung darstellt. Idealerweise sollte ein Modell zur Erfolgsmessung praktischen Anforderungen gerecht werden, das heißt einfach nachvollziehbar und anhand objektiv messbarer Kriterien bewertbar sein. In vielen Warengruppen liegt eine direkte Kopplung an Marktindizes vor, so zum Beispiel bei Kakao, Baumwolle, Kupfer oder Ähnliches. Die Indizes spiegeln aktuelle Preisentwicklungen auf den Märkten wider und können im Regelfall transparent nachvollzogen werden. Hingegen sind Aspekte, wie die Auslastung lieferantenspezifischer Kapazitäten, in einem spezifischen Markt in der Praxis kaum objektiv zu ermitteln. Ebenso ist es kaum möglich, schlüssige Informationen über die Qualität oder strategische Bedeutung der Kunden und Lieferantenbeziehung nachvollziehbar vorzuweisen. Die Einbindung solcher Kriterien in ein praxistaugliches Erfolgsmessungsmodell ist daher nicht empfehlenswert. Berücksichtigt man bei der Erfolgsmessung eines Einkaufsgutes spezifische Abhängigkeiten von Marktpreisen, kann dies mit Hilfe des Marktpreisanpassungsverfahrens abgebildet werden.[30] Die Anwendbarkeit dieses Verfahrens setzt allerdings wiederkehrende und vergleichbare Bedarfe voraus.[31]

Währungsbereinigte Erfolgsmessung

Die Beschaffungsmärkte sind heute für viele Unternehmen global ausgeprägt und der Einkauf in unterschiedlichen Währungen ist Teil des täglichen Geschäfts. Die weltweite Lieferantenbasis eröffnet zwar zahlreiche Potenziale, jedoch ergeben sich auch neue Risiken, zu denen Wechselkursschwankungen zählen. Teilweise wird der Wechselkurs einer Währung von Volkswirtschaften als strategisches Mittel zur Erhöhung der Exportquote eingesetzt. Bei ungünstigen Wechselkursveränderungen

[29] Vgl. Weber und Zubler (2010, S. 38 ff.).

[30] Wildemann (1999, S. 54 ff.); vgl. Buchholz (2002, S. 363 ff.); vgl. Jahns et al. (2007, S. 74 ff.).

[31] Vgl. Hug (2011).

Tab. 2.2 Beispielrechnung zur Währungsbereinigung der Erfolgsmessung

	Periode 0	Periode 1
Wechselkurs für 1 €	1,45 $	1,30 $
Preis	1.000 $	900 $
Stückpreis (€)	689,66 €	692,31 €
Menge	100	100
Gesamtkosten ($)	100.000 $	90.000 $
Gesamtkosten (€)	68.966 €	69.231 €
Einspareffekt	265 €	
Einkaufserfolg	100 Stück × 100 $ = 10.000 $/1,30 = 7.692 €	

können sich importierte Waren und Materialien für das einkaufende Unternehmen massiv verteuern. Diese Effekte sind analog und nicht im Einflussbereich des Einkäufers, sodass Vor- und Nachteile nicht als Einkaufserfolg bzw. -misserfolg zu bewerten sind. Wertet der US-Dollar binnen eines Jahres um 10 % ab, so bringt dies zwar für einen Einkäufer im Euro-Raum Einsparungen, die jedoch nicht dem Einkauf zuzuordnen sind.[32] Nichtsdestotrotz sind diese Veränderungen für den CFO von Relevanz, denn zum einen muss das Fremdwährungsrisiko verwaltet und abgesichert werden und zum anderen spiegelt sich dieser Effekt in der Bilanz wider.[33] Der Einkauf ist daher angehalten seine Leistungen währungsbezogen differenziert auszuweisen.

Beispiel: Der in Deutschland anssässige Einkauf hat einen Lieferanten in den USA. Es wurde eine gültige Preisbasis für ein Produkt von 1.000 $ fixiert. Durch Verhandlungen wird dieser Preis nunmehr auf 900 $ reduziert und somit ein Einsparungserfolg von 100 $ je Stück erzielt. Im gleichen Zeitraum hat sich der Dollarkurs von 1,45 $/€ auf 1,30 $/€ verringert (Tab. 2.2).

Der Verhandlungserfolg von 10.000 $ wird vollständig durch die Währungsveränderung neutralisiert, sodass sich unter Anwendung des veränderten Wechselkurses eine Preiserhöhung von 265 € ergibt, die in der GuV darzustellen ist. Die Einkaufsabteilung kann den Einkaufserfolg von 10.000 bzw. 7.692 € jedoch als nicht-monetarisierbaren Erfolg berichten.

Inflationsbereinigte Erfolgsmessung

Im Einkauf werden besonders mit strategischen Lieferanten oftmals Rahmenverträge mit einer Laufzeit von mehreren Jahren abgeschlossen. Die anfangs vereinbarten Preise behalten zumeist über diesen Zeitraum ihre Gültigkeit und verändern sich nicht. Nach Ablauf dieser Rahmenvertragszeit erfolgt in der Regel eine Preisanpassung, die entsprechend eine Vergünstigung oder Verteuerung nach sich ziehen kann. Für den Einkäufer ist es erforderlich zu bewerten, wie sich der Markt innerhalb der Rahmenvertragslaufzeit entwickelt hat. Für stark rohstoffabhängige und volatile

[32] Vgl. Buchholz (2002, S. 363 ff.); vgl. Jahns et al. (2007, S. 74 ff.); vgl. Schild (2008, S. 18 ff.).

[33] Das Währungsrisiko lässt sich gemeinsam mit dem Versorgungsrisiko in der Supply Chain über das so genannte „Natural Heding" absichern. Vgl. Hofmann (2010, S. 118 ff.).

Warengruppen werden – wie aufgezeigt – Indizes verwendet. Für alle restlichen Warengruppen sollte zumindest die Inflationsrate zur Bewertung herangezogen werden.[34] Die zentrale Frage ist, inwiefern der Lieferant eine Preisanpassung entsprechend der allgemeinen Verteuerung umsetzen möchte oder eventuell eine zusätzliche Margenerhöhung anstrebt. Die Bewertung eines alten Preises ist demnach um die Veränderung der Inflationsrate zu bereinigen.

$$Einsparungen = (Preis_{\text{alt}} \times (1 + \Delta r)) - Preis_{neu\ verhandelt} \qquad (2.8)$$

mit:

Δr Veränderung der Inflationsrate im betrachteten Zeitraum

Beispiel: Preis alt: 10,00 €, gültig von 1.1.2008 bis 31.12.2010
Preis neu angeboten: 11,50 €, zum 1.1.2011
Preis neu verhandelt: 11,00 €, zum 1.1.2011

Inflationsrate r: 2008: 2,6 %, 2009: 0,4 %, 2010: 1,1 %

$$Einsparungen = (10{,}00\,€ \times 1{,}041) - 11{,}00\,€ = -0{,}59\,€\ (Verteuerung)$$[35]

Im Beispiel hat der Einkauf einen über den Inflationsraten-Effekt hinausgehenden Preis verhandelt. Die Preisdifferenz führt zu einer Preisverbesserung beim Lieferanten von 5,6 %. Als eine weitere Vergleichsgröße können die Erzeugerpreisindizes des Statistischen Bundesamtes verwendet werden. Kann der Einkauf den oben genannten alten Preis jedoch über eine weitere Rahmenvertragsperiode halten, so ist dies als Einkaufserfolg zu erfassen, auch wenn in diesem Fall keine GuV-Wirksamkeit vorliegt. Daraus folgt, dass im Jahr 2008 ein Einkaufserfolg entsprechend der Inflationsrate von 2,6 % ausgewiesen werden könnte, im Jahr 2009 von 0,4 % und im Jahr 2010 von 1,1 %.

Mengenbereinigte Erfolgsmessung

Schließlich sind Mengenänderungen bei der Ermittlung des Einsparerfolges zu berücksichtigen und zu bereinigen.[36] So sollten Volumeneffekte, die durch Abnehmerentwicklungen eintreten, vom Erfolg des Einkäufers abgegrenzt werden. Beruht eine Volumensteigerung ausschließlich auf einer höheren Ausbringungsmenge oder der allgemeinen Geschäftsentwicklung, so liegt dies außerhalb des Einflussbereiches des Einkäufers. Die Berechnung des Einspareffektes, der durch eine Änderung der Beschaffungskosten hervorgerufen wird, hat auf Basis gleichbleibender

---

[34] Vgl. Rounsavill et al. (2008); vgl. Johnson und Leenders (2010, S. 25 ff.).

[35] Vgl. Rounsavill et al. (2008).

[36] Vgl. Wildemann (1999, S. 54 ff.); vgl. Buchholz (2002, S. 363 ff.); vgl. Ashenbaum (2006, S. 3 ff.); vgl. Jahns et al. (2007, S. 74 ff.); vgl. Rounsavill et al. (2008); vgl. Johnson und Leenders (2010, S. 25 ff.); Hug (2011); vgl. Hug und Weber (2011, S. 42 ff.).

Tab. 2.3 Beispielrechnung zur mengenbereinigten Erfolgsmessung

	Periode 0	Periode 1
Preis	10 €	8 €
Menge	30	40
Gesamtkosten	300 €	320 €
Einspareffekt	$(8-10\ €)\times 40=-80\ €$	
Einkaufserfolg	$(8-10\ €)\times 30=-60\ €$	

Bedarfsmengen zu erfolgen. Würde man lediglich die Gesamtkosten zweier Perioden vergleichen, ergäbe sich bereits bei einer Verringerung der Absatzmenge ein Einspareffekt, selbst bei gleichbleibenden Beschaffungskosten. Dementsprechend ist der Einkaufserfolg um die tatsächlich beschaffte Menge zu bereinigen. Hierzu sind die Verbrauchsmengen in den jeweiligen Härtegraden pro Geschäftsperiode anzupassen. Basiert die ursprüngliche Einsparungsschätzung auf Vorjahresmengen, so besteht eine hohe Eintrittswahrscheinlichkeit der Werte. Diese Prognose wird als Vergleichsvariable erfasst und im Härtegrad 5 mit den Mengen, die im Quartal abgerufen wurden, in Abgleich gebracht.[37]

Einsparung aus Mengenveränderungen lassen sich dem Einkauf zwar nicht direkt zuordnen, der Effekt sollte jedoch ausgewiesen werden. Die Einsparung durch den Einkaufserfolg betragen im folgenden Beispiel 60 €, die auf der ursprünglichen Menge von 30 Einheiten basieren. Durch eine Bedarfserhöhung wurden jedoch 40 Einheiten gekauft, wodurch sich die Gesamtkosten um 20 € erhöhen. Die daraus resultierenden Einsparungen sind zwar GuV-wirksam, werden jedoch durch die höheren Aufwendungen für die zusätzlichen 10 Einheiten relativiert, sodass lediglich der Gesamtpreis von 320 € ausgewiesen werden kann und der Volumeneffekt möglicherweise unbeachtet bleibt (Tab. 2.3).

Beispiel: Grundsätzlich kann es zu Mengenänderungen kommen, die nicht marktbezogen sind, sondern durch eine gezielte Einsparinitiative hervorgerufen wurden. In diesem Fall sind die Ergebnisse als Einsparerfolg der Beschaffungsorganisation ausweisbar. Beispiele hierfür sind:

- *Prozessbedingte Mengenänderung:* Wird der Energieverbrauch einer Anlage reduziert, verringert sich der Energieverbrauch losgelöst von der Produktionsmenge, was als Einsparerfolg messbar ist, unabhängig davon, ob dies dem Einkauf oder der Produktion zuzuschreiben ist.
- *Verhaltensbedingte Mengenänderung:* Die Installation eines Netzwerkdruckers führt nachweislich zu einer Verringerung des Druckaufkommens gegenüber der Nutzung von Druckern am Arbeitsplatz. Ebenso folgt auf das transparent machen der individuellen Mobilfunkkosten eine unmittelbare Verhaltensänderung der Mitarbeiter, was mit erfolgsrelevante, Kosteneinsparungen einhergeht.

[37] Vgl. Carter et al. (2005, S. 27).

Normalerweise werden bei der Ermittlung von Einsparungen vergleichbare Spezifikationen und Anforderungen unterstellt. Im Sinne einer kontinuierlichen Verbesserung des Kostenniveaus und der Förderung innovativer Ansätze zur Kostensenkung wird empfohlen, ausdrücklich Kosteneinsparungen zu berücksichtigen, die sich aus einer geänderten Materialspezifikation (z. B. der Reduzierung einer Folienstärke) oder einem geänderten Verbrauchsverhalten (z. B. Netzwerkdrucker statt lokale Drucker) ergeben. Im Allgemeinen lässt sich festhalten, dass die Anwendung der klassischen Einsparungsberechnung basierend auf dem Periodenvergleichsverfahren sinnvoll und für viele Finanzverantwortliche nachvollziehbar ist. Allerdings repräsentiert dieser Punkt nur einen kleinen Ausschnitt der Einkaufsleistung. Dies unterscheidet nochmalig das Erfordernis bei der Erfolgsdarstellung in einzelnen Warengruppen monetäre und nicht-monetäre Leistungen des Einkaufs zu erfassen.

2.3 Kennzahlen zur Erfolgsmessung auf Ebene der Warengruppen

Um die im Rahmen der Erfolgsmessung auf Ebene der Warengruppen gewonnen Informationen in komprimierter Form darzustellen, spielen Kennzahlen eine bedeutende Rolle. Dazu zählen die im Folgenden vorgestellten aggregierten Savings, die Rahmenvertragsquote und die Maverick-Buying-Quote.

Zu den bedeutendsten Kennzahlen im Einkauf gehören die *aggregierten Savings*, da sie die Höhe der Einsparungen darstellen und somit die Leistung der Einkaufsabteilung in Bezug auf ihre Effizienz widerspiegeln. Die Savings auf Artikelebene setzen sich aus der Differenz aus Referenzpreis und tatsächlich gezahltem Preis im Verhältnis zum Referenzpreis zusammen. Referenzpreise können dabei verschiedene Werte wie der historische Preis der Vorperiode, der Durchschnittspreis einer Angebotsauswahl, die Zielkosten, der Marktpreisindex oder der budgetierte Preis sein.[38] Dabei ist zu beachten, aus welchen Gründen sich der Preis geändert hat, ob eine steigende Inflationsrate der Grund für einen Preisanstieg ist oder eine Veränderung der Beschaffungskonditionen vorliegt.[39] Die aggregierten Savings werden anschließend als gewichtetes Mittel der Savings auf der Artikelebene berechnet.

$$Aggregierte\ Savings\ [\%] = \frac{\sum_{i=1}^{n} Einkaufsvolumen_{Artikel} \times Savings_{Artikel}}{Gesamtes\ Einkaufsvolumen} \tag{2.9}$$

mit:
n Artikel

In vielen Unternehmen werden daher Einmalbedarfe, wozu beispielsweise in vielen Fällen die Beschaffung von Investitionsgütern gehört, von der aggregierten Berechnung der Gesamt-Savings ausgenommen, da mangels Bestellungen in Vorperioden

[38] Vgl. Entchelmeier (2008, S. 78).

[39] Vgl. Burt et al. (2003, S. 407).

Tab. 2.4 Beispielrechnung zur Ermittlung der aggregierten Savings

	Einkaufsvolumen (€)	Savings (%)
Warengruppe A	132.000	5,3
Artikel A1	45.000	4,2
Artikel A2	87.000	5,9
Warengruppe B	58.000	2,1
Artikel B1	22.000	2,6
Artikel B2	36.000	1,8
Warengruppe C	87.000	5,9
Artikel C1	78.000	6,1
Artikel C2	9.000	3,9
Gesamt	*277.000*	*4,8*

unterschiedliche oder keine Referenzwerte vorliegen. Jedoch ist eine Spitzenkennzahl bei den Savings insbesondere für die Geschäftsleitung von großer Bedeutung, um einen Überblick der die Aktivitäten des Einkaufs und die daraus resultierenden Einsparungen zu erhalten. Aus diesem Grund sind möglichst viele Warengruppen in die aggregierte Gesamtrechnung einzubeziehen. Warengruppen, die aufgrund ihrer Beschaffenheit darin nicht berücksichtigt werden können, sollten getrennt aufgelistet und ausgewiesen werden. Tabelle 2.4 zeigt beispielshaft die Berechnung der aggregierten Savings anhand des über das Einkaufsvolumen gewichteten Mittelwerts der einzelnen Artikel.

Die *Rahmenvertragsquote* ergibt sich aus dem Rahmenvertragsvolumen im Verhältnis zum gesamten Einkaufsvolumen und gibt Auskunft über die prozentuale Verwendung von Rahmenverträgen in der Beschaffungsorganisation.[40]Das Rahmenvertragsvolumen ist dabei in der Regel den IT-Systemen bzw. Datenbanken für die Beschaffung zu entnehmen, da hier häufig über elektronische Kataloge eingekauft wird. Rahmenverträge enthalten im Allgemeinen die vertraglichen Konditionen und Vorschriften, die auf jede Transaktion angewendet werden können und bieten somit eine Grundlage für eine vereinfachte und standardisierte Handhabung der Lieferanten.[41] Da für die Dauer des Rahmenvertrages keine Änderungen am Vertrag vorgenommen werden können, bietet dieses Modell eine gewisse Sicherheit für die Vertragspartner, besonders wenn die Preise festgeschrieben sind.[42] Branchenübergreifend liegt der Wert bei 49 % und variiert in den verschiedenen Brachen zwischen 38 % und 65 % (Abb. 2.6).

$$Rahmenvertragsquote\ [\%] = \frac{Rahmenvertragsvolumen}{Einkaufsvolumen} \tag{2.10}$$

Unter Maverick Buying, was in der Literatur häufig auch als „wilder Einkauf" bezeichnet wird, versteht man im weiteren Sinne den Einkauf ohne Einbeziehung der

[40] Vgl. Preissler (2008, S. 171).

[41] Vgl. Leenders et al. (2006, S. 314).

[42] Vgl. Schulte (2001, S. 215).

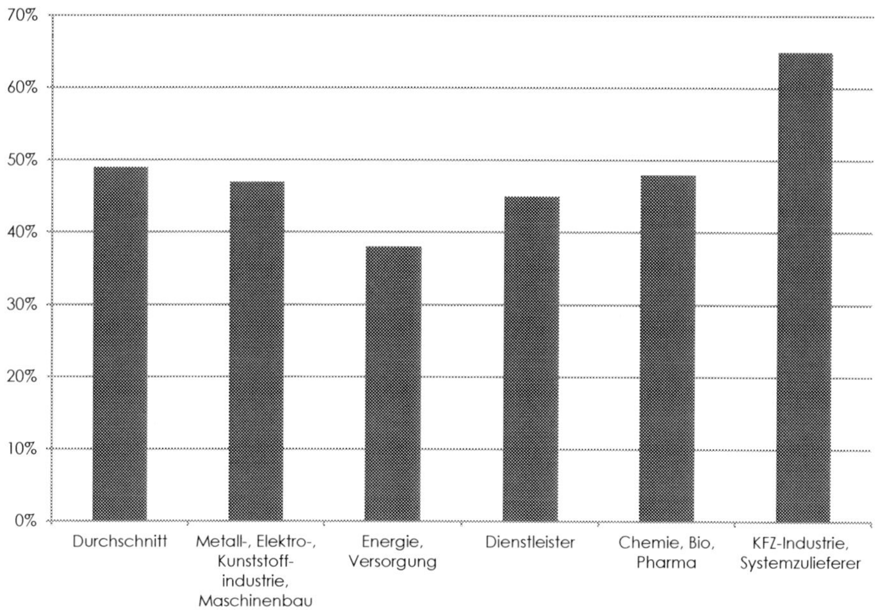

Abb. 2.6 Rahmenvertragsquote im Branchenvergleich. (Vgl. BME 2010, S. 26)

Beschaffungsorganisation. Dabei wird unter Umständen am Bedarf vorbei und von Personen eingekauft, die dazu eigentlich nicht befugt sind.[43] Dies kommt vor allem in Unternehmen mit dezentraler Beschaffungsorganisation vor.[44]

$$\textit{Maverick Buying Quote (i.w.S.)}\ [\%] = \frac{\textit{Einkaufsvolumen ohne Einbeziehung der Einkaufsorganisation}}{\textit{Gesamtes Einkaufsvolumen}} \quad (2.11)$$

Im engeren Sinne handelt es sich beim Maverick Buying um das nicht genutzte Rahmenvertragsvolumen im Verhältnis zum theoretisch möglichen Rahmenvertragsvolumen. Durch Rahmenverträge liegen besonders vorteilhafte Konditionen für die Beschaffungsorganisation vor, die durch Maverick Buying untergraben werden. Besonders wenn Folgekosten wie Wartungskosten nicht miteinbezogen werden oder durch fragmentierte Einzeleinkäufe beschafft wird, sodass die im Rahmenvertrag festgelegten Mengen nicht mehr erreicht werden können, gestaltet sich der „wilde Einkauf" als relativ kostenintensiv.

$$\textit{Maverick Buying Quote (i.e.S.)}\ [\%] = \frac{\textit{Nicht genutztes Rahmenvertragsvolumen}}{\textit{Theoretisch mögliches Rahmenvertragsvolumen}} \quad (2.12)$$

[43] Vgl. Leenders et al. (2006, S. 310).

[44] Vgl. Karjalainen et al. (2008, S. 246).

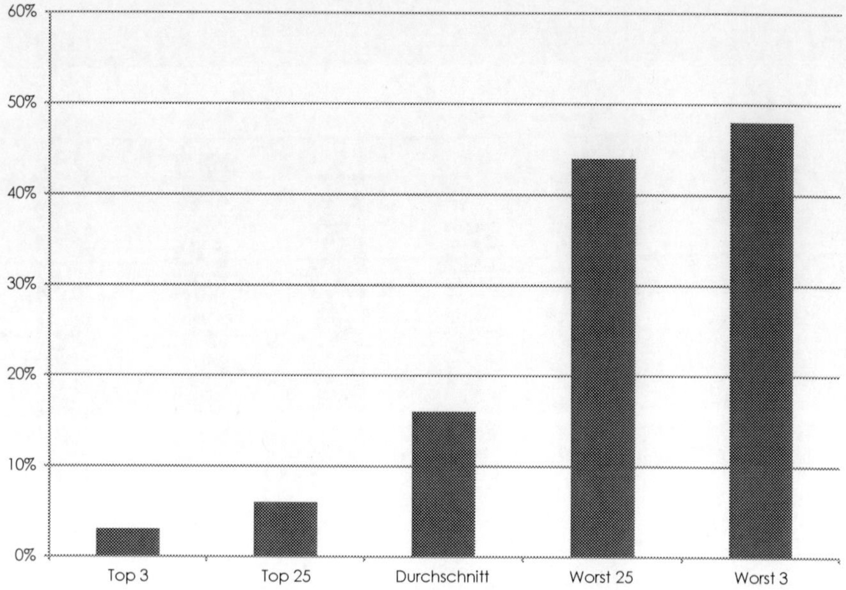

Abb. 2.7 Darstellung der Maverick Buying Quote in % anhand einer Kategorisierung der befragten Unternehmen. (Vgl. Arthur D. Little/Lehrstuhl für Logistikmanagement der Universität St. Gallen/Bundesverband Materialwirtschaft Einkauf und Logistik e. V. BME 2010, S. 4 ff.)

Laut verschiedener Literaturangaben steigen die Beschaffungskosten durch Maverick Buying im weiteren Sinne durchschnittlich um 15 bis 20 % an.[45] Dies geht auch aus einer aktuellen Studie hervor (Abb. 2.7). Durch die Einführung sogenannter „Purchasing Cards", die auch Mitarbeiter anderer Abteilungen zur Beschaffung eines bestimmten Kontingents an beispielsweise Büromaterial oder Betriebs- und Hilfsstoffen von einer vorausgewählten Anzahl an Lieferanten autorisieren, lässt sich die Maverick-Buying-Quote stark reduzieren.[46]

2.4 Managementempfehlungen

Eine einseitige Darstellung GuV-basierter Einsparungen reicht in der Regel nicht aus, um die Realität der Einkaufsleistung vollständig widerzuspiegeln. Für die Entscheidungsträger ist dies als Anstoß zu sehen, weitere Faktoren für eine adäquate

[45] Vgl. Wannenwetsch (2005); vgl. S. 17, Karjalainen et al. (2008, S. 251).

[46] Vgl. Werner (2010, S. 36).

Steuerung und Bewertung des Einkaufs zuzulassen. Hierbei sollten besonders qualitative Merkmale, die keinen unmittelbaren monetären Erfolg darstellen, berücksichtigt werden. Zudem sollte eine verbindliche Definition der Einsparungs- und Erfolgsberechnung für alle Warengruppen etabliert werden, um die Gleichstellung aller Mitarbeiter eines Unternehmens zu gewährleisten. Die Bewertung und Bereinigung von Mengen-, Währungs-, Inflations- und Markteffekten ist unabdingbar und gehört heute zu den Best Practices der Einsparungs- und Erfolgsmessung im Einkauf. Ein weiterer Entwicklungsschritt ist die Verankerung der Härtegradmethodik im Unternehmen, welche Verhandlungsergebnisse, Forecasts sowie die Implementierungsergebnisse im Einkauf berichtet und den Fortschritt implementierter Maßnahmen abbildet. Des Weiteren ist der Fokus auf das Erreichen qualitativer Ziele und Einsparungen, wie Prozessoptimierungen, zu erweitern. Indirekt lassen sich auch damit finanzielle Einsparungen generieren. Für die Geschäftsführung ist die Definition einer über GuV-Einsparungen hinausgehenden Einkaufsleistung eine gute Möglichkeit, neue Wege in der Erfolgsmessung einzuschlagen und die Bandbreite der Steuerungsmaßnahmen zu erweitern. Zur erfolgreichen Implementierung auf Warengruppenebene werden folgende Maßnahmen vorgeschlagen:

- Definition einer Methode und Richtlinie zur Messung von Einsparungen im Einkauf.
- Aufbau von funktionsbereichsübergreifenden Governance-Strukturen zur nachhaltigen Steuerung der Einsparungsmaßnahmen.
- Akzeptanz der differenzierten Darstellung der Einkaufsleistung, die sich in monetäre und nicht-monetäre Einsparungen sowie nach GuV-Wirksamkeit und GuV-Unwirksamkeit unterscheiden.
- Zusätzliche Darstellung von Verteuerungen und Cost Avoidance.
- Implementierung der Härtegradmethodik sowie differenzierte Betrachtung der Einsparungen nach Wirksamkeitsfortschritt.
- Regelmäßige Überprüfung der Erfolgsmessung durch einen Controller oder einen internen Revisor.
- Sicherstellung entsprechender Systemunterstützung wie beispielsweise Spend Management Cost Break Down oder die Erfassung von Einsparungen in einem ERP-System.

Anhand Abb. 2.8 lässt sich nachvollziehen welche Ziele, Verfahren und Kennzahlen auf der Ebene der Warengruppen zum Tragen kommen.

Ziele auf der Ebene der Warengruppen beziehen sich vorrangig auf Kosten aber auch auf Qualität sowie Verfügbarkeit. So werden Maßnahmen ergriffen, um Kosten zu reduzieren oder ein höheres Qualitätsniveau zu erreichen. Auch ist die Sicherstellung und Steigerung der Verfügbarkeit von Ressourcen von Relevanz, um die Unternehmensfunktionen aufrecht zu erhalten. Bei der Erfolgsmessung auf Warengruppenebene sollten sowohl kostenbasierte als auch qualitativ orientierte Verfahren Anwendung finden. Zu den kostenbasierten Verfahren zählt das Periodenver-

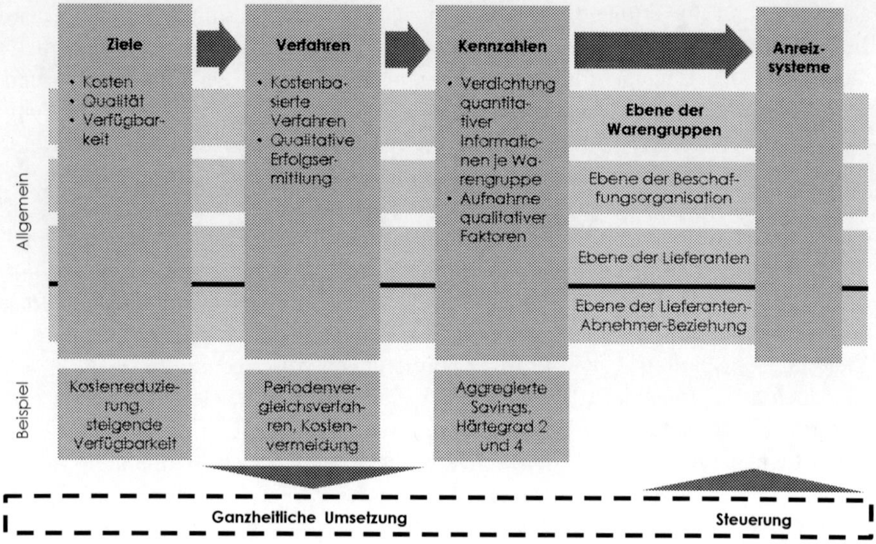

Abb. 2.8 Konzeptioneller Bezugsrahmen zur Erfolgsmessung auf der Ebene der Warengruppen

gleichsverfahren, in welchem aktuelle mit historischen Preisen verglichen werden, um Einsparungen aufzuzeigen. Zu den qualitativen Verfahren gehört beispielsweise die Kostenvermeidung, welche Reduzierungen möglicher künftiger Kosten aufzeigt. Die Verdichtung quantitativer und qualitativer Informationen je Warengruppe findet in verschiedenen Kennzahlen Ausdruck. Hierzu gehören die aggregierten Savings. Auch die Härtegradmethodik sollte hierbei Berücksichtigung finden, da dadurch der Realisierungsfortschritt der Maßnahmen abgebildet werden kann.

Exkurs: Ansätze zur Steigerung des Einkaufserfolgs in der Unternehmenspraxis

3

3.1 Hebel zur Steigerung des Einkauferfolgs

Im Folgenden werden ausgewählte Einkaufssituationen der Unternehmenspraxis und erforderliche Ergänzungen geschildert, die es bei der Konzipierung einer einschlägigen Erfolgsmessung im Einkauf zu berücksichtigen gilt. Über diese Einkaufssituationen und den skizzierten Ansätzen ist die Generierung weiterer Einsparungen möglich, die dem Einkauf zugerechnet werden können.

Berücksichtigung der Total Cost of Ownership Die Darstellung von Einsparungen über die gesamte Supply Chain und des Lebenszyklus hinweg gestaltet sich nicht einfach, ist aber besonders im Investitionsgütereinkauf von großer Bedeutung.[1] Der im Einkauf so häufig verwendete Begriff der Total Cost of Ownership (TCO) beschreibt den Wert der gegenwärtigen und zukünftigen Gesamtkosten zum Zeitpunkt der Anschaffung des Produktes.[2] In der Regel fallen hierunter Transportkosten, Lagerung, Kosten für Inbetriebnahme, Finanzierung, Service und Wartung sowie andere Kosten, die mit dem beschafften Produkt zusammenhängen.[3] Darüber hinaus gibt es für den Einkauf weitere Kostenhebel (Abb. 3.1).

Aufgrund der vielen einzubeziehenden Aspekte, deren Eintreten zum Teil höchst unsicher ist, kann sich die Berechnung der Total Cost of Ownership umfangreich und aufwendig erweisen. Deshalb ist dieser Ansatz eher für umfangreichere „Make-or-Buy"-Entscheidungen oder größere Investitionen geeignet. Da jedoch alle, des beschafften Gutes betreffende Kosten in die Betrachtung einbezogen werden, lassen sich die Total Cost of Ownership als Referenzgröße für die Erfolgsmessung im Einkauf heranziehen. Sie geben unter anderem Aufschluss darüber, welche Kosten, insbesondere Beschaffungsnebenkosten, für die Anbahnung und Abwicklung des Einkaufvorgangs sowie die zu erwarteten Folgekosten in der Lebenszyklusbetrachtung anfallen.

[1] Hierzu weiterführend Hofmann et al. (2012, S. 67 ff.).

[2] Vgl. Monczka et al. (2010, S. 9 ff.).

[3] Vgl. Holtsteiner und Jaffe (2012, S. 142).

E. Hofmann et al., *Erfolgsmessung und Anreizsysteme im Einkauf*, Advanced Purchasing & SCM, DOI 10.1007/978-3-642-34317-9_3,

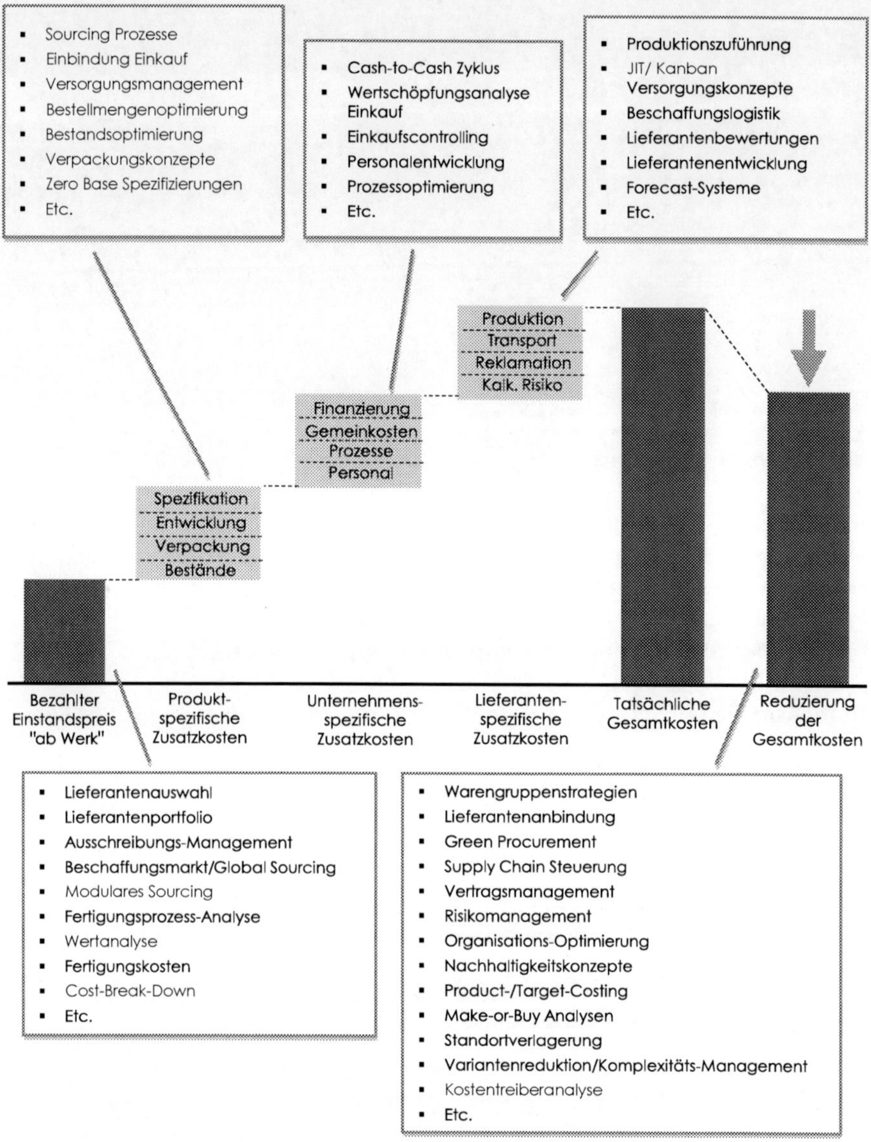

Abb. 3.1 Mögliche Aufschlüsselung der Total Cost of Ownership im Einkauf

Preisinduzierte Beschaffung von Rohstoffen Der Einkauf von Rohstoffen ist oftmals eine große Herausforderung für den Einkauf. Dies ist zum einen mit bestimmten Allokationssituationen und zum anderen in Volatilitäten zu begründen. Nicht selten bewegen sich Preise für Rohstoffe innerhalb kurzer Zeiträume im mehrstelligen Prozentbereich. Es stellt sich daher die Frage, inwiefern langfristige Preise vereinbart oder regelmäßig einkauft werden sollte. Von der Berechnung und der

Wirksamkeit in Bilanz und GuV wird bei den Rohstoffen analog zu den Währungen vorgegangen. In der Kostenrechnung wird in der Regel der Wert ausgewiesen, der tatsächlich bezahlt wurde. Vereinbart der Einkauf beispielsweise einen Preis von 1.000 € für 6 Monate, dann gilt in diesem Zeitraum dieser Preis für die Einsparungsberechnung. Fällt der Preis marktbedingt um 200 auf 800 €, wird rechnungsbezugsseitig eine Kostenreduktion von 200 € ausgewiesen. Liegt jedoch eine Verteuerung des Marktpreises um 500 auf 1.500 € vor, so ist eine GuV-wirksame Verteuerung zu konstatieren. Eine weitere Problematik bei der Beschaffung von Rohstoffen ist der richtige Bestellzeitpunkt. So ist es möglich, dass sich beispielsweise bei Abschluss eines 12-monatigen Vertrages zu festgelegten Bezugspreisen sowohl Vor- als auch Nachteile einstellen. Steigen die Marktpreise in diesem Zeitraum, so können Einsparungen verzeichnet werden. Sinken jedoch die Marktpreise, lassen sich wegen der „lock-in"-Situation potenzielle Einsparungen nicht realisieren. Aus Sicht der Erfolgsermittlung sind eine hohe Prozesstransparenz und detaillierte Kenntnisse über Marktpreisentwicklungen erforderlich, um sowohl gute wie auch schlechte Entscheidungen im Einkauf nachvollziehen zu können. Die Verwendung verschiedener Rohstoffindizes als Grundlage für die Auswertung ist empfehlenswert, um eine möglichst objektive Bewertung zu gewährleisten. Oftmals wird in der Praxis ein fixer Jahrespreis zu Kalkulationszwecken benötigt. Die marktnahe Beschaffung, mit einer Preisfixierung für jeden Monat, ist hingegen sinnvoller, um auf volatile Marktentwicklungen reagieren können. Ergänzend sollte über die Einführung einer Preisgleitklausel bei den eigenen Kunden nachgedacht werden, um massive Kostensteigerungen weitegeben zu können. In solchen Fällen ist eine enge Zusammenarbeit zwischen Einkauf und Vertrieb erforderlich.

Re-Spezifikation der Materialbeschaffenheit Eine Verbesserung der Materialbeschaffenheit durch eine Re-Spezifikation führt mitunter zu reduzierten Produktionsaufwendungen und damit direkt zu Kosteneinsparungen. Dieser Hebel ist in der Regel relativ einfach umsetzbar. Bei der Reduktion einer Schrumpffolie von 40my auf 20my, kann eine Einsparung von 20 % ermöglicht und vom Einkauf als Erfolg verbucht werden. Diese Einsparungen setzen jedoch voraus, dass die grundsätzlich formulierten Anforderungen an die Produktionseigenschaften erfüllt werden. Kommt es auf Grund der Reduktion zu Schäden im Versand oder zu einer erhöhten Anzahl an Retouren, ergibt sich möglicherweise eine Verschlechterung der Gesamtkostensicht. Folglich müssen bei Re-Spezifikationen sowohl die Aktivitäten und Anforderungen der Wertschöpfungskette als auch die Gesamtkosten betrachtet sowie umfassende Qualitätstests der implementierten Neuerungen vorgenommen werden. Nur gemeinsam mit den Schnittstellenpartnern aus Produktion, Entwicklung und Produkt-Management lassen sich Einsparungen mit Hilfe eines Hebels realisieren.

Verhandlungen von Rabatten Die Neuverhandlung von Rabatten mit Lieferanten kann im Allgemeinen als Einkaufserfolg aufgefasst werden, da diese in günstigeren Beschaffungskonditionen resultieren. Dennoch muss hierbei eine differenzierte Betrachtung erfolgen, da die Verbesserung von Rabattkonditionen nicht immer zu einem wirksamen GuV-Effekt führt. Dies ist dann der Fall, wenn parallel zur

Rabattverhandlung die zugrunde gelegte Preisliste verteuert wurde oder der Rabatt auf eine Produktkategorie gewährt wird, in der es kaum zu Bestellungen kommt. Der Einkauf hat in diesen Fällen detailliert zu analysieren, ob sich die intendierte Einsparung nicht umgehend wieder neutralisiert. Im Allgemeinen führen Rabattverbesserungen jedoch zu GuV-Wirksamkeit. Handlungsleitend sind Evaluationen in Anschluss an die Härtegrade 5 und 6, in welchen Maßnahmen wirksam implementiert wurden inklusive der Berücksichtigung unterschiedlicher Rabattgruppen und Mengenveränderungen.

Nutzung von Drein- und Draufgaben Eine heutzutage eher ungewöhnliche Einsparungsleistung ist die Gewährung von Naturalrabatten. Der wesentliche Unterschied zum monetären Rabatt ist, dass beim Naturalrabatt kein finanzieller Preisabschlag erfolgt, sondern eine tatsächliche Warenlieferung in Form einer Drein- und Draufgabe. Der Einkauf könnte zum Beispiel über zehn Tonnen Schmelzklebstoff verhandeln und vereinbaren, dass anstatt eines Preisnachlasses eine zusätzliche, kostenfreie Lieferung von 500 kg erfolgt. Die Lieferung wird dann mit der nächsten Bestellung verrechnet. Diese Einsparung ist in der GuV zunächst nicht sichtbar, da hierfür kein Aufwand gebucht wird, es entsteht vielmehr eine Forderung gegenüber dem Lieferanten. Es empfiehlt sich daher auch den verhandelten Naturalrabatt in der Bestellung als separate Position zum Preis von 0 € abzubilden oder als ungelegten Abschlag vom Gesamtpreis. Sobald der Wareneingang erfolgt, wird diese Einsparung GuV-wirksam. Der Einkauf kann eine solche Einsparung in der Erfolgsmessung darstellen, in dem er die oben genannten 500 kg des Naturalrabattes zum durchschnittlichen Kilogrammpreis ausweist.

Vereinbarungen von zusätzlichen Boni Im Rahmen von Verhandlungen mit den Lieferanten können zusätzliche monetäre und qualitative Vorteile in Form von Rückvergütungen erzielt werden. Darunter fallen Umsatzboni (in allen Branchen), Boni bei Neuaufnahmen des Sortiments eines Zulieferers (v. a. im Handel), Boni bei Abschluss eines Exklusivvertrages (v. a. im Dienstleistungssektor), Boni im Vertragsmanagement (z. B. beim Konzerneinkauf), Werbekostenzuschüsse (z. B. im Handel), Referenzkunden-Bonifikationen (z. B. im Marketing und Anlagenbau), Boni bei Vertragsverlängerungen sowie Endgeräte-Subventionen (z. B. in der Mobilfunkbranche). Diese Bonusformen werden in den meisten Unternehmen auf Grund der daraus folgenden finanziellen Transaktion als GuV-wirksam akzeptiert. Wird ein Umsatzbonus von 5 % auf das geschätzte Jahresvolumen von 1 Mio. € vereinbart, so fließen dem Unternehmen am Ende des Jahres 50.000 € als Bonus zu. Ein ähnliches, vor allem im Handel übliches Verfahren, sind Werbekostenzuschüsse für Ausstellungsflächen oder für eine wöchentliche Anzeigenwerbung. Diese werden in der Regel vorab durch den Lieferanten bezahlt, um eine entsprechend attraktive Platzierung des Artikels zu erzielen. Sämtliche dieser Vereinbarungen werden in der Regel als Einsparungserfolg innerhalb eines Jahres erzielt. Der tatsächliche monetäre Wert ist erst am Ende des Jahres zu ermitteln, da erst zu diesem Zeitpunkt die tatsächlichen Umsätze (Kreditorenvolumen) bekannt sind. Viele Beschaffungsorganisationen berichten den erzielten Bonuserfolg basierend auf einer verhandelten Planmenge bereits im Härtegrad 4. Allerdings kann es durch Volumenveränderungen zur Veränderung der Bemessungsgrundlage kommen. In der GuV-Darstellung sind daher die Zeitpunkte der Bonusgewährung auszuweisen und deren entsprechende Wirksamkeit zu berücksichtigen.

Beispiel: Das Geschäftsjahr des Unternehmens läuft vom 1.1. bis 31.12. Die Bonus-Vereinbarung mit dem Lieferanten hat eine Wirksamkeit von 2 % zum 1.1. Das Kreditorenvolumen im aktuellen Kalenderjahr beträgt 1 Mio. € mit einem Bonus-Anspruch von 20.000 €. Die Abrechnung des Bonus' erfolgt allerdings erst im Januar des darauf folgenden Jahres. Womöglich impliziert diese Zahlungsverzögerung, dass im aktuellen Geschäftsjahr keine GuV-wirksamen Boni erzielt wurden, sondern erst im folgenden Jahr. Folglich sollte der Einkauf den tatsächlichen zeitraumbezogenen Erfolg zusätzlicher Boni betrachten.

Verlängerung von Zahlungszielen Veränderungen von Zahlungszielen (Verlängerung oder Verkürzung) müssen ebenfalls in der Erfolgsmessung des Einkaufs eine Berücksichtigung finden. Eine gängige Praktik zur Verbesserung der Liquiditätssituation ist es, eine Verlängerung des Zahlungsziels und damit eine Verkürzung der Cash-to-Cash-Cycle-Time zu realisieren und somit einen zinslosen Lieferantenkredit durchzusetzen. Obwohl die direkte Verlängerung eines Zahlungszieles von 30 Tagen netto auf 60 Tage netto keinen direkten Kostenvorteil in der GuV verursacht, verbessert sich das Netto-Umlaufvermögen in der Bilanz. Folglich könnte der Einkauf diesen Einsparungserfolg darstellen, jedoch ist dieser nicht GuV- sondern Bilanz-wirksam. Die Basis zur Berechnung der Einsparungen durch eine Verlängerung des Zahlungsziels ist der gewichtete Kapitalkostensatz[4], der beispielsweise 6 % per anno beträgt.

$$\sum E_{Zahlungsziel} = \frac{K \times p_{Kapitalkosten} \times t}{360} \tag{3.1}$$

mit:

$E_{Zahlungsziel}$	Einsparung aus der Verlängerung des Zahlungsziels je Zahlungsbedingung je Kreditor in € p. a.
K	Kreditorenvolumen in € p. a.
$p_{Kapitalkosten}$	Zinssatz der gewichteten durchschnittlichen Kapitalkosten in Prozent
t	Verlängerung des Zahlungsziels in Tagen

Beispiel: K = 3.000.000 €
$p_{Kapitalkosten} = 6\ \%$
t = 15 Tage

[4] Häufig wird der auf dem CAPM-basierende Weighted Average Cost of Capital (WACC) Ansatz verwendet. Vgl. Hofman und Kotzab (2010, S. 305 ff.).

$$E_{Zahlungsziel} = \frac{3.000.000\ € \times 0{,}06 \times 15\ \text{Tage}}{360} = 7.500\ €$$

Aus einer übergeordneten Supply Chain-Sicht ist jedoch nicht immer eine Verlängerung der Zahlungsziele gegenüber den Lieferanten ratsam. Denn mittel- bis langfristig könnten die betroffenen Zulieferer dazu tendieren, die nun für sie gestiegenen Kapitalbindungskosten in erhöhten Preisen oder reduzierten Qualitäts- bzw. Service-Niveaus ihrerseits weiterzugeben. Es scheint damit vielversprechender zu sein, geeignete Maßnahmen zur Stärkung der Innenfinanzierungskraft aus Sicht der übergeordnete Supply Chain (unter Einbezug wichtiger Lieferanten) zu lancieren.[5]

Erweiterung der Skonti Die Veränderung der Skonto-Sätze hat einen direkten Einfluss auf die Kostenstruktur eines Unternehmens. In der Theorie wird immer die volle Nutzung des Skontos unterstellt, was in der Praxis allerdings schwierig zu realisieren ist. Zudem ist die grundsätzliche Zielsetzung des Unternehmens bei der Skonto-Nutzung von Relevanz. So lassen sich Liquiditätsziele von Cash-Flow-Zielen unterscheiden. Im ersten Fall geht die Ausweitung der Zahlungsfristen gegenüber den Lieferanten vor der Ziehung des Skontosatzes. Im zweiten Fall trifft Umgekehrtes zu. Folglich wirken Skontosatz und Zahlungsfristen zunächst konträr. Idealerweise würde man sowohl den Skontosatz als auch die Skonto-Zahlungsfrist erhöhen. Wird die Skonto-Vereinbarung um einen Prozentpunkt erhöht, ist für die tatsächliche Bewertung der Einsparung die Skontoziehungsquote je Kreditor relevant. Wird das Skonto wie üblicherweise nur selten genutzt, ist dieses Einsparungspotenzial jedoch nur von theoretischer Natur. Hingegen steigt die Relevanz, wenn bei einem Kreditorenvolumen von 3 Mio. € und einer Skontoziehungsquote von 85 % ein zusätzlicher Prozentpunkt durch Skonto realisiert werden kann.

$$\sum E_{Skonto} = (S_{neu} - S_{alt}) \times K \times Q \tag{3.2}$$

mit:

E_{Skonto} Einsparung aus Erhöhung Skonto je Kreditor in € p. a.
S_{neu} Skontosatz neu in Prozent
S_{alt} Skontosatz alt in Prozent
K Kreditorenvolumen in € p. a.
Q Skontoziehungsquote

Beispiel: $S_{neu} = 3\ \%$
$S_{alt} = 2\ \%$
K = 3.000.000 €
Q = 85 %

$$E_{Skonto} = (3\ \% - 2\ \%) \times 3.000.000\ € \times 0{,}85 = 25.500\ €$$

[5] Vgl. Hofmann et al. (2011, S. 63 ff.).

Umstellung der Lieferbedingungen Die Neustellung der Lieferbedingungen, auch Incoterms genannt, spiegelt sich meist direkt in der GuV wider. Denn je nach Lieferantenkonditionen fallen unterschiedliche Kostenpositionen an, die auf Seite des Lieferanten oder des beschaffenden Unternehmens einzubeziehen sind (z. B. Zölle oder Versicherungen). Auch die Verschiebung des Zeitpunkts des Gefahrenübergangs bietet Potenziale. Diese Regelungen sind vor allem in der internationalen Beschaffung von Bedeutung, wo die Spezifikationen der Verantwortungsbereiche einen wesentlichen Anteil der Logistikkosten (Inbound) – und bei Warengruppen mit verhältnismäßiger niedriger „Wertdichte" – des Gesamtproduktpreises ausmachen. Um Gültigkeit zu erlangen, müssen sich beide Vertragsparteien auf die jeweiligen Incoterms einigen.[6] Wenn der Einkäufer von einer „ab Werk"-Bedingung auf eine „frei Haus"-Bedingung wechselt, können Zölle und Transportkosten eingespart und in der GuV als wirksame Einsparung ausgewiesen werden. Im Gegenzug ist jedoch auch eine Verteuerung anzugeben und in der Erfolgsermittlung darzustellen. Erste Anhaltspunkte zur Erfassung und Berechnung des Erfolges sind anhand der vorliegenden Rechnungen oder der Anzahl der Lieferungen möglich.

Etablierung eines geschlossenen Ladungsträgerkreislaufs Obwohl Verpackungen für beschaffte Materialien oder Bauteile heutzutage selten separat berechnet werden, versuchen einige Lieferanten zunehmend diese Kostenposition den Abnehmern in Rechnung zu stellen.[7] Gelingt es dem Einkauf, diese Position zu reduzieren, sind ebenfalls Einsparungen als Erfolg ausweisbar. Ergänzend kann durch die Umstellung auf wiederverwendbare Kartonpaletten oder Gitterboxen auf Einzelverpackungen verzichtet werden, was gleichfalls eine Einsparung darstellt. Bei einem weitestgehend geschlossenen Behälterkreislauf können Rotationszyklen zwischen den Parteien vereinbart werden, bei welchen Materialien in den gleichen wiederverwertbaren Verpackungen bzw. Ladungsträgern hin und her laufen.[8] Somit werden mitunter Leerfahrten und überflüssige Vorhaltung leerer Verpackungen bzw. aufwendige Entsorgung von Einweg-Verpackungen vermieden.

Verhandlung von Mindestbestellwerten In einigen Fällen verlangen Lieferanten Mindestbestellwerte in Verbindung mit einem pauschalen Zuschlag, wenn diese nicht erreicht werden. Damit versucht der Lieferant vor allem Kleinbestellungen zu vermeiden, die bei ihm relativ hohe Kosten pro Bestellvorgang verursachen und Kapazitäten binden. Der Einkauf kann die Forderungen des Lieferanten verhandeln und eine Reduktion der Mindestbestellmenge oder Sonderkonditionen errechnen, die eine geringere Bestellmenge zulassen. Dieser Verhandlungserfolg lässt sich als Einsparung in der GuV ausweisen. Für die Berechnung des Einsparerfolges ist die Anzahl der Bestellungen zu ermitteln, die von dieser Situation betroffen sind. Erfahrungsgemäß ist diese Anzahl eher gering. Dennoch sollte sie über eine kre-

[6] Vgl. Jung (2006, S. 644).

[7] In der Praxis werden häufig die bereitgestellten Behälter und Ladungsträger (z. B. Paletten) von den Lieferanten in Rechnung gestellt.

[8] Zum Behältermanagement vgl. Bachmann und Hofmann (2006, S. 23 ff.).

ditorenbezogene Bestellwertanalyse erhoben werden, um auch diesen Hebel zur Erfolgssteigerung voll auszuschöpfen.

Kalkulation von Zöllen und Einfuhrsteuern Zölle und Einfuhrsteuern machen einen wesentlichen Preisbestandteil im Global Sourcing aus. Unternehmen die einen großen lokalen Beschaffungsanteil ausweisen, können nur bedingt diesen Erfolgshebel nutzen. Die Berechnung des tatsächlich anfallenden Zollanteils ist häufig durch die Komplexität der länderspezifischen Zollbestimmungen, welche mitunter abhängig von der jeweiligen Produktgruppe sind, aufwendig. Der zunächst günstig erscheinende Preis eines elektronischen Bauteils aus China kann durch Zoll- und Einfuhrsteueraufschläge signifikant steigen. Wenn also Einsparungen ohne Zölle und Einfuhrsteuern berechnet und dargestellt werden, kann dies zu Fehlinterpretationen führen und den tatsächlich zu zahlenden Preis verschleiern. Nicht selten sind Preiszusätze von 20 % und mehr üblich. Spätestens bei Lieferung der Waren und Materialien sowie der darauf folgende Abrechnung werden die Zölle und Einfuhrsteuern sichtbar. In der GuV sind diese Kosten separat aufzuführen und resultieren – falls vorher nicht antizipiert – folglich in einer Verminderung der Einsparungen. Durch geschicktes Verhandeln und anteiliges Überwälzen der Zölle und Einfuhrsteuern auf die Lieferanten lässt sich ein messbarer Einkaufserfolg erzielen.

Bewertung von Modell- und Werkzeugkosten Modell- und Werkzeugkosten werden im Allgemeinen den Anschaffungskosten zugerechnet, sofern diese bei einem Lieferantenwechsel anfallen und nicht mit einem Eigentumsübergang verbunden sind. Die Anschaffungskosten können über die erwartete Nutzungsdauer der beschafften Produkte hinweg abgeschrieben werden. Häufig wird eine Nutzungsdauer von 5 Jahren für Werkzeuge und 3 Jahre für Modelle angenommen. Bei der Einschätzung der Modell- und Werkzeugkosten empfiehlt sich die Einbindung der Anlagenbuchhaltung, um unterschiedliche Bewertungen zu vermeiden. Die Nutzungsdauer entspricht der Abschreibungsdauer in der Verrechnung. Werden Modelle im Rahmen eines Lieferantenwechsels vollständig übernommen, sind diese aus der Berechnung auszuschließen.

$$\sum MoA_{Warengruppe} = \frac{MoK}{AD} \tag{3.3}$$

mit:

$MoA_{Warengruppe}$	Modell-Aufwendungen je Warengruppe in € p. a.
MoK	Gesamte Modellkosten je Artikel in €
AD	Abschreibungsdauer in Jahren (Basiswert = 5)

Beispiel: MoK = 1.000 €
AD = 5 Jahre

$$\sum MoA_{Warengruppe} = \frac{1000\ €}{5\ Jahre} = 200\ €$$

Reduzierung der durchschnittlichen Bestandshöhe und Lagerkosten Im Bestandsmanagement gibt es zahlreiche Potenziale, um die Lagerbestände und somit die Kapitalbindung zu optimieren. Wesentliche Ansätze zur Bestandssenkung aus Einkaufssicht sind:

- Beseitigung von Lagerhütern: Identifikation durch Reichweitenanalyse (Bestandshöhe wird auf den Verbrauch pro Periode bezogen und mit Wiederbeschaffungszeit abgeglichen) und Altersstrukturanalyse (Bestände werden nach der Bewegungshäufigkeit eines Produktes pro Periode eingeteilt).
- Begrenzung von Produktionsbeständen: Einführung eines KANBAN-Systems (Orientierung am tatsächlichen Verbrauch von Materialien am Bereitstellungs- und Verbrauchsort) oder CONWIP-Systems (Generalisierung des bei KANBAN verfolgten Pull-Prinzips).
- Reduktion von Durchlaufzeiten: Durchführung einer Durchlaufzeitanalyse mit dem Ziel, zeitliches Reduktionspotenzial durch Schaffung von Transparenz über die effektiven Durchlaufzeiten und ihre Bestandteile zu identifizieren.
- Postponement: Aufschieben der Entscheidung über die Ausdifferenzierung eines Produktes in die Zukunft, sei es bzgl. der Variantenbildung (produktionsorientiert) oder über die Belieferung regionaler Märkte (geographisch).
- Reduktion von Lagerstufen: Beispielsweise Reduktion von Lager- und Dispositionsstufen durch Verflachung von Stücklisten mit wenigen (modularen) Baugruppen.
- Prozessoptimierung:
  - *Total Quality Management:* Optimierung der Qualität von Produkten und Dienstleistungen eines Unternehmens in allen Funktionsbereichen und auf allen Ebenen durch Mitwirkung aller Mitarbeiter.
  - *Kaizen bzw. kontinuierlicher Verbesserungsprozess:* Stetige Verbesserung in kleinen Schritten, die alle betrieblichen Prozesse umfasst (Entwicklung, Produktion, Vertrieb, Distribution etc.).
  - *Lean Production:* Sparsamer und zeiteffizienter Einsatz der Produktionsfaktoren Betriebsmittel, Personal, Werkstoffe, Planung und Organisation bei allen Unternehmensaktivitäten.

Die Bewertung und Realisierung von Einsparungen ist in der Regel relativ einfach nachzuvollziehen. Direkte Einsparungen können beispielsweise dann realisiert werden, wenn sich die durchschnittlichen Niveaus der Sicherheitsbestände senken lassen. Die Reduzierung der Bestände ist mit einem unternehmensspezifischen Lagerkostensatz zu bewerten, der den Anteil der operativen Lagerungskosten am Wert der Vorräte repräsentiert. Tabelle 3.1 zeigt branchenspezifische Durchschnittswerte der Lagerkostensätze in Unternehmen.

Prozessbedingte Effizienzsteigerung Bei der Bewertung von Prozesskosten ist auf eine klare Abgrenzung zwischen relevanten und nicht ausweisbaren Einsparungen zu achten. So sollte nicht jede Prozesskostenverbesserung mit einem fiktiven Einsparwert verknüpft werden, da sonst schnell das Vorurteil des „Schönrechnens" aufkommen könnte, was die Reputation der Erfolgsmessung im Einkauf untergra-

Tab. 3.1 Branchenspezifische Durchschnittswerte der Lagerkostensätze. (Vgl. Maucher et al. 2012, S. 68)

Branche	Lagerkostensatz (%)
Dienstleistungen	28,7
Industrie	27,4
Informationstechnologie	26,1
Konsum	35,3
Pharma und Gesundheit	26,1
Roh- und Grundstoffe	20,5
Telekommunikation	26,1
Versorger	26,1

ben würde. Es empfiehlt sich daher, nur substanzielle Änderungen zu berücksichtigen, wie das Auslagern des C-Teile-Managements oder Änderungen, die direkt zu einer Kostenreduzierung führen (z. B. Ressourcen- und Personaleinsparungen aufgrund von Prozessumstellungen). Auch eindeutig nachvollziehbare Einsparungen im Bereich der Durchlaufzeiten oder Implementierung elektronischer Kataloge, über den Einsatz von E-Sourcing-Lösungen, sind als potenzielle Erfolge des Einkaufs festzuhalten.[9]

3.2 Ausgewählte Herausforderungen und Lösungsansätze der Erfolgsmessung

Wie aus den bisherigen Ausführungen zu entnehmen ist, stellt die umfassende Ermittlung des Einkauferfolges keine triviale Aufgabe. Im Folgenden werden typische Herausforderungen der Erfolgsmessung beleuchtet und ausgewählte Lösungsansätze vorgestellt.

Externe Markteinflüsse als Herausforderung Der Einkauf eines Unternehmens schreibt den Jahresbedarf eines Kabels, das stark kupferpreisabhängig ist, aus. Die Preisforderung des Lieferanten besteht in einer Preiserhöhung von 15 % im Vergleich zum Vorjahr. Der Einkauf führt eine Auktion durch und erzielt mit einem Lieferantenwechsel eine Reduktion der Preiserhöhung auf 3 %.

Lösungsansatz: Um tatsächliche Auswirkungen der externen Markteinflüsse darzustellen, sollte der Einkaufserfolg mit einer Preiserhöhung von 3 % in der GuV ausgewiesen werden. Der Einkauf hat die Preiserhöhung folglich zu berichten. Unabhängig davon kann der Verhandlungserfolg von 12 % gemäß dem Cost Avoidance-Ansatz als Einkaufserfolg ausgewiesen werden.

[9] Vgl. Rounsavill et al. (2008).

Konsolidierung als Herausforderung Ein Unternehmen setzt aktuell fünf verschiedene Gehäusetypen von fünf verschiedenen Lieferanten ein. Im Rahmen eines Projektes wird entschieden, dass zukünftig nur noch drei Gehäusetypen eingesetzt werden sollen. Der Einkauf verhandelt die neuen Volumina und erzielt einen besseren Preis.

Lösungsansatz: Der Einkauf kann die Einsparungen aus dem Projekt innerhalb der GuV darstellen. Mit Hilfe des Periodenvergleichsverfahrens kann der alte Preis des zu konsolidierenden Artikels mit dem neuen Gehäusepreis verglichen werden. Dies gilt auch für Produktspezifikationen und Qualitätsänderungen, sofern dadurch keine neuen Kosten (z. B. Produktionsstörungen, Schäden oder Kundenreklamationen) entstehen. Des Weiteren hat der Einkauf die mit der Sortimentsbereinigung entstandenen Folgekosten zu berücksichtigen. Können durch die Konsolidierung Lagerfläche und Mindestbestände reduziert werden, dann sind korrespondierende Einsparungen in der Erfolgsermittlung auszuweisen.

Sortimentsbereinigung als Herausforderung Es gibt zahlreiche Produktbereiche, in denen Lieferanten die aktuellen Artikel laufend durch neue ersetzen. Insbesondere in der Informationstechnologie sind die Produktlebenszyklen relativ kurz. Für den Einkauf entsteht daraus ein Problem der Vergleichbarkeit einzelner Waren.[10] So liegt bei der Beschaffung von Computern, die neu verhandelt werden, keine direkte Vergleichbarkeit vor, da neuere Modelle leistungsfähiger und häufig teurer sind. Wenn nun Rabattsätze für die Computer deutlich erhöht wurden, ergibt sich ein Darstellungsproblem für die generierten Einsparungen.

Lösungsansatz: Es können keine monetären Einsparungen dargestellt werden, denn aus GuV-Sicht fallen jeweils höhere Kosten und somit Aufwendungen an. Für die Kostenbasis müssen diese höheren Artikelkosten angesetzt werden. Für die Darstellung der Einkaufsleistung sind die prozentuale Rabattverbesserung darzustellen oder das Preisangebotsverfahren anzuwenden.

Einkauf von Katalogartikel als Herausforderung Die meisten Unternehmen kaufen Gemeinkostenmaterialien ein, die klassischer Weise als Katalogware zu bezeichnen sind. Dazu gehören beispielsweise Büromaterialien, Arbeitsschutz, IT-Zubehör oder Werkzeuge. In vielen Fällen wird dieser Bereich vom Einkauf mit Rabatten und Sonderpreisen ausgeschrieben. Wie kann in diesen Fällen eine einfache Einsparungsrechnung dargestellt werden?

Lösungsansatz: Um nicht jeden Monat bzw. jede Berichtsperiode komplexe Einsparungsrechnungen für zahlreiche Artikel durchführen zu müssen, eignet sich im Gemeinkosten- und Katalogumfeld eine vereinfachte Rechnungsweise. Die Voraussetzung hierfür ist jedoch, dass zunächst die prozentualen Einsparungen für den entsprechenden Warenkorb ermittelt werden. Folglich ist ein repräsentativer

[10] Vgl. Johnson und Leenders (2010, S. 25 ff.).

Warenkorb mit Artikeln und Vorjahresmengen aufzustellen. Dieser sollte idealerweise eine statistisch relevante Größe darstellen bzw. etwa 80 % der Ausgaben bei dem jeweiligen Lieferanten repräsentieren. Durch die gewichtete Darstellung des Einkaufsvolumens sowie der Anwendung des Periodenvergleichsverfahrens kann die jeweilige Einsparung bzw. Verteuerung der selektieren Artikel ermittelt werden.

Marketingeinkauf als Herausforderung Für einen Messeauftritt und eine Marketingkampagne wird ein Projekt mit einem Budget von 800.000 € geplant. Mit der Projektkoordination soll eine Agentur beauftragt werden, wobei die einzelnen Module durch den Einkauf zu beschaffen sind. Wie lassen sich bei dieser Art des Projekteinkaufs mögliche Einsparungen ausweisen?

Lösungsansatz: In der ersten Phase sind Materialien, Personal und die kreative Leistung voneinander zu separieren. Im genannten Beispiel besteht das Modul Material aus Elementen für den Messestand, Gebühren, Druckkosten für Flyer, Plakate und Anzeigenschaltung. Des Weiteren sind reine konzeptionelle Arbeiten und Tätigkeiten, denen ein Stundensatz zu Grunde gelegt wird, aufwandsmäßig zu erfassen. Für die Bewertung der auf Stundensätzen basierenden Tätigkeiten bietet sich die Anwendung des Preisangebotsverfahrens an. Schwieriger gestaltet sich die Bewertung der Kreativleistung. Für den Einkauf besteht hier oftmals das Problem, dass er – dem Vorurteil entsprechend – den günstigsten Anbieter favorisiert. Um dies zu vermeiden, ist die Einbindung der jeweiligen Fachabteilung empfehlenswert sowie die gemeinsame Festlegung von Bewertungskriterien. Anschließend sollte eine Ausschreibung unter Wettbewerbsbedingungen durchgeführt werden, bei der die eingeladenen Agenturen unabhängig voneinander ihre Lösung präsentieren. Der Anbieter mit den besten Bewertungen wird Vertragspartner. Potenzielle Einsparungen lassen sich für die bezogenen Leistungen mit dem Budget- oder dem Preisangebotsverfahren ermitteln.

3.3 Erfolgsmessung in der Praxis deutscher Unternehmen

Zur besseren Veranschaulichung der Einkaufserfolgsmessung in der Praxis werden im Folgenden drei Beispiele vorgestellt, welche die Einkaufserfolgsmessung in deutschen Konzernen beleuchten. Da Konzerne in der Regel ein höheres Professionalitätsniveau bei der Erfolgsmessung im Einkauf aufweisen, können diese Beispiele als Orientierungshilfe angesehen werden.

3.3.1 Erfolgsmessung im RWE-Konzerneinkauf

Der RWE-Konzerneinkauf verantwortet ein Beschaffungsvolumen von rund 9,4 Mrd. €, das von ca. 700 Einkäufern verwaltet wird. Als wichtige Grundlage für die konzernweite Erfolgsmessung wird im RWE-Konzern die Vereinheitlichung der

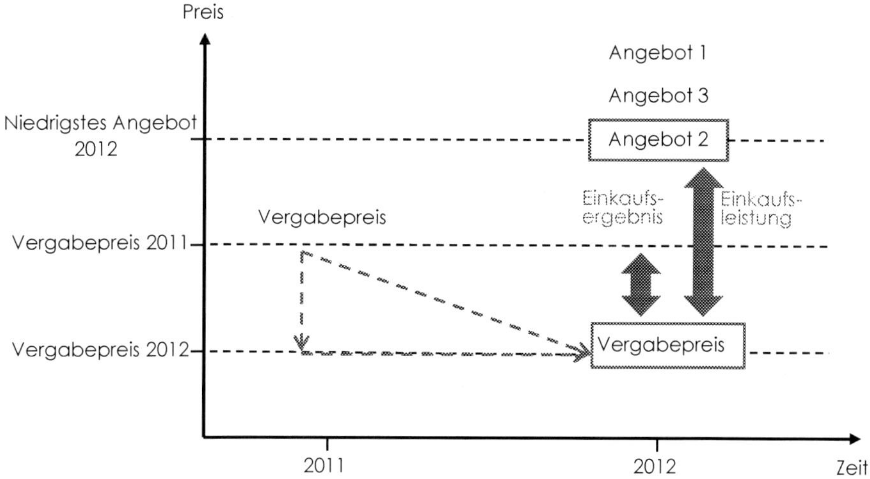

Abb. 3.2 Schematische Veranschaulichung von Einkaufsergebnis und Einkaufsleistung. (Vgl. Kraft 2010, S. 12)

Einsparungsmessungsmodelle angesehen. Darüber sind eine hohe Transparenz sowie eine funktionsbereichsübergreifende Nachvollziehbarkeit der erwirtschafteten Erfolge gewährleistet. RWE differenziert hierbei zwischen dem Einkaufsergebnis und der Einkaufsleistung. Unter dem Einkaufsergebnis werden die Verhandlungserfolge der Einkaufsabteilung zusammengefasst, die zu Änderungen der finanziellen Aufwendungen im Vergleich zur Vorperiode führen. Die Einkaufsleistung umfasst hingegen Leistungen, die zu Preisänderungen führen. Diese müssen sich nicht unbedingt monetär in der Bilanz oder GuV niederschlagen.[11] In Abb. 3.2 ist der Unterschied der beiden Begriffe exemplarisch dargestellt.

Eine beispielhafte Berechnung von Einkaufsergebnis und Einkaufsleistung ist aus Abb. 3.3 zu entnehmen. Die jeweiligen Rechenbeispiele nehmen dabei Bezug auf die alten Vorperiodenpreise.

Eines der zentralen Führungsinstrumente im RWE-Konzern sind Steuerungskennzahlen und -reports wie die Balanced Scorecard (BSC, Abb. 3.4).[12] Der Aufbau der RWE-BSC mit Einkaufsbezug gliedert sich in vier Dimensionen: die Ergebnis-, die Produktivitäts-, die Qualitäts- sowie die Kundendimension. Innerhalb dieser Dimensionen werden jeweils Kennzahlen erfasst, die Auskunft über die aktuelle Unternehmenssituation geben und einen Vergleich mit Vorjahren ermöglichen. Dabei werden aus Übersichtlichkeitsgründen nur wenige und dafür aussagekräftige Kennzahlen verwendet, die in regelmäßigen Abständen eine Aktualisierung erfahren. Diese lassen sich auch grafisch über einen bestimmten Zeitraum hinweg darstellen, was die erzielten Erfolge besser veranschaulicht.

[11] Vgl. Kraft (2010, S. 8 ff.).

[12] Die Balanced Scorecard im Einkauf wird ausführlich in Abschn. 6.3 vorgestellt.

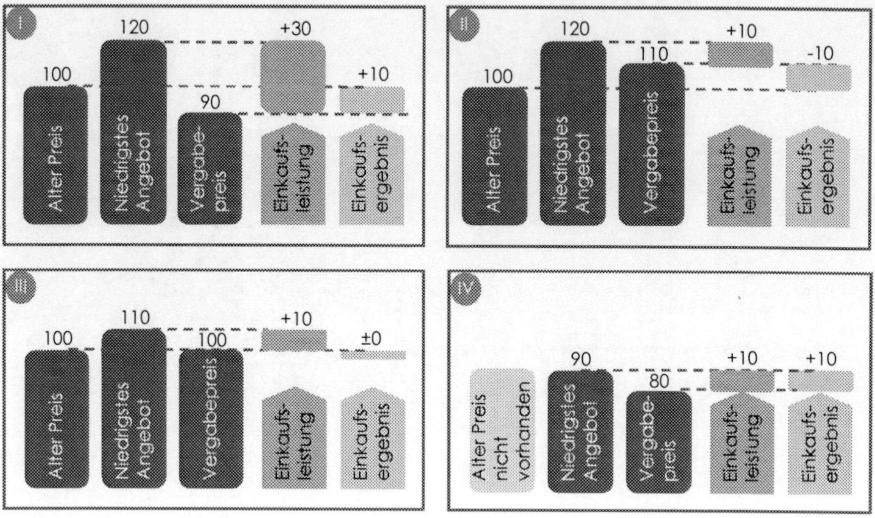

Abb. 3.3 Exemplarische Berechnung von Einkaufsleistung und Einkaufsergebnis bei RWE. (Vgl. Kraft 2010, S. 13)

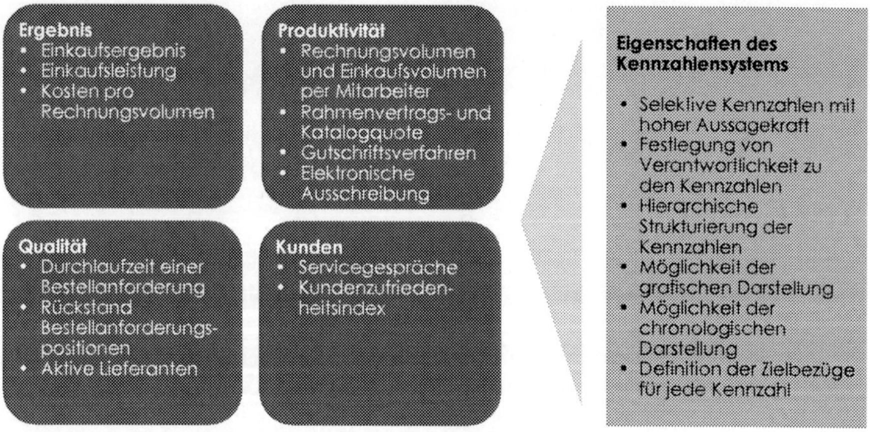

Abb. 3.4 Ausgestaltung der Balanced Scorecard im Einkauf bei RWE. (Vgl. Kraft 2010, S. 20)

Die Erfolgsmessung des RWE-Konzerns wird zudem durch ein entsprechendes IT-System unterstützt, mit dessen Hilfe sich Zeitverläufe sowie einzelne Kennzahlen darstellen lassen. So können ein Überblick der die Leistungen gewonnen und weitere Potenziale erkannt werden. Zudem lassen sich die Erfolge der einzelnen Abteilungen und Funktionsbereiche abbilden und untereinander vergleichen.[13]

[13] Vgl. Kraft (2010, S. 21 ff.).

3.3.2 Erfolgsmessung im Projekteinkauf bei Siemens

Siemens setzt für die Erfolgsmessung im Konzern allgemeingültige Verfahren sowie spezifische Ergänzungen für die jeweiligen Tochtergesellschaften ein. Dadurch lassen sich unterschiedliche Anforderungen einer Produkt- oder Projektgesellschaft erfüllen. Im Projektgeschäft werden Erfolge des Einkaufs durch „Contribution to Net Income from Material“ sowie durch „Contribution to Margin“ dargestellt, was einem Vergleich zwischen Angebots- und Auftragseingangskalkulation bei gleicher Menge entspricht. Darüber hinaus werden folgende Prozesskennzahlen ermittelt[14]:

- Anteil gebündeltes Einkaufsvolumen
- Anteil Angebotsvolumen mit richtiger Projekteinbindung
- Anteil des richtig codierten Einkaufsvolumens
- Anteil des Einkaufsvolumens mit aktueller Lieferantenbewertung

Siemens VAI Metals Technologies, eine Tochtergesellschaft des Siemens-Konzerns in Österreich, hat zudem folgende Kennzahlen etabliert, die wöchentlich aus dem IT-System ermittelt werden und in das Reporting einfließen[15]:

- Budgetabweichungen
- Anteil der Bestellungen unter Nutzung von Rahmenverträgen
- Sourcing-Anteil in Low Cost Countries

Im Bereich der Einsparungsdefinition gelten als direkt erfolgswirksame Einsparungen die Messung gegenüber dem Budget (Budgetabweichungen), die Messung gegenüber einem technisch abgestimmten Best-Angebot, Einsparungen durch Rahmenverträge für B- bzw. C-Komponenten sowie Einsparungen aus Design-to-Cost. Unter Design-to-Cost wird dabei die Konstruktion von Produkten unter Berücksichtigung vorgegebener finanzieller Rahmenbedingungen verstanden, die nicht überstiegen werden dürfen. Es wird also nach den günstigsten Anbietern gesucht, um innerhalb des vorgegebenen Budgets erforderliche Waren zu beschaffen. Im Bedarfsfall können dabei auch die Produktqualität oder Zusatzfunktionen reduziert werden.[16] Im Bereich der Prozesskosten, wird der Automatisierungsgrad im Abgleich zum etablierten Bestellweg ermittelt. Darüber hinaus wird die Erhöhung der strategischen Partnerschaften gefördert, indem die durchschnittlichen Anfragen je Bedarfsfall dargestellt werden.[17]

[14] Vgl. Maier und Niclauss (2006, S. 3 f.).

[15] Vgl. Silbermayr (2008).

[16] Vgl. Sage und Rouse (2009, S. 80).

[17] Vgl. Silbermayr (2008).

3.3.3 Erfolgsmessung bei Unilever

Unilever klassifiziert die Einsparungen im Einkauf in drei Bereiche: Kosteneinsparung, Kostenvermeidung und „Cash-Generierung“. Im Bereich der jeweiligen Erfolgsermittlung wird die Einbindung der Finanzabteilung berücksichtigt. Das Reporting findet monatlich bzw. quartalsweise statt. Einer der kritischen Erfolgsfaktoren bei Unilever ist die konzernweite Definition der Berechnungsgrundlagen und konkrete Richtlinien zur Ermittlung von Einsparungen. Darüber hinaus wendet Unilever folgende Key Performance Indicators (KPIs) an, um den Einkauf zu steuern[18]:

- Preis des letzten Jahres im Vergleich zum aktuellen Preis
- Angenommenes Angebot im Verhältnis zum letzten Angebot
- Durchschnitt aller Angebote im Vergleich zum günstigsten Angebot
- Inflations- und Währungsbereinigungen von Warengruppen
- Marktbasierte Warenkorbkosten vom Vorjahr im Vergleich zu aktuellen Kosten
- Verbesserung der Vertragsnutzung im Sinne von „Compliant Savings“
- Kostenvermeidung basierend auf dokumentierten Forderungen
- Optimierung der Zahlungsbedingungen pro Lieferant und Warengruppe
- „Cash-Generierung“ durch Optimierung von Anzahlungen, Gebühren oder Buchwerten
- Aktiv verwaltetes Einkaufvolumen gegenüber adressierbarem Volumen sowie die Prozentzahl des Einkaufsvolumens, welches einer Wettbewerbssituation unterliegt
- Professionalitätsreifegrad in den Warengruppen im Vergleich zu Best in Class-Einkaufsansätzen

[18] Vgl. Lindstrom (2010).

4 Erfolgsmessung im Einkauf auf Ebene der Beschaffungsorganisation

4.1 Einführung in die Erfolgsmessung auf Ebene der Beschaffungsorganisation

Der Einkauf lässt sich grundsätzlich in zwei Dimensionen gliedern, den funktionalen und den organisatorischen Einkauf. Der funktionale Einkauf bezeichnet das Ausführen der Beschaffungstätigkeiten und anderer einkaufsspezifischer Aktivitäten, wie die Lieferantenauswahl, unabhängig davon ob diese von der Einkaufsabteilung durchgeführt werden oder nicht. Auch Einkaufsaktivitäten anderer Abteilungen fallen daher in diese Kategorie. Der organisatorische Einkauf hingegen bezeichnet die Bündelung der einkaufspezifischen Planungs-, Steuerungs- und Kontrollprozesse in einer organisatorischen Einheit.[1] Auf dieser Ebene finden Prozessoptimierungen und eine Klassifizierung der verschiedenen Warengruppen und Lieferanten statt. Im Folgenden soll die Erfolgsmessung der Beschaffungsorganisation im Fokus stehen.

Die Bedeutung der Beschaffungsorganisation innerhalb eines Unternehmens war in der Vergangenheit eher gering.[2] In den letzten Jahren hat dies jedoch stark zugenommen, insbesondere aufgrund der Erkenntnis, dass der Einkauf massiv zu Einsparungen und Prozessoptimierungen und somit zum Unternehmenserfolg beitragen kann. Mittlerweile ist der Einkauf häufig explizit im Vorstand vertreten (z. B. in der Form eines Chief Purchasing Officers, CPO), was die Bedeutung seiner Funktion unterstreicht. Jedoch wird die Leistung der Beschaffungsorganisation aufgrund einer mangelnden Ausarbeitung der Erfolgsmessungsmethoden immer noch häufig unterbewertet.

Der Wertbeitrag des Einkaufs, also die Differenz des einkaufsspezifischen Ergebnisses und der verursachten einkaufsspezifischen Kapitalkosten wird durch die Aktivitäten des Einkaufs dargestellt, die zur Steigerung des Unternehmenswertes und der Erreichung der Unternehmensziele beitragen.[3] Dies können beispielsweise Gewinnmaximierung, Verbesserung der Position am Markt oder die Maximierung

[1] Vgl. Kaufmann (2001, S. 39 f.).

[2] Vgl. Johnston und Bonoma (1981, S. 143 ff.).

[3] Vgl. Maucher et al. (2012, S. 55).

E. Hofmann et al., *Erfolgsmessung und Anreizsysteme im Einkauf*,
Advanced Purchasing & SCM, DOI 10.1007/978-3-642-34317-9_4,

des Stakeholder-Value sein.[4] Zudem werden das Risiko- und Innovationsmanagement sowie die Lieferantenentwicklung vom Einkauf abgedeckt.[5]

Um den Erfolg der Beschaffungsorganisation darzustellen, ist es wichtig, verschiedene Erfolgsmessungsmethoden im Unternehmen zu implementieren. Für die Einführung sinnvoller Erfolgsmessungsmethoden sollten in einem ersten Schritt die den Unternehmenserfolg beeinflussenden Faktoren, die im Einflussbereich des Einkaufs liegen, wie die Preisstruktur der beschafften Güter oder Einkaufsbedingungen, identifiziert werden. Dabei ist zu berücksichtigen, dass diese Faktoren sowohl von anderen Abteilungen des Unternehmens beeinflusst werden als auch untereinander interdependent sein können.[6] Zudem ist der Erfolg des Einkaufs von externen Effekten wie Marktentwicklungen oder Währungsschwankungen abhängig, die durch die Beschaffungsorganisation kaum beeinflussbar sind. Erschwerend kommt hinzu, dass der Einkauf in Konzernen häufig hybrid oder dezentral organisiert ist, was eine weitere Herausforderung für die Erfolgsmessung darstellt.

Die Leistung der Beschaffungsorganisation wird im Allgemeinen durch die Einführung von Performance Measurement-Konzepten positiv beeinflusst. So können auch Effizienz- sowie Produktivitätssteigerungen verzeichnet werden. Unternehmen, die noch kein Erfolgsmessungssystem eingeführt haben, begründen dies vor allen mit einem zu geringen Einkaufsvolumen, einer zu geringen Unternehmensgröße sowie mit mangelnder Erfahrung in der Erstellung von und dem Umgang mit diesen Systemen.[7] Im Fokus der Erfolgsmessung auf der Ebene der Beschaffungsorganisation stehen häufig finanzielle Kenngrößen. Die monetäre Dimension der Erfolgsmessung lässt sich durch die in diesem Kapitel vorgestellten Kennzahlen darstellen. Um die Einkaufsleistung jedoch in vollem Umfang abzubilden, sollten auch qualitative Aspekte einbezogen werden. Der Anteil der Unternehmen, die bereits qualitative Bewertungsparameter umfassend eingeführt haben, ist mit 27 % jedoch noch eher gering. Besonders die Bereiche des Risiko- und Investitionsmanagement sowie die Qualität und Effizienz der Beschaffungsorganisation sind noch deutlich unterrepräsentiert.[8] Auch in diesen Feldern gilt es, entsprechende Maßnahmen für eine ausgewogene Erfolgsmessung zu ergreifen.

Ein weitverbreitetes Instrument zu Erfolgsmessung im Einkauf sind Benchmarks. Diese lassen sich zunächst intern zwischen verschiedenen Abteilungen, Funktionsbereichen oder über einen bestimmten Zeitraum hinweg einsetzen. Der externe Gebrauch lässt weiterhin ein Vergleich mit anderen Unternehmen und Branchen zu, was mitunter zu effizienz- und effektivitätssteigernden Impulsen führt. Durch die strikte Orientierung an Benchmarks können ein hohes Qualitätsniveau der beschafften Güter, zeitnahe Lieferungen, das Erreichen von Bestandszielen, eine hohe Reaktionsgeschwindigkeit auf Bestellungen sowie die Zufriedenheit interner Kunden

[4] Vgl. Nyiri (2007, S. 136 ff.).

[5] Vgl. Wagner und Weber (2007, S. 29).

[6] Vgl. Maucher et al. (2012, S. 56).

[7] Vgl. Daxböck et al. (2011, S. 3 ff.).

[8] Vgl. Daxböck et al. (2011, S. 11).

gewährleistet werden.[9] Zudem können Best Practices in verschiedenen Branchen identifiziert und daraus eigene Stärken und Schwächen abgeleitet werden. Dadurch lässt sich die interne Zielsetzung und Leistungsbewertung unterstützen.[10]

Ziel der Erfolgsmessung auf der Ebene der Beschaffungsorganisation ist die Schaffung von Transparenz im Bereich der Einkaufstätigkeiten. Dadurch sollen Prozesse wie die Lieferantenauswahl nachvollziehbar gemacht und somit der Mehrwert, den die Beschaffungsorganisation zum Unternehmenserfolg beiträgt, dargestellt werden. Ferner sind weitere Potenziale für Einsparungen sowie Verbesserungsmöglichkeiten aufzuzeigen.

4.2 Verfahren der Erfolgsmessung auf Ebene der Beschaffungsorganisation

Bei der Erfolgsmessung auf der Ebene der Beschaffungsorganisation kann auf verschiedene Verfahren zurückgegriffen werden. Diese gliedern sich vor allem in eine multikriterielle sowie eine multipersonelle Dimension. Werden diese verändert, hat dies Auswirkungen auf beide Dimensionen. Wird die Lieferhäufigkeit erhöht, so kann die Verfügbarkeit verbessert und die Kapitalbindung reduziert werden. Gleichzeitig steigen möglicherweise die Transportkosten an. Hinzu kommt, dass diese Faktoren von anderen Unternehmensabteilungen wie der Produktion oder dem Vertrieb beeinflusst werden können.[11] Diese bestehenden Interdependenzen sind auch bei der Erfolgsmessung auf der Ebene der Beschaffungsorganisation zu berücksichtigen und transparent zu machen. Um eine ganzheitliche Darstellung der Leistungen der Beschaffungsorganisation zu gewährleisten und den Beschaffungserfolg zu maximieren, sollte daher das Optimum aus Beschaffungskosten, Verfügbarkeit, Kapitalbindung und Transport erzielt und um Einflüsse anderer Abteilungen sowie Funktionsbereiche bereinigt werden. Aus Abb. 4.1 geht der Zielkonflikt hervor, der sich für die Beschaffungsorganisation aus dem Anliegen ergibt, durch Optimierung der Beschaffungsprozesse einen positiven Effekt auf den Unternehmenserfolg zu erzielen.

4.2.1 Multikriterielle Erfolgsmessung auf Ebene der Beschaffungsorganisation

Auf der Ebene der multikriteriellen Erfolgsmessung im Einkauf ergibt sich die Schwierigkeit, monetäre, quantitative und qualitative Größen zu einer Spitzenkennzahl zu aggregieren. Typische Fragen im Bereich der multikriteriellen Erfolgsmessung sind unter anderem die Festlegung der optimalen Bestellmenge oder die Aus-

[9] Vgl. Sánchez-Rodríguez et al. (2003, S. 469 f.); vgl. Carr und Smeltzer (1999, S. 56).

[10] Vgl. Voss et al. (1997, S. 1056).

[11] Vgl. Maucher et al. (2012, S. 59).

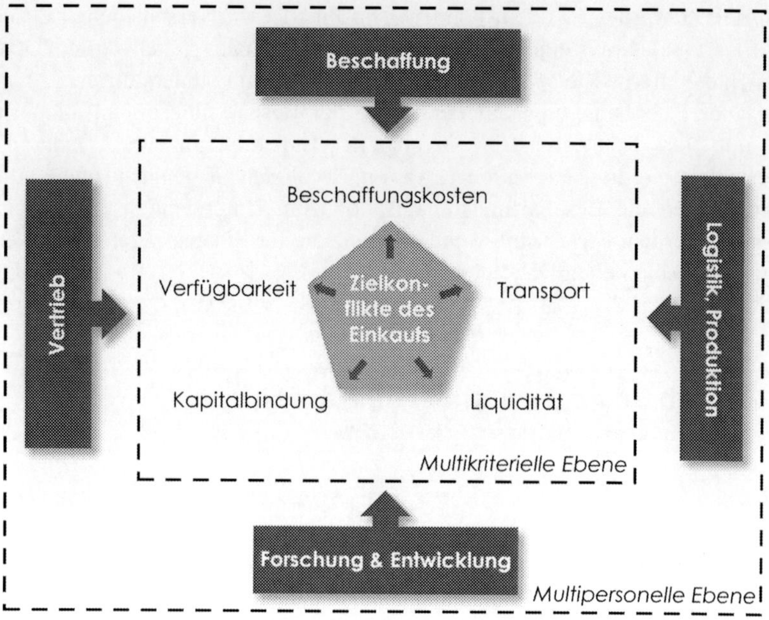

Abb. 4.1 Schematische Darstellung der multikriteriellen und multipersonellen Ebene der Erfolgsmessung in der Beschaffungsorganisation

nutzung zinsloser Lieferantenkredite im Vergleich zur Reduktion der Einstandspreise durch sofortige Bezahlung von Lieferanten. Diese Größen sind jedoch von Branche zu Branche und teilweise auch von Unternehmen zu Unternehmen unterschiedlich. Optimale Werte sind abhängig von der Strategie des Unternehmens. Um diese Kenngrößen darzustellen und basierend auf ihnen Entscheidungen zu treffen, können multikriterielle Scoring-Verfahren wie die Nutzwertanalyse oder der Analytical Hierarchy Process (AHP) angewendet werden.[12]

Die Nutzwertanalyse ist ein Instrument zur Darstellung quantitativer und qualitativer Kenngrößen. Im Rahmen der Erfolgsmessung auf Ebene der Beschaffungsorganisation können die relevanten Erfolgskriterien (Savings, Zufriedenheit interner Kunden, Qualität, Lieferzeit etc.) erfasst und durch eine Nutzwertanalyse bewertet werden. Zu den ausgewählten Kriterien werden Zielwerte formuliert, die nach ihrer Bedeutung für die Auswahl gewichtet, in einer Zielkriterienmatrix dargestellt und mit einem Punktesystem belegt werden. Die verschiedenen Ausprägungen sind dann anhand dieses Punktesystems zu evaluieren. Anschließend werden für die verschiedenen Ausprägungen Nutzwerte bestimmt. Dies erfolgt durch die Multiplikation von Gewichtungsfaktor und erreichten Punkten. Die Nutzwertanalyse ermöglicht es, den Zielkonflikt der Beschaffung (Abb. 4.1) in einer ganzheitlichen

[12] Vgl. Saaty (1990, S. 9 ff.); vgl. Beck und Hofmann (2012, S. 182 ff.).

Tab. 4.1 Bewertungsskala des AHP. (Vgl. Alicke 2005, S. 237)

Intensitätswert beim Vergleich zweier Kriterien	Definition	Beschreibung
1	Gleich wichtig	Zwei Aktivitäten haben gleichviel Bedeutung für das Objekt
3	Moderat wichtiger	Erfahrung und Beurteilung ergeben eine leichte Bevorteilung der einen Aktivität über die andere
5	Essentielle oder hohe Wichtigkeit	Erfahrung und Beurteilung bevorteilen eine Aktivität gegenüber der anderen
7	Sehr hohe (demonstrative) Wichtigkeit	Eine Aktivität wird stark bevorzugt und diese Dominanz zeigt sich in der Praxis
9	Extreme Wichtigkeit	Die Beweislage für eine Aktivität ist in der höchst möglichen Zustimmungsstärke vorhanden
2, 4, 6, 8	Zwischenwerte	Für Kompromissbildung

Analyse zu optimieren. Mit Hilfe der Nutzwertanalyse können des Weiteren verschiedene Einkaufsorganisationen miteinander verglichen werden.[13]

Ein weiteres Instrument der multikriteriellen Erfolgsmessung im Einkauf ist der Analytical Hierarchy Process. Er soll bei der Entscheidungsfindung helfen, wenn im Verlauf des Beschaffungsprozess verschiedene Optionen denkbar sind. Besonders bei Vorliegen unvollständiger Daten oder wenn eine Darstellung qualitativer Werte erforderlich ist, findet diese Methode Anwendung. Dabei wird ein Vergleich verschiedener Kriterien und Alternativen untereinander durchgeführt. Durch Gewichtung einzelner Kriterien nach ihrer Bedeutung für den Entscheidungsprozess wird eine Hierarchie aufgestellt, die in einer Matrix dargestellt wird. Anschließend werden die verschiedenen Hierarchieebenen zur Abbildung von Synthesen und Interaktionen miteinander verknüpft. Dies ist besonders bei sehr komplexen Entscheidungen von Vorteil, die eine Vielzahl von Kriterien vereinen, um einen Überblick der Alternativen und Interdependenzen zu behalten. Auf jeder Ebene werden nun paarweise Vergleiche der Kriterien vorgenommen, um eine zusammengefasste Gesamtbewertung je Hierarchieebene zu ermitteln. Hierfür wird eine neunstufige Verhältnisskala angewendet, welche die Umwandlung von qualitativen Werten in quantitative Größen ermöglicht (Tab. 4.1).

Die Aggregation der Gesamtbewertungen aller Hierarchieebenen ermöglicht dann im Ergebnis einen Vergleich der möglichen Alternativen.[14] Im Rahmen der Erfolgsmessung auf Ebene der Beschaffungsorganisation können, analog zur Nutz-

[13] Vgl. Piontek (2004, S. 56 f.).

[14] Vgl. Alicke (2005, S. 235 ff.); vgl. Beckmann (2008, S. 63).

wertanalyse, die relevanten Kriterien der Beschaffungsorganisation erfasst und in ihrer Gesamtheit bewertet werden.

Die AHP-Methode hat gegenüber der Nutzwertanalyse den Vorteil, dass durch die paarweisen Vergleiche der Kriterien vorhandene Interaktionen zwischen den aufgestellten Hierarchieebenen aufgezeigt werden können. So weist die AHP-Methode zum Beispiel eine Kompatibilität mit der Balanced Scorecard auf.[15] Jedoch ist diese Methode auch mit einem wesentlich höheren Aufwand verbunden, weshalb abgewogen werden muss, ob dieser für die Aggregation qualitativer, quantitativer sowie monetärer Werte der Beschaffungsorganisation gerechtfertigt ist.

4.2.2 Multipersonelle Erfolgsmessung auf Ebene der Beschaffungsorganisation

Bei der multipersonellen Erfolgsmessung steht die mitarbeiterbezogene Beurteilung der Beschaffungsorganisation innerhalb des Unternehmens im Vordergrund. Hierbei werden Zufriedenheits- sowie Akzeptanzmessungen durchgeführt, um die Einstellung anderer Abteilungen gegenüber dem Einkauf einschätzen zu können. So kann ermittelt werden, wie zufrieden interne Kunden mit der Leistung des Einkaufs sind oder inwieweit der Einkauf als gleichwertiger Schnittstellenpartner akzeptiert wird. Ein Kennzeichen hierfür kann die Frequenz sein, mit welcher der Einkauf zu unternehmensbezogenen Entscheidungen hinzugezogen wird und inwieweit in diesen Fällen ein Mitspracherecht der Beschaffungsorganisation besteht. Zudem kann auf dieser Ebene ermittelt werden, wie der Einkauf zur Strategieorientierung und -umsetzung auf verschiedenen Ebenen beiträgt. Dazu gehört das Innovationsmanagement im Einkauf, welches strategische oder kooperative Partnerschaften mit Lieferanten beinhaltet, aus denen neuartige Impulse entspringen. Auch Prozessoptimierungen durch innovative Technologien, die durch den Einkauf initiiert werden, fallen in diese Kategorie. Zudem kann die Beschaffungsorganisation als Wissensträger fungieren und einen großen Beitrag zur Forschung und Entwicklung neuer Produkte leisten, Versorgungsrisiken abmildern oder umgehen und durch engen Kontakt zu den Lieferanten die Einhaltung von Compliance-Vorschriften durchsetzen. Möglicherweise werden diese Funktionsbereiche jedoch von anderen Abteilungen nicht wahrgenommen und die Leistung somit unterschätzt. Dies kann bei der Erfolgsmessung zu Problemen führen, wenn Leistungen nicht transparent genug dargestellt werden und somit eine umfassende Nachvollziehbarkeit der Erfolge nicht gegeben ist. Durch Befragungen der Mitarbeiter anderer Funktionsbereiche können hierzu in regelmäßigen Abständen Daten erhoben werden, welche die aktuelle Zufriedenheit interner Kunden und das Akzeptanzniveau der Beschaffungsorganisation darstellen. Hieraus lassen sich Verbesserungspotenziale in der internen Kommunikation und Erfolgsdarstellung aufzeigen sowie erforderliche Prozessanpassungen ableiten.

---

[15] Vgl. Yüksel und Dağdeviren (2010, S. 1270).

4.3 Kennzahlen auf der Ebene der Beschaffungsorganisation

Im folgenden Abschnitt werden die relevanten Kennzahlen für den Bereich der Beschaffungsorganisation behandelt. Sie geben einen Überblick über die verschiedenen Teilgebiete des Einkaufs wie Finanzen, Mitarbeiter, Prozesse, Lieferanten und interne Kunden (s. auch Abschn. 6.3). Mit Hilfe der Kennzahlen lässt sich die Einkaufssituation analysieren und mit anderen Unternehmen vergleichen und die Effektivität sowie die Effizienz der internen Abläufe werden messbar gemacht. Dies ist von Relevanz um einschätzen zu können, wo eventuelle Schwächen im Einkauf vorliegen oder wo Prozessoptimierungsmaßnahmen eingeleitet werden sollten. Auch kann ein Soll-Ist-Vergleich durchgeführt werden, um zu überprüfen, inwieweit von den Zielen der Beschaffungsorganisation abgewichen wurde und ob diese an aktuelle Entwicklungen gegebenen falls anzupassen sind. Die Kennzahlen werden überwiegend aus einkaufsspezifischen Informationen sowie dem internen Rechnungswesen ermittelt. Dabei wird auf Größen vorangegangener Jahre sowie Prognosen und Zielwerte zurückgegriffen, um umfassende Aussagen treffen zu können und die Entwicklung der Beschaffungsorganisation im Zeitverlauf zu verfolgen. Abbildung 4.2 zeigt eine Übersicht der im Folgenden vorgestellten Kennzahlen auf Ebene der Beschaffungsorganisation.

4.3.1 Finanzbezogene Kennzahlen

Zunächst erfolgt eine Beschreibung der finanzbezogenen Kennzahlen, die Auskunft über monetäre Größen der Beschaffungsorganisation geben. Dadurch wird die finanzbezogene Situation des Einkaufs dargestellt und Möglichkeiten zur Kosteneinsparungen aufgezeigt.[16] Zudem wird die Effizienz von Unternehmensprozessen verdeutlicht und eine Analyse der Optimierungspotenziale ermöglicht. Diese Kennzahlen geben dabei nicht nur Informationen wieder, die intern relevant sind, sondern ermöglichen den Vergleich mit Beschaffungsorganisationen anderer Unternehmen. Die meisten finanzbezogenen Kennzahlen basieren auf Werten aus dem internen Rechnungswesen. Teilweise können die Daten auch aus Bilanz, GuV sowie dem Anhang des Jahresabschlusses entnommen werden. Häufig verwendete finanzbezogene Kennzahlen umfassen die Materialquote, den Anteil des ausgelagerten Einkaufsvolumens, die Global-Sourcing-Quote, die Verteilung der Beschaffungsnebenkosten des Einkaufs, die relativen Beschaffungsnebenkosten und den Durchschnittswert je Bestellung. Diese werden im Folgenden näher erläutert.

Die *Materialquote* ergibt sich aus dem Einkaufsvolumen im Verhältnis zu den Umsatzerlösen eines Unternehmens. Diese Kennzahl sagt aus, welcher Anteil des Umsatzes für die Beschaffung verwendet wird und gibt damit Auskunft über den Verantwortungsbereich der Beschaffungsorganisation. Branchenübergreifend variiert der Wert zwischen 29 und 53 % wie eine Studie des BME aufzeigt (Abb. 4.3). Der Durchschnitt liegt bei etwa 44 %, macht also etwas weniger als die Hälfte der

[16] Vgl. Melzer-Ridinger (2007, S. 17).

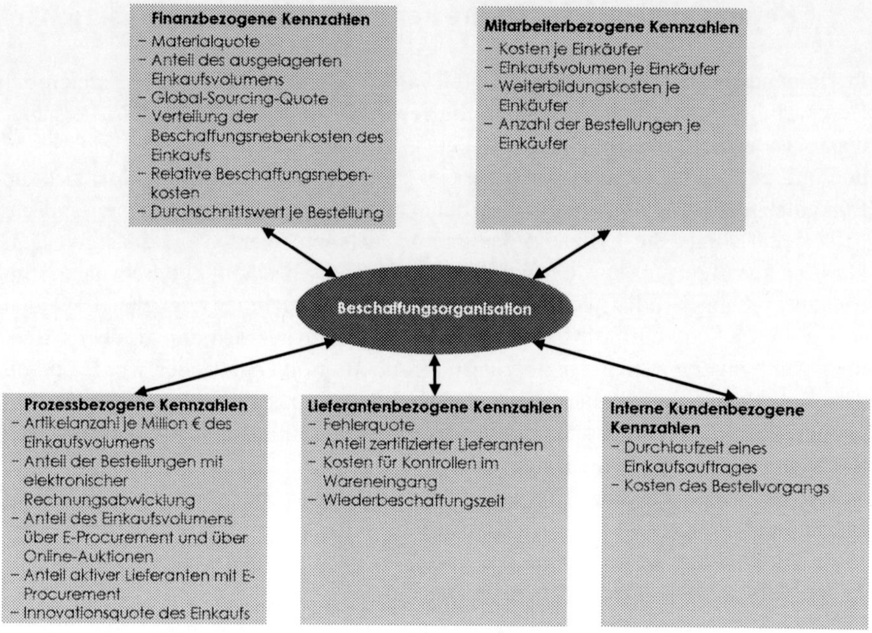

Abb. 4.2 Übersicht der Kennzahlen auf Ebene der Beschaffungsorganisation

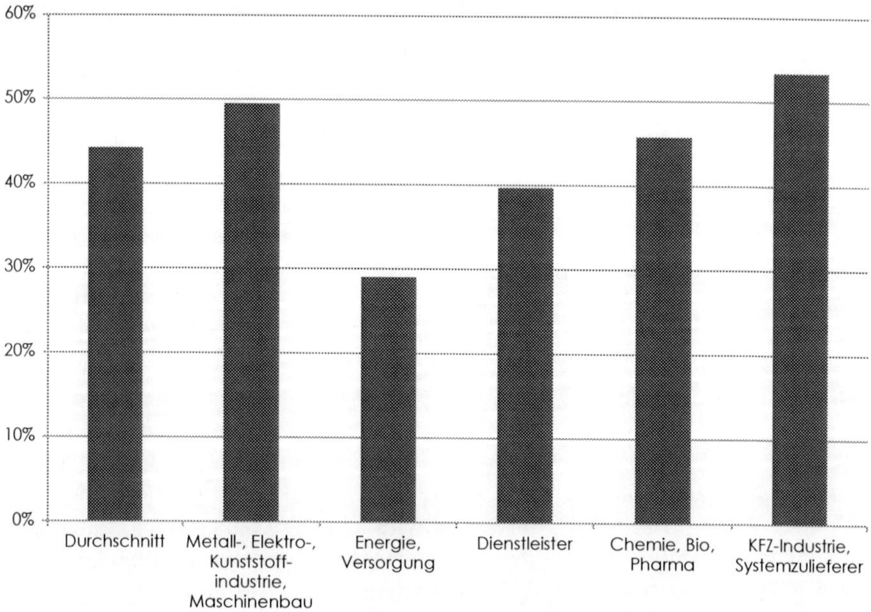

Abb. 4.3 Materialquote im Branchenvergleich. (Vgl. BME 2010, S. 10)

Umsatzerlöse aus. Die Daten zur Berechnung dieser Kennzahl sind aus der Finanzbuchhaltung zu beziehen. Für die Höhe der Materialquote gibt es keine Best-Practice-Werte, da die Wertschöpfungstiefenentscheidung bzw. ein mögliches Out- oder Insourcing eine strategische Ausrichtung darstellt, die jedes Unternehmen individuell festzulegen hat. Da das Einkaufsvolumen sowie die Umsatzerlöse von vielen Unternehmen im Jahresabschluss veröffentlicht werden, sind z. B. branchenspezifische Vergleiche relativ einfach möglich.

$$Materialquote\ [\%] = \frac{Einkaufsvolumen}{Umsatzerlöse} \tag{4.1}$$

Der *Anteil des ausgelagerten Einkaufsvolumens* lässt sich aus dem Verhältnis zwischen ausgelagertem Einkaufsvolumen und dem gesamten Einkaufsvolumen errechnen. Diese Kennzahl beschreibt den Anteil des Einkaufsvolumens, der durch externe Dienstleister beschafft wird. Da dadurch nicht nur extern beschafft, sondern auch die funktionale Aktivität ausgelagert und somit das Tätigkeitsfeld eines Unternehmens beeinflusst wird, besitzen Outsourcing-Entscheidungen eine strategische Tragweite.[17] Gründe für die Fremdvergabe sind unter anderem der Fokus auf die Kernkompetenzen eines Unternehmens, angestrebte Kosten- oder Zeitreduktionen sowie höhere Kompetenzen der Lieferanten, an die der Anteil des Einkaufsvolumens ausgelagert wird.[18] Eine besondere Bedeutung kommt hierbei der Ermittlung der Kernkompetenzen zu, um falsche Outsourcing-Entscheidungen zu vermeiden. Auch sollte die Kontrolle über die outgesourcten Teilbereiche nicht vollständig abgegeben werden, um die Einhaltung der Unternehmensziele zu gewährleisten. Die Beschaffungsorganisation ist ein häufiger Kandidat für Outsourcing-Vorhaben, da zahlreiche Aufgaben von anderen Funktionsbereichen oder außenstehenden Stellen übernommen werden können.[19]

$$Anteil\ des\ ausgelagerten\ Einkaufsvolumens\ [\%] = \frac{Ausgelagertes\ Einkaufsvolumen}{Gesamtes\ Einkaufsvolumen} \tag{4.2}$$

Die *Global-Sourcing-Quote* stellt den Anteil der global beschafften Güter durch die Beschaffungsorganisation dar. Sie ergibt sich aus dem Einkaufsvolumen, dass für globale Beschaffung verwendet wird im Verhältnis zum gesamten Einkaufsvolumen. Unter globaler Beschaffung versteht man dabei die Beziehung von Waren und Dienstleistungen, die im eigenen Land knapp oder zu teuer sind, über weltweite Beschaffungsquellen.[20] Primäres Ziel ist die Reduktion der Beschaffungs-

---

[17] Vgl. Baily et al. (2008, S. 115).

[18] Vgl. Baily et al. (2008, S. 118).

[19] Vgl. Baily et al. (2008, S. 127).

[20] Vgl. Appelfeller und Buchholz (2011, S. 112).

kosten.[21] Laut der Studie „Spitzenleistung im Einkauf" wird branchenübergreifend etwa 35 % des Einkaufsvolumens auf globaler Ebene beschafft. Dabei stammen ca. 20 % vom Heimatkontinent und ca. 15 % von anderen Kontinenten.[22] Durch Beschaffung auf internationaler Ebene können Kosteneinsparungen sowie Qualitätssteigerungen, durch eine höhere Konkurrenz unter den Lieferanten, generiert werden. Ferner wird der Zugang zu neuen und innovativen Technologien ermöglicht.[23] Jedoch sollte immer auf abgestimmte Qualitätsstandards geachtet werden, da diese in anderen Ländern gegebenenfalls massiv von lokalen Standards abweichen können. Zudem müssen längere Transportwege, Zölle und Einfuhrsteuern sowie höhere Transport- und Verpackungskosten berücksichtigt werden. Kulturelle Unterschiede können zudem zu massiven Problemen bei Verhandlungen führen. Generell ist die optimale Höhe der Global-Sourcing-Quote abhängig von der Branche und der zu beschaffenden Produkte. Die zu erreichenden Einsparungen im Global-Sourcing sind dabei mit zusätzlich entstehenden Kosten abzuwiegen. Insgesamt lässt sich die Erschließung neuer Märkte durch Global Sourcing vereinfachen, indem zum Beispiel Local Content Rates gefordert werden.[24]

$$\textit{Global-Sourcing-Anteil}\ [\%] = \frac{\textit{Global beschafftes Einkaufsvolumen}}{\textit{Gesamtes Einkaufsvolumen}} \tag{4.3}$$

Die *Verteilung der Beschaffungsnebenkosten des Einkaufs* gibt einen Überblick der strukturellen Zusammensetzung der Kosten der Beschaffungsfunktion. So können die Beschaffungsnebenkosten in die Bereiche Personalkosten, Gemeinkosten, Systemkosten, Kosten externer Einkaufsdienstleister und Kosten für Weiterbildung gegliedert werden (Abb. 4.4).[25] Zu den Personalkosten zählen Gehälter, Dienstreisen oder Büroausstattung sowie sämtliche Ausgaben, die direkt den Mitarbeitern des Einkaufs zugeordnet werden können. Unter die Gemeinkosten fallen unter anderem Versicherungen, Miete und Ausgaben anderer Abteilungen, die mit der Beschaffungsorganisation in Verbindung stehen. Hard- und Softwarekosten, die direkt dem Einkauf zugeordnet werden können, fallen unter die Rubrik Systemkosten. Laut einer Studie des BME nehmen Personalaufwendungen mit ca. 77 % der gesamten Beschaffungsnebenkosten im Branchendurchschnitt den größten Teil ein. Die Gemeinkosten des Einkaufs liegen bei rund 13 % und Systemkosten betragen ca. 6 %. Schließlich betragen die Kosten der Einkaufsdienstleister und die Weiterbildungskosten zusammen etwa 4 % der gesamten Beschaffungsnebenkosten.

$$\textit{Verteilung der Beschaffungsnebenkosten}\ [\%] = \frac{\textit{Kostenanteil der Teileinkaufsfunktion}}{\textit{Gesamtkosten des Einkaufs}} \tag{4.4}$$

[21] Vgl. Werner (2012, S. 152 f.).

[22] Vgl. Arthur D. Little/Lehrstuhl für Logistikmanagement der Universität St. Gallen/Bundesverband Materialwirtschaft Einkauf und Logistik e. V. BME (2010, S. 2).

[23] Vgl. Monczka et al. (2002, S. 185 und 334 f.).

[24] Vgl. Monczka et al. (2002, S. 336).

[25] Vgl. BME (2010, S. 37).

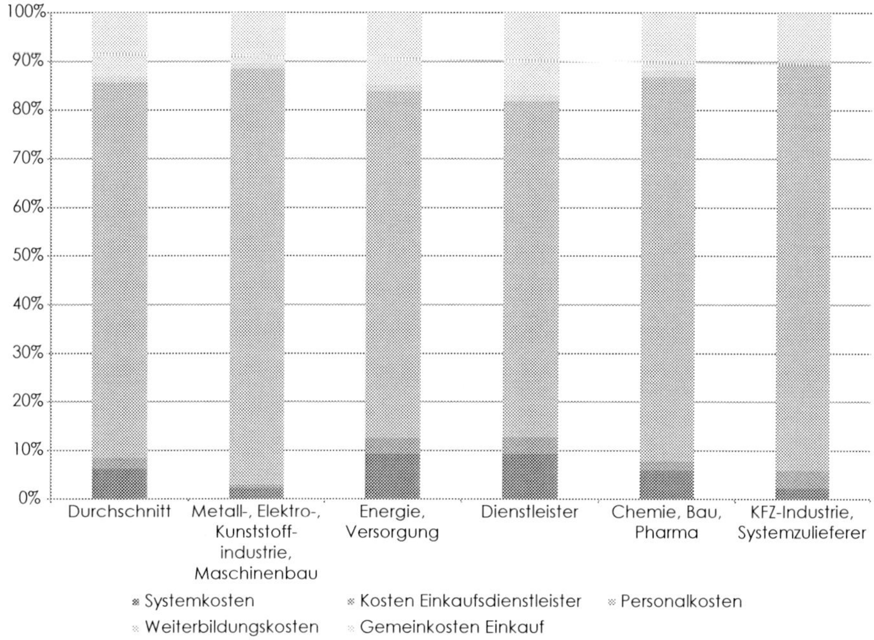

Abb. 4.4 Verteilung der Beschaffungsnebenkosten im Branchenvergleich. (Vgl. BME 2010, S. 36)

Die *relativen Beschaffungsnebenkosten* spiegeln den Anteil der Einkaufsausgaben an den Herstellungskosten wider und errechnen sich aus den Beschaffungsnebenkosten, im Verhältnis zu den Herstellungskosten. Diese Kennzahl weist in Abhängigkeit der Branche sehr unterschiedliche Werte auf. So variieren die Beschaffungsnebenkostensätze in den verschiedenen Branchen zwischen 0,6 und 1,2 %, der branchenübergreifende Durchschnitt liegt bei 0,9 %.[26] Die Herstellungskosten sind grundsätzlich in der Finanzbuchhaltung eines Unternehmens zu finden und ergeben sich aus Material- und Fertigungskosten.

$$Relative\ Beschaffungsnebenkosten\ [\%] = \frac{Beschaffungsnebenkosten}{Herstellungskosten} \qquad (4.5)$$

Die letzte Kennzahl des Abschnitts finanzbezogene Kennzahlen stellt der *Durchschnittswert je Bestellung* dar, welcher überwiegend dem unternehmens- und brancheninternen Vergleich dient, da der Wert der beschafften Waren und Dienstleistungen in Abhängigkeit der Branche große Unterscheide aufweist (Abb. 4.5). Durchschnittlich liegt der Wert branchenübergreifend bei 12.140 €. Diese Kennzahl sollte möglichst groß sein, da sich dann die fixen Kosten einer Bestellung auf einen größeren Bestellwert verteilen. Im Allgemeinen sind häufige Einzelbestellungen zu

[26] Vgl. Maucher et al. (2012, S. 68).

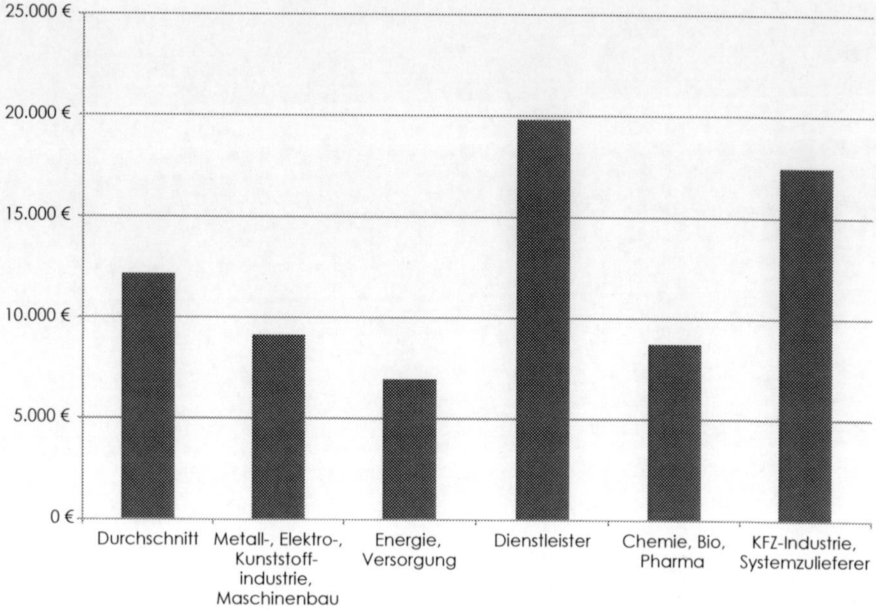

Abb. 4.5 Durchschnittswert je Bestellung der Beschaffungsorganisation in € im Branchenvergleich

vermeiden und Fixkosten voll auszunutzen, um ein Maximum an Einsparungen zu realisieren. Daher sollten mehrere kleine Bestellungen zu einer größeren Sammelbestellung zusammengefasst werden, um so hohe Transport- und Beschaffungsnebenkosten zu reduzieren.

$$Durchschnittswert\ je\ Bestellung = \frac{Einkaufsvolumen}{Anzahl\ Bestellungen} \tag{4.6}$$

Finanzbezogene Kennzahlen ermöglichen eine Beurteilung der monetären Dimension der Beschaffungsorganisation. Dabei werden die gegenwärtige Effizienz dargestellt, Einsparungspotenziale aufgezeigt und die Leistungsentwicklung über einen bestimmten Zeitraum hinweg verfolgt. Größtenteils basieren die ermittelten Daten auf Vergangenheitswerten, was fundierte Informationen über die bisherige Entwicklung gibt. Aussagen über zukünftige Tendenzen sind dagegen unbestimmt, da diese lediglich auf Prognosen und Trends basieren und nicht alle relevanten Fakten wie beispielsweise wirtschaftliche Entwicklungen miteinbeziehen können. Dadurch kann einzig auf Basis finanzieller Kenngrößen keine abschließende Aussage für die Initiierung von Verbesserungsvorschlägen auf Ebene der Beschaffungsorganisation getroffen werden. Viele finanzbezogene Kennzahlen sind zudem zu spezifisch, um die eigene Beschaffungsorganisation mit anderen Unternehmen gleicher oder unterschiedlicher Branchezugehörigkeit vergleichen zu können. Dort liegen bei den verschiedenen Angaben, wie den Beschaffungsnebenkosten oder den durchschnittlichen Bestellwerten, häufig gravierende Unterschiede vor. Zuletzt liegt der Fokus auf quantitativen Fakten. Um neben diesen Angaben auch Aussagen über qualitative Merkmale der Beschaffungsorganisation treffen zu können, sollten weiterhin andere Kennzahlen, wie z. B. die Innovationsquote, Weiterbildungskosten pro Mitarbeiter oder prozessbezogene Größen in die Gesamtbewertung einbezogen werden.

4.3.2 Mitarbeiterbezogene Kennzahlen

Im folgenden Abschnitt werden die mitarbeiterbezogenen Kennzahlen vorgestellt. Diese geben Auskunft über Kosten, die durch die Mitarbeiter der Beschaffungsorganisation im Unternehmen anfallen sowie deren Leistung und Beitrag zum Unternehmenserfolg. Dadurch bilden sie die Grundlage zur Bewertung der Mitarbeiterqualifikation und zeigen auf, wo Verbesserungspotenziale für interne Prozesse bestehen. Zugleich wird demonstriert, in welchen Bereichen den Mitarbeitern noch Know-how fehlt, welches durch Weiterbildungsmaßnahmen erworben werden kann. Im Allgemeinen werden Mitarbeiterkennzahlen quartalsweise aufbereitet.[27] Zu den mitarbeiterbezogenen Kennzahlen in der Beschaffung gehören die im Folgenden vorgestellten Kosten je Einkäufer, das Einkaufsvolumen je Einkäufer, die Weiterbildungskosten je Einkäufer sowie die Anzahl der Bestellungen je Einkäufer.

Die *Kosten je Einkäufer* ergeben sich aus den Gesamtkosten des Einkaufs im Verhältnis zur Anzahl der Mitarbeiter in der Beschaffungsorganisation. Die Gesamtkosten des Einkaufs bestehen dabei aus allen direkten und indirekten Kosten, die der Beschaffungsorganisation zugeordnet werden können. Dazu gehören Personal-, IT- und Systemkosten. Nicht miteinbezogen werden Kosten für Rechnungsprüfung, Qualitätssicherung und Kosten für beispielsweise gebrauchte Maschinen.[28] Bei der Anzahl der Mitarbeiter im Einkauf sind Auszubildende sowie Aushilfen von der Erfassung ausgenommen. Teilzeitmitarbeiter werden entsprechend ihrer Arbeitsstundenzahl erfasst.[29] Die Kosten je Einkäufer betragen in der Praxis im Mittel etwa 87.000 €.[30] Die Angaben zur Berechnung der Kennzahl sind aus dem internen Rechnungswesen zu beziehen.

$$\text{Kosten je Einkäufer} = \frac{\text{Gesamtkosten des Einkaufs}}{\text{Anzahl der MA im Einkauf}} \tag{4.7}$$

Das *Einkaufsvolumen je Einkäufer* stellt den Anteil des Einkaufsvolumens dar, welches jeder Mitarbeiter der Beschaffungsorganisation verwaltet. Es errechnet sich aus dem Einkaufsvolumen im Verhältnis zur Anzahl der Mitarbeiter der Beschaffungsorganisation. Dadurch wird der monetäre Verantwortungsbereich jedes Mit-

[27] Vgl. Weber (2004, S. 389).
[28] Vgl. BME (2010, S. 49).
[29] Vgl. BME (2010, S. 49).
[30] Vgl. BME (2010, S. 48).

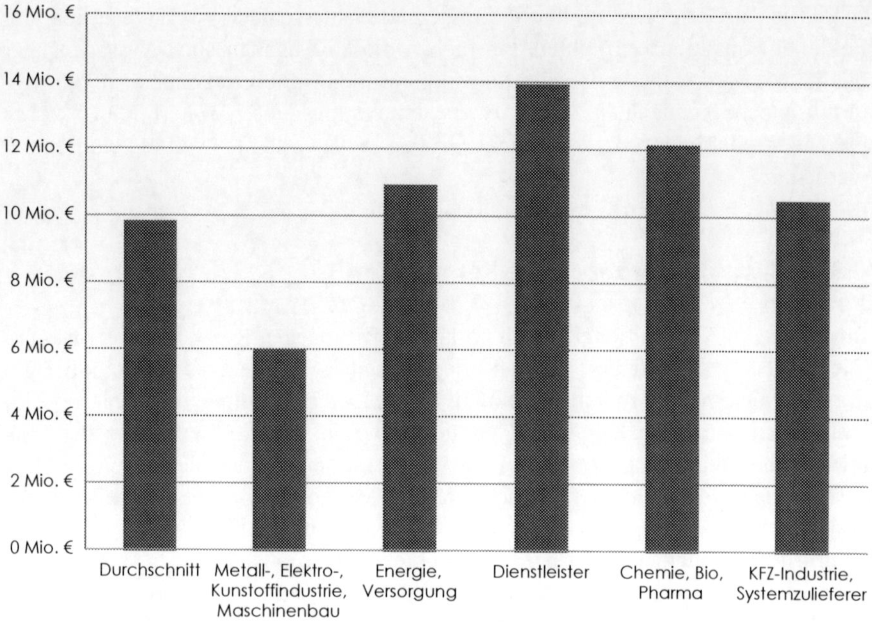

Abb. 4.6 Einkaufsvolumen je Mitarbeiter im Branchenvergleich. (Vgl. BME 2010, S. 16)

arbeiters bestimmt. Im Branchendurchschnitt beträgt das Einkaufsvolumen je Einkäufer 9,8 Mio. € (Abb. 4.6). Im Zusammenhang mit der Verwendung des Einkaufsvolumens durch den einzelnen Mitarbeiter kann ermittelt werden, wie effizient das Einkaufsvolumen genutzt wird, da die Anzahl der Bestellungen und die bestellten Waren berücksichtigt werden. Dies ist jedoch nur dann sinnvoll, wenn auch nach den verschiedenen Warengruppen und deren Wertigkeit unterschieden wird, da hier große preisliche und volumenbezogene Unterschiede vorliegen.[31]

$$\textit{Einkaufsvolumen je Einkäufer} = \frac{\textit{Einkaufsvolumen}}{\textit{Anzahl der MA im Einkauf}} \tag{4.8}$$

Die *Weiterbildungskosten je Einkäufer* ergeben sich aus den Weiterbildungskosten für Einkaufsmitarbeiter im Verhältnis zur Anzahl der Mitarbeiter (MA) im Einkauf. Diese Größe stellt dar, wie viel Geld in die Fort- und Weiterbildung im Durchschnitt für die Einkäufer investiert wird. Diese Kennzahl ist ein Indikator dafür, wie es um das Know-how sowie die Qualifikation der Einkäufer steht. Hierüber sind Rückschlüsse auf die Effizienz und Effektivität der Mitarbeiter sowie deren Produktivität möglich. So können beispielsweise durch Schulungen zu neuen Softwaresystemen die Arbeitsprozesse beschleunigt werden. Laut einer Studie des BME liegt der Wert

[31] Vgl. Körfer (2011, S. 67).

branchenübergreifend bei 930 € und variiert zwischen 680 und 1810 €.[32] Die Ausgaben für Weiterbildung sagen jedoch nichts über die Qualität der Fortbildungsmaßnahmen aus und lassen somit nur beschränkte Aussagen über die Qualifikationssteigerung der Mitarbeiter der Beschaffungsorganisation zu. So könnte es der Fall sein, dass Schulungen nicht immer zum vollen Verständnis neuer Systeme und Konzepte führen.

$$Weiterbildungskosten\ je\ Einkäufer = \frac{Weiterbildungskosten\ für\ MA\ im\ Einkauf}{Anzahl\ der\ MA\ im\ Einkauf} \tag{4.9}$$

Die letzte Kennzahl der mitarbeiterbezogenen Kennzahlen ist die *Anzahl der Bestellungen je Einkäufer*. Sie errechnet sich aus der Anzahl der Bestellungen im Verhältnis zu den Mitarbeitern der Beschaffungsorganisation. Dabei werden jedoch weder die Größe noch der Wert der Bestellungen oder die Art der bestellten Waren berücksichtigt. Die Anzahl der Bestellungen je Einkäufer schwankt im Branchenvergleich etwa zwischen 1.000 und 2.000, bei einem Mittelwert von ca. 1.500 Bestellungen.[33] Durch Zusammenfassung mehrerer kleinerer Bestellungen können beispielsweise Kosten eingespart werden, was den Bestellprozess effizienter gestaltet. Eine optimale Anzahl der Bestellungen pro Mitarbeiter ist individuell im Unternehmen festzulegen. Dabei sind unter anderem folgende Kriterien zu berücksichtigen: Automatisierungsgrad des Bestellvorgangs, Warengruppe und Kosten der bestellten Waren.

$$Anzahl\ der\ Bestellungen\ je\ Einkäufer = \frac{Anzahl\ Bestellungen}{Anzahl\ der\ MA\ im\ Einkauf} \tag{4.10}$$

Mitarbeiterbezogene Kennzahlen ermöglichen vor allem die Bewertung personenbezogener Sachverhalte der Beschaffungsorganisation. So werden die allgemeine Qualifikationen der Mitarbeiter, ihre Leistung und Kosten ermittelt und aufgezeigt, wo Einsparungsmöglichkeiten sowie Prozessoptimierungsmöglichkeiten bestehen. Auch über die Nutzung des Einkaufsvolumens durch die Einkäufer lassen sich Aussagen hinsichtlich der Produktivität treffen. Häufig sind die Kennzahlen jedoch zu allgemein und sollten in Bezug auf Warengruppe und Wertigkeit der einzelnen Produkte weiter spezifiziert werden, um genauere Aussagen treffen zu können. Andernfalls kann es zu Fehlbewertungen kommen, die zu Lasten der Mitarbeiter gehen.

4.3.3 Prozessbezogene Kennzahlen

Die prozessbezogenen Kennzahlen ermöglichen Aussagen über die Wirtschaftlichkeit der Beschaffungsvorgänge. Dabei wird untersucht, inwieweit eingeführte Prozesse eingehalten und zeitsparend durchgeführt werden. Zudem sind Aussagen über

[32] Vgl. BME (2010, S. 28).

[33] Vgl. BME (2010, S. 20).

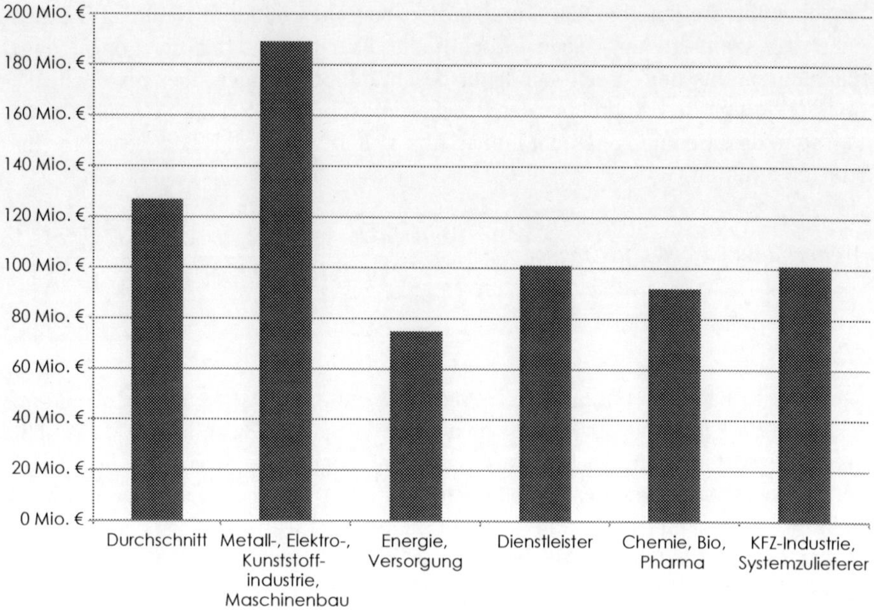

Abb. 4.7 Wertbezogene Artikelzahl des Einkaufsvolumens im Branchenvergleich. (Vgl. BME (2010, S. 22)

die Verwendung des Einkaufsvolumens möglich. Diese Kennzahlen sind von großer Bedeutung, um interne Prozesse optimieren zu können und Vergleiche mit anderen Beschaffungsorganisationen vorzunehmen. Zu den prozessbezogenen Kennzahlen gehören die Artikelanzahl je Mio. € des Einkaufsvolumens, der Anteil der Bestellungen mit elektronischer Rechnungsabwicklung, der Anteil des Einkaufsvolumens über E-Procurement, der Anteil des Einkaufsvolumens über Online-Auktionen, der Anteil aktiver Lieferanten, die E-Procurement verwenden sowie die Innovationsquote des Einkaufs.

Die *Artikelzahl je Mio. € des Einkaufsvolumens* gibt Auskunft darüber, wie differenziert das beschaffte Volumen in Bezug auf die Artikelzahl ist. Dadurch wird dargestellt, wie effizient das Einkaufsvolumen genutzt wird. Generell ist die Anzahl verschiedenartiger Artikel, die beschafft werden, auf ein Minimum zu reduzieren. Jedoch wird bei dieser Kennzahl die monetäre Dimension vernachlässigt, was besonders aufgrund großer preislicher Unterschiede bei den verschiedenen Warengruppen und in verschiedenen Branchen ausschlaggebend ist (Abb. 4.7). Daher kann nicht abschließend beurteilt werden, inwieweit das Einkaufsvolumen tatsächlich effizient verwendet wird.

$$\textit{Artikelzahl je Mio. € des Einkaufsvolumens} = \frac{\textit{Anzahl aller Artikel}}{\textit{Gesamtes Einkaufsvolumen in Mio. €}} \tag{4.11}$$

Der *Anteil der Bestellungen mit elektronischer Rechnungsabwicklung* ergibt sich aus dem Verhältnis aus Bestellpositionen mit elektronischer Rechnungsabwicklung und der Anzahl aller Bestellpositionen. Unter elektronischer Rechnungsabwicklung werden papierlose oder über E-Invoicing abgewickelte Bestellvorgänge verstanden.[34] Die Werte lassen sich den internen Daten der Beschaffungsorganisation entnehmen. Ein hoher Prozentsatz dieser Kennzahl steht dabei für eine hohe Effizienz interner Prozesse, da Zeit und Kosten gespart und zugleich die Kontrolle der Prozesse vereinfacht werden.[35]

$$\textit{Anteil Bestellungen mit elektronischer Rechnungsabwicklung } [\%] = \frac{\textit{Bestellpositionen mit elektronischer Rechnungsabwicklung}}{\textit{Anzahl aller Bestellpositionen}} \tag{4.12}$$

Der *Anteil des Einkaufsvolumens über E-Procurement* setzt sich aus dem Einkaufsvolumen, das über E-Procurement generiert wird, im Verhältnis zum gesamten Einkaufsvolumen zusammen. E-Procurement umfasst alle Beschaffungsaktivitäten, die über das Internet ausgeübt werden. Dazu gehören Identifikation potenzieller Lieferanten, Online-Auktionen und -Kataloge, Zahlungsanweisungen, Vertragsmanagement und andere Prozesse die mit der virtuellen Beschaffung zusammenhängen.[36] Allgemein ist festzuhalten, dass durch die Anwendung von E-Procurement-Applikationen die Effizienz von Beschaffungsprozessen gesteigert und Kosten eingespart werden können. Dies resultiert in einem einfachen und schnellen Vergleich potenzieller Lieferanten und deren Verkaufs- und Produktinformationen, sowie vereinfachten Verhandlungs- und Kommunikationsprozessen. Ebenso wird das Problem, Information wiederholt in Systeme einzugeben, reduziert. Durch den Einsatz der Problemlösungen wird vor allem auch die interne Fehlerquote verringert. Zudem kann die allgemeine Markttransparenz erhöht und der Beschaffungsprozess um 50–90 % beschleunigt werden, wodurch sich auch die Prozesskosten verringern.[37] Jedoch sind E-Procurement-Systeme kostenintensiv in der Anschaffung und nicht für jede Warengruppe geeignet. Die folgenden Aspekte sind vor der Anschaffung von E-Procurement-Lösungen zu berücksichtigen[38]:

- Beim Einkauf hochpreisiger Güter können tendenziell hohe Einsparungen generiert werden.
- Bei hoher Substituierbarkeit der zu beschaffenden Waren können preiswertere Lieferanten schnell identifiziert werden.
- Bei einem intensiven Anbieterwettbewerb können Lieferanten mit dem besten Preis-Leistungs-Verhältnis einfach gefunden werden.

[34] Vgl. BME (2010, S. 41).

[35] Vgl. Klaus und Krieger (2008, S. 147).

[36] Vgl. Slack et al. (2010, S. 381 und 661); vgl. Burt et al. (2003, S. 406).

[37] Vgl. Glückstein (2011, S. 11 f.).

[38] Vgl. Slack et al. (2010, S. 382).

- Bei der Beschaffung strategischer Güter mit hohem Spezialisierungsgrad ist E-Procurement weniger gut geeignet, da die Lieferantenbeziehung im Vordergrund steht und langfristig geplant werden muss.

Generell sollte bei der Anschaffung von E-Procurement-Systemen wie bei jeder größeren Investition zwischen entstehenden Kosten und erwartenden Nutzen abgewägt werden.

$$\begin{aligned}&\textit{Anteil Einkaufsvolumen über E-Procurement}\,[\%] = \\ &\frac{\textit{Einkaufsvolumen über E-Procurement}}{\textit{Gesamtes Einkaufsvolumen}}\end{aligned} \tag{4.13}$$

Der *Anteil des Einkaufsvolumens über Online-Auktionen* ergibt sich aus dem Verhältnis aus Einkaufsvolumen über Online-Auktionen und dem gesamtem Einkaufsvolumen. Dabei werden unter Online-Auktionen alle Geschäfte subsumiert, bei denen ein Wettbewerb in Bezug auf Preisverhandlungen zwischen den Bietern besteht und die über das Internet ausgeschrieben werden. Im Einkauf sind besonders die sogenannten „Reverse Auctions" von Bedeutung, bei denen der Bedarf mit einem festgelegten Höchstpreis ausgeschrieben wird, den die potenziellen Lieferanten unterbieten können.[39] Durch diese Art der Beschaffung können Zeitersparnisse entstehen, da die Lieferanten nicht von der Beschaffungsorganisation ausgewählt werden müssen.[40] Jedoch sind Online-Auktionen relativ anonym. Der Preis steht im Fokus, Lieferantenbeziehungen sowie zusätzliche Leistungen rücken in den Hintergrund. Das kann mitunter dazu führen, dass potenzielle Langzeitlieferanten bei der Neueinführung von Online-Auktionen abgeschreckt werden. Dies ist ein Grund, warum der Anteil des Einkaufsvolumens über Online-Auktionen branchenübergreifend relativ gering ausfällt (Abb. 4.8).

$$\begin{aligned}&\textit{Anteil Einkaufsvolumen über Online-Auktionen}\,[\%] = \\ &\frac{\textit{Einkaufsvolumen über Online-Auktionen}}{\textit{Gesamtes Einkaufsvolumen}}\end{aligned} \tag{4.14}$$

Der *Anteil der aktiven Lieferanten, die E-Procurement verwenden* ergibt sich aus der Anzahl der Lieferanten, die Beschaffung über E-Procurement anbieten im Verhältnis zur Anzahl aller Lieferanten. Diese Kennzahl gibt Auskunft darüber, inwieweit eine Synchronisation der Lieferantenbasis und der Beschaffungsorganisation stattgefunden hat. Denn nur wenn beide Parteien über E-Procurement-Systeme verfügen, funktioniert die elektronische Beschaffung, können Kosten eingespart und interne Prozesse optimiert werden. Dabei kann eine Intensivierung vorliegender Lieferantenbeziehungen entstehen, da bei der Einführung von E-Procurement-Sys-

[39] Vgl. Leenders et al. (2006, S. 101); vgl. Appelfeller und Buchholz (2011, S. 225).

[40] Vgl. Slack et al. (2010, S. 381).

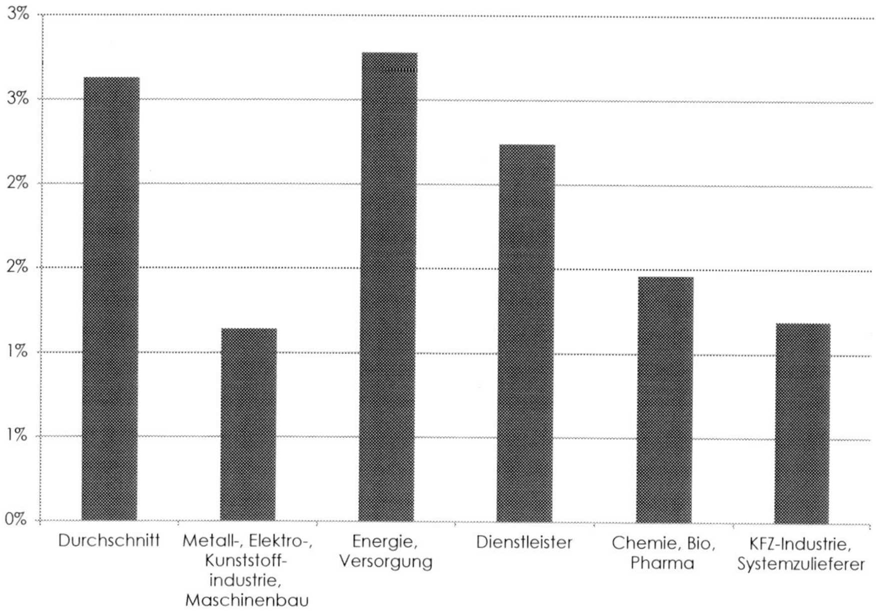

Abb. 4.8 Anteil des Einkaufsvolumens über Online-Auktionen im Branchenvergleich. (Vgl. BME 2010, S. 32)

temen häufig die Lieferantenanzahl reduziert und somit bei der verbleibenden Lieferantenbasis größere Bestellungen aufgegeben werden.[41]

$$\begin{aligned} &\textit{Anteil aktiver Lieferanten die E-Procurement verwenden } [\%] = \\ &\frac{\textit{Anzahl Lieferanten die E-Procurement verwenden}}{\textit{Anzahl aller Lieferanten}} \end{aligned} \tag{4.15}$$

Als letzte Kennzahl der prozessbezogenen Kennzahlen gibt die *Innovationsquote des Einkaufs* an, inwieweit Innovationen von der Beschaffungsorganisation generiert werden. Dies bezieht sich auf Kooperationen mit Lieferanten, die von der Beschaffungsorganisation initiiert wurden. Dabei werden Wertschöpfungsleistungen an Lieferanten weitergegeben und diese somit in interne Prozesse wie die Fertigung eingebunden. Je weiter der Lieferant in der Wertschöpfungskette von der Beschaffungsorganisation entfernt ist, desto geringer wird auch dessen Wertschöpfungstiefe in Bezug auf die in Kooperation etablierten Innovationen.[42] Durch Lieferantenentwicklung auf technischer, wirtschaftlicher, personenbezogener oder kommunikativer Ebene lassen sich Kosten einsparen und benötigte Qualifikationen aufbauen.[43]

[41] Vgl. Glückstein (2011, S. 12).

[42] Vgl. Appelfeller und Buchholz (2011, S. 123).

[43] Vgl. Appelfeller und Buchholz (2011, S. 125).

Im Allgemeinen ist eine hohe Innovationsquote positiv zu bewerten, da diese für eine intensive Zusammenarbeit zwischen der Beschaffungsorganisation und den Lieferanten steht. Sie zeigt, dass auf eine ständige Weiterentwicklung und Verbesserung des bestehenden Produktportfolios und der Prozesse Wert gelegt wird. Zudem wird so eine starke Einbindung der Beschaffungsorganisation, die hierbei als Vermittler agiert, in die Produktentwicklung gewährleistet.[44] Die Aufgabe der Beschaffungsorganisation besteht darin, die von Lieferanten entwickelten Innovationen zu analysieren und für die eigene Produktion zu nutzen. Bisher spielt das Innovationsmanagement laut einer Studie bereits eine wichtige Rolle im Einkauf, ist jedoch weitestgehend noch nicht in der Einkaufsstrategie verankert. Tendenziell soll das Innovationsmanagement allerdings verstärkt in die Beschaffungsorganisation eingebunden werden.[45]

$$\textit{Innovationsquote des Einkaufs } [\%] = \frac{\textit{Anzahl der durch den Einkauf initiierten Innovationen}}{\textit{Gesamtzahl der Innovationen}} \tag{4.16}$$

Dieser eher qualitativ orientierte Kennzahlenkomplex gibt Einblicke in die Arbeitsweise der Beschaffungsorganisation und lässt Bewertungen hinsichtlich Effizienz und Prozessoptimierungspotenzialen zu. So wird ein Überblick der Effizienz der Beschaffung gegeben und der Automatisierungsgrad durch elektronische Rechnungsabwicklung sowie E-Procurement-Maßnahmen aufgezeigt. Dies ist ein Indikator dafür, inwieweit Maßnahmen ergriffen wurden, um Zeit- und Kostenersparnisse zu generieren sowie Fehler durch beispielsweise wiederholte Eingaben zu vermeiden. Zudem wird demonstriert, inwieweit die internen Systeme mit denen der Lieferanten synchronisiert wurden. Jedoch fehlt diesen Kennzahlen die monetäre Dimension. Es sind keine unmittelbaren Rückschlüsse auf tatsächliche finanzielle Ersparnisse möglich. Zur Erfolgsmessung sollte ein Vorher-Nachher-Vergleich eingesetzt werden, der die Situation ohne und mit implementierten Automatisierungsmaßnahmen darstellt.

4.3.4 Lieferantenbezogene Kennzahlen

Im Folgenden werden die lieferantenbezogenen Kennzahlen des Einkaufs vorgestellt. Sie geben einen Überblick über die Beschaffenheit der Lieferanten und ihrer Lieferleistungen sowie über interne Merkmale der Beschaffungsorganisation. Dadurch lassen sich bestehende Lieferantenbeziehungen bewerten sowie Verbesserungsmöglichkeiten identifizieren. Zudem kann der Erfüllungsgrad gesetzter Ziele ermittelt und somit aufgezeigt werden, wo weitere Maßnahmen erforderlich sind, um den Soll-Zustand zu erreichen. Zu den lieferantenbezogenen Kennzahlen gehö-

[44] Vgl. Ernst & Young/Fraunhofer Institut für Produktionstechnologie (2009, S. 4 ff.).

[45] Vgl. Ernst & Young/Fraunhofer Institut für Produktionstechnologie (2009, S. 6).

ren die Fehlerquote, der Anteil zertifizierter Lieferanten, die Kosten für Kontrollen im Wareneingang und die Wiederbeschaffungszeit.

Die *Fehlerquote* ergibt sich aus der Zahl der Fehllieferungen im Verhältnis zur Gesamtzahl der Lieferungen und ist ein Indikator für die Qualität der Lieferanten. Diese Kennzahl bezieht sich sowohl auf die Anzahl defekter Produkte als auch auf falsch gelieferte Produkte und Fehlmengen. Liegt eine hohe Fehlerquote vor, können durch Rücksendungen sowie verstärkte Qualitätskontrollen beim Wareneingang hohe Kosten auf das Unternehmen zukommen. Zudem können Produktionsprozesse mangels benötigter Materialien verzögert werden. Daher sind die Qualitätsanforderungen grundsätzlich vor Vertragsabschluss mit dem Lieferanten abzustimmen. Fehllieferungen können jedoch auch auf Fehleingaben bei der Bestellung durch die Beschaffungsorganisation zurückzuführen sein. Ist dies der Fall, kann eine Automatisierung der Bestellvorgänge durch E-Procurement-Systeme die Fehlerquote senken, da hier die Daten nach einmaliger Eingabe im System hinterlegt sind.

$$Fehlerquote\ [\%] = \frac{Zahl\ der\ Fehllieferungen}{Gesamtzahl\ der\ Lieferungen} \tag{4.17}$$

Der *Anteil zertifizierter Lieferanten* ergibt sich aus der Anzahl zertifizierter Lieferanten im Verhältnis zur Anzahl aller Lieferanten. Zur Zertifizierung von Zulieferern werden international anerkannte Normen, wie der DIN EN ISO 9000 bzw. ISO 9001, oder Six Sigma, herangezogen. Die Normen erhalten in der Regel einen Vorgabenkatalog bezüglich des Qualitätsmanagements und eine amtliche Bescheinigung eines implementierten Qualitätssicherungssystems.[46] Über die Zertifizierung wird eine konstante Verbesserung des Qualitätsmanagements angestrebt. Insbesondere in Unternehmen mit hohen Qualitätsansprüchen sollte der Anteil zertifizierter Lieferanten so hoch wie möglich sein. Der Anteil zertifizierter Lieferanten lässt sich durch Anreize für die Zulieferer erhöhen. Dies könnte etwa durch eine Erhöhung des Einkaufsvolumens bei einem Lieferanten erfolgen, wenn dieser Qualitätsmanagementmaßnahmen ergreift.[47] Weiterhin lassen sich Qualitätsvorgaben für neue Lieferanten vertraglich festhalten, womit deren Befolgung garantiert ist. Jedoch sind mithilfe dieser Kennzahl keine Aussagen über die spezifischen Lieferanten und deren jeweilige Qualität möglich, da lediglich die Gesamtzahl der Lieferanten betrachtet wird.

$$Anteil\ zertifizierter\ Lieferanten\ [\%] = \frac{Anzahl\ zertifzierter\ Lieferanten}{Anzahl\ aller\ Lieferanten} \tag{4.18}$$

Die *Kosten für Kontrollen im Wareneingang* ergeben sich aus den Kosten pro Kontrolle im Wareneingang im Verhältnis zur Anzahl der Wareneingänge.[48] Diese Kenn-

[46] Vgl. Gienke und Kämpf (2007, S. 225).

[47] Zur Anreizsetzung von Lieferanten siehe ausführlich Abschn. 6.

[48] Vgl. Werner (2010, S. 307).

zahl sagt aus, wie viel Budget für Qualitätskontrollen verwendet werden muss und ermöglicht Rückschlüsse auf die Qualität der Lieferanten und ihrer Güter. Sind diese zertifiziert oder verfolgen mit den Käuferunternehmen abgestimmte Qualitätsanforderungen, so können die Wareneingangskontrollen reduziert, wenn nicht sogar eingestellt werden. Dementsprechend sollte diese Kennzahl eher klein ausfallen, um die Qualitätskontrollkosten möglichst gering zu halten. Allerdings lassen sich durch diese Kennzahl nur die gesamten Kontrollkosten darstellen. Die Fehlerquellen sind gesondert zu identifizieren.

$$\textit{Kosten für Kontrollen im Wareneingang} = \frac{\textit{Kosten pro Kontrolle im Wareneingang}}{\textit{Anzahl der Wareneingänge}} \tag{4.19}$$

Die *Wiederbeschaffungszeit* resultiert aus der Summe aus Zeit für Bestellauslösung, Lieferzeit und Prüf- und Einlagerzeit.[49] Anhand dieser Kennzahl lassen sich Aussagen über die durchschnittliche Dauer der Beschaffung nicht vorhandener Güter treffen. Dabei werden externe sowie interne Zeiten berücksichtigt, was bei einer langen Wiederbeschaffungszeit eine Überprüfung sowohl der Lieferanten als auch der internen Prozesse notwendig macht. Besonders bei JIT-Produktionen ist eine lange Wiederbeschaffungsdauer im Falle einer fehlenden oder fehlerhaften Lieferung meist unvorteilhaft, da es bei Verzögerungen zu Versorgungsengpässen kommen kann.

$$\textit{Wiederbeschaffungszeit} = \textit{Zeit f r Bestellausl sung} + \textit{Lieferzeit} + \textit{Pr f} - \textit{und Einlagerzeit} \tag{4.20}$$

Die lieferantenbezogenen Kennzahlen eignen sich vor allem zur Darstellung des Zielerreichungsgrades im Vergleich zu einem vorher festgelegten Soll-Wert. Besonders die Leistung der Lieferanten in Bezug auf ihre Lieferfähigkeit und Lieferqualität wird dargestellt. Die monetäre Dimension der lieferantenbezogenen Kennzahlen bedarf eines eingehenden Vergleichs der Kostenstruktur bei Verwendung zertifizierter und nicht zertifizierter Lieferanten. Zudem kann eine zusätzliche Kosten-Nutzen-Analyse von Qualitätsmanagementmaßnahmen tiefergehendere Einblicke in interne Prozesse ermöglichen.

4.3.5 Interne kundenbezogene Kennzahlen

Die internen Kunden des Einkaufs sind Schnittstellenpartner, wie Produktion, Forschung und Entwicklung. Da diese Bereiche den Einkauf als Dienstleister betrachten, haben Sie eine gewisse Erwartungshaltung an spezifische Erfolgsfaktoren des Einkaufs. Interne kundenbezogen Kennzahlen sind die Durchlaufzeit eines Einkaufsauftrages und die Kosten des Bestellvorgangs.

[49] Vgl. Schulte (2005, S. 647).

Die *Durchlaufzeit des Einkaufsauftrages* stellt die Zeitspanne vom Bearbeitungsbeginn eines Bestellauftrages bis zu seinem Bearbeitungsende dar.[50] Der Bearbeitungsbeginn wird dabei durch die Identifikation der Bestellnotwendigkeit ausgelöst. Zwischen den verschiedenen Stationen, die der Bestellauftrag durchläuft, können Wartezeiten entstehen, die möglichst minimiert werden sollten, um einen konstanten Versorgungsfluss zu garantieren und Verzögerungen zu vermeiden. Zudem sind besonders bei nachträglichen Änderungen der Bestellungen nach Abschluss des Bestellvorgangs kurze Durchlaufzeiten vorteilhaft. Auch hat die Durchlaufzeit des Einkaufsauftrages einen Einfluss auf die Lieferzeit der bestellten Waren und somit auf die Produktion.[51] Je länger die Durchlaufzeiten, desto später werden die Waren für die Fertigung bereitgestellt und freigegeben. Grundsätzlich sollte die Durchlaufzeit des Einkaufsauftrages also möglichst gering ausfallen, um Engpässe zu vermeiden. Besonders der Anteil der Wartezeit zwischen den Prozessen sollte minimiert werden, da Leerzeiten unnötige Kosten verursachen.

$$\begin{aligned}&\textit{Durchlaufzeit des Einkaufsauftrages (Tage)} =\\&\qquad \textit{Bearbeitungsende Auftrag} - \textit{Bearbeitungsbeginn Auftrag}\end{aligned} \tag{4.21}$$

Die *Kosten des Bestellvorgangs* werden häufig an interne Kunden weiter verrechnet und sind daher für diese von besonderer Bedeutung. Diese Kennzahl drückt die Höhe der internen Kosten aus, die ein Bestellvorgang verursacht und ergibt sich aus den gesamten Beschaffungsnebenkosten im Verhältnis zur Anzahl aller Bestellungen. Die Beschaffungsnebenkosten stellen die betriebsbedingten Kosten der Beschaffungsorganisation dar und setzen sich aus Personal-, Infrastruktur- Informations- und Kommunikationskosten sowie Kosten externer Einkaufsdienstleister und Kosten für Weiterbildung zusammen.[52] Die Kosten des Bestellvorgangs unterscheiden sich je nach Umsatzhöhe und Branchenzugehörigkeit, liegen jedoch durchschnittlich bei etwa 120 €.[53] Durch eine Erhöhung der Bestellmenge je Bestellung und die damit verbundene Verringerung der Anzahl der Bestellungen können die Kosten pro Bestellvorgang sinken, da sich die variablen Beschaffungsnebenkosten bei größeren Bestellmengen und geringerer Anzahl an Bestellungen verringern. Zudem verteilen sich die fixen Beschaffungsnebenkosten auf eine höhere Stückzahl. Allerdings ist bei größeren Bestellmengen mit erhöhten Lagerhaltungskosten zu rechnen (Abb. 4.9), weshalb abzuwiegen ist, bis zu welchem Grad sich eine Erhöhung der Anzahl der Bestellungen finanziell lohnt. Die optimale Bestellmenge liegt am Minimum der Gesamtkosten aus Lagerhaltungs- und Bestellkosten vor.

$$\textit{Kosten des Bestellvorgangs} = \frac{\textit{Beschaffungsnebenkosten}}{\textit{Anzahl Bestellungen}} \tag{4.22}$$

[50] Vgl. Lödding (2008, S. 29).

[51] Vgl. Lödding (2008, S. 29).

[52] Vgl. Maucher et al. (2012, S. 66); vgl. BME (2010, S. 37).

[53] Vgl. BME (2010, S. 18).

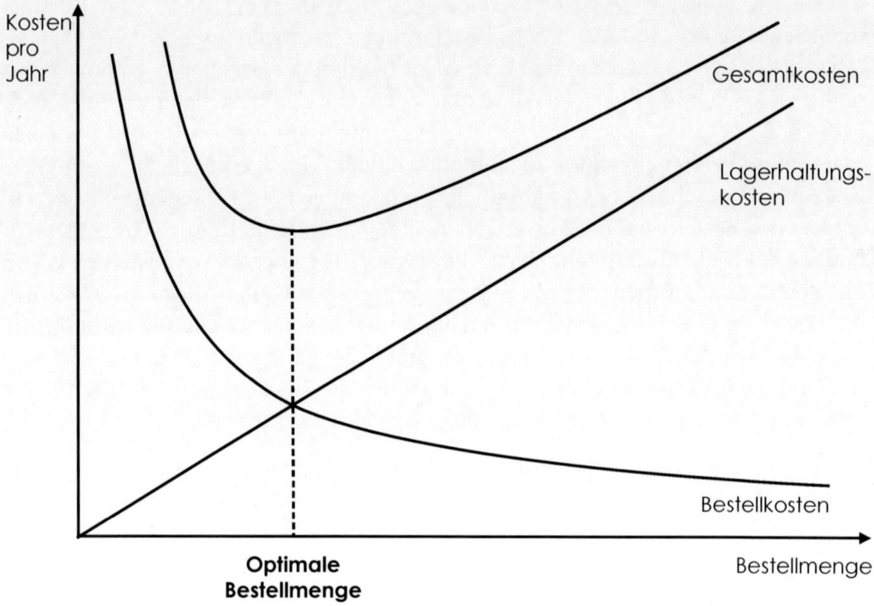

Abb. 4.9 Grafische Darstellung der optimalen Bestellmenge. (Vgl. Melzer-Ridinger 2007, S. 92)

Besonders bei Waren, die eine begrenzte Haltbarkeit haben oder technisch schnell altern, ist es möglicherweise nicht sinnvoll, größere Mengen zu bestellen, um die Bestellkosten zu verringern. Falls Produkte nicht rechtzeitig verwendet und ungenutzt entsorgt werden müssen, überwiegen die dadurch anfallenden Kosten bei Weitem die Bestellkosten. Über mehrere Jahre hinweg gemessen geben die Kosten des Bestellvorgangs zudem Auskunft über Effizienzsteigerungen durch Einführung neuer Prozesse wie E-Procurement oder automatisierte Bestellprozesse über Softwaresysteme.[54] Hierbei kann es zu signifikanten Zeitersparnissen kommen, was sich auch in finanziellen Dimensionen widerspiegelt.

Kennzahlen, die sich auf die internen Kunden des Einkaufs beziehen, sind von besonderer Bedeutung, da dadurch der Stellenwert des Einkaufs im Unternehmen beeinflusst wird. Da auch andere Unternehmensfunktionen die Kennzahlen des Einkaufs beeinflussen können, besteht hier jedoch die Herausforderung, eine klare Abgrenzung vorzunehmen.

4.4 Managementempfehlungen

Mit Hilfe der vorgestellten Ziele, Verfahren und Kennzahlen lässt sich die Erfolgsmessung in der Beschaffungsorganisation konkretisieren. Es lassen sich Aussagen über weitreichende Teilgebiete wie Finanzen, Mitarbeiter, Prozesse, Lieferanten

[54] Vgl. BME (2010, S. 5).

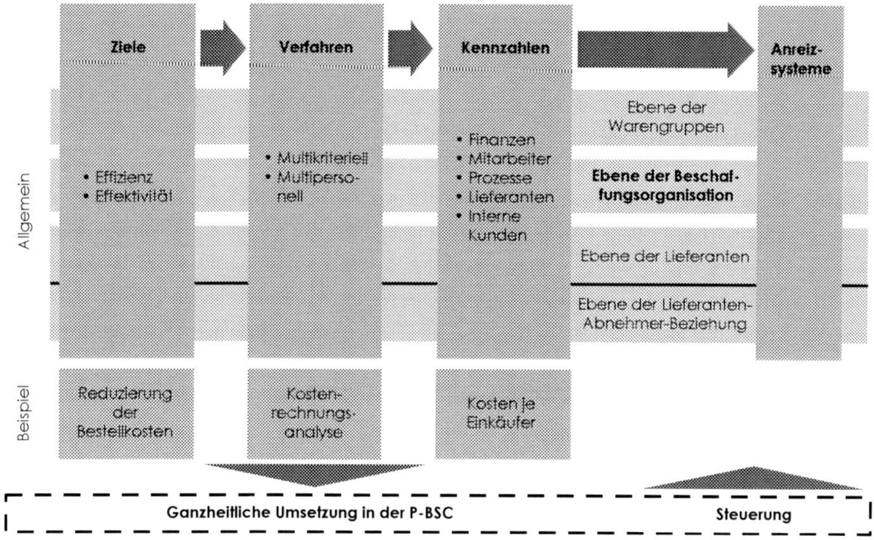

Abb. 4.10 Konzeptioneller Bezugsrahmen zur Erfolgsmessung auf der Ebene der Beschaffungsorganisation

und interne Kunden ableiten. Dies ermöglicht die Steuerung und Kontrolle der Beschaffungsorganisation sowie eine Vereinfachung von gegenwärtigen und zukünftigen Planungsprozessen. Informationen lassen sich zu aussagekräftigen Werten verdichten und Zusammenhänge werden dargestellt. Dabei wird sowohl die monetäre als auch die qualitative Dimension abgedeckt, was für profunde und umfassende Aussagen über die Situation der Beschaffungsorganisation erforderlich ist. Zudem lässt sich feststellen, in welchem Umfang gesetzte Ziele erreicht wurden und wo noch Verbesserungspotenziale bestehen. Dennoch beruhen vor allem die Kennzahlen größtenteils auf Vergangenheitswerten, was Aussagen über die Zukunft nur begrenzt möglich macht.

In Abb. 4.10 sind die wichtigsten Ziele, Verfahren und Kennzahlen der Erfolgsmessung auf der Ebene der Beschaffungsorganisation dargestellt.

Die Ziele der Erfolgsmessung auf der Ebene der Beschaffungsorganisation bestehen hauptsächlich in der Schaffung von Effizienz und der Erhöhung der Effektivität. Effizienz bezieht sich dabei auf das Verhältnis von Nutzen zu Aufwand, während Effektivität ein Maß für die Zielerreichung ist. Ein Beispiel hierfür ist die Reduzierung der Bestellkosten. Die Umsetzung der Ziele erfolgt auf der Ebene der Beschaffungsorganisation mit Hilfe von multikriteriellen sowie multipersonellen Verfahren, dabei kann die Kostenrechnungsanalyse angewendet werden. Zudem sollten Kennzahlen in den Bereichen Finanzen, Mitarbeiter, Prozesse, Lieferanten und interne Kunden erhoben werden, wozu beispielsweise die Kosten je Einkäufer gehören.

Abb. 4.11 Schematische Darstellung des „Compliance Dashboard" der Firma Insight SV

Die Messung des monetären Einkaufserfolgs auf Ebene der Beschaffungsorganisation sollte idealerweise eine „Savings-Guideline" beinhalten. Im Allgemeinen hat eine solche Richtlinie folgende Abschnitte aufzuweisen:

- Allgemeine Ziele gemäß Einkaufsstrategie wie Einstandskosten senken, Lagerbestand reduzieren, Lieferserviceniveau halten, Qualität steigern.
- Definition der Preiskomponenten zum Beispiel Fracht, Verpackung, Zahlungsbedingungen, Lagerkosten oder Entsorgung.
- Zulässige monetäre und nicht monetäre Erfolgsfaktoren wie z. B. Preise, Zahlungsbedingungen, Cost Avoidance.
- Zulässige Messverfahren zum Beispiel Periodenvergleichsverfahren oder Preisangebotsverfahren.
- Differenzierung und Festlegung der Erfolgsmessung je Warengruppe zum Beispiel Rohstoffe mit Index.
- Vorgehensweise bei Korrekturen wie die Adjustierung von Bedarfsveränderungen.
- Richtlinien zum Umgang im Streitfall.
- Verantwortlichkeiten und Berichtswege.
- Zeitpunkt und Häufigkeit der Messung.

- Vorschriften zur Darstellung der realisierten Erfolge im Zeitverlauf zum Beispiel je Warengruppe, je Einkäufer, je Region/Standort etc.
- Hinweise zur Aggregation der Erfolge.

In größeren Unternehmen ist es ratsam zur Darstellung des Einkaufserfolges ein Customizing am bestehenden ERP-System vorzunehmen und insbesondere im Artikelstamm jeweils die neu verhandelten Preise mit Verhandlungserfolg kontinuierlich zu erfassen, sodass die tatsächlich bestellten Mengen automatisch im Einsparungs-Reporting ermittelt werden können. Alternativ hierzu können Veränderungen im Kreditorenportfolio mittels eines sogenannten Unternehmens-Dashboards auf monatlicher Basis nachvollzogen werden. Wird beispielsweise im Rahmen einer Ausschreibung ein neues Lieferantenportfolio definiert und zwei Bestandslieferanten durch Neulieferanten ersetzt, könnte womöglich die Nutzung der Neulieferanten durch die Bedarfsträger mitunter schleppend voranschreiten. Eine abteilungs- oder geschäftsbereichsbezogene Auswertung des Kreditorenvolumens kann zudem helfen auf einfache Weise den Implementierungsfortschritt zu dokumentieren. Einige Unternehmen setzen hierzu spezifische Softwarelösungen ein, wie es beispielsweise das „Compliance Dashboard“ der Firma Insight SV zeigt (Abb. 4.11).

Lieferantenbewertung und Erfolgsmessung auf Ebene der Lieferanten-Abnehmer-Beziehung

5

5.1 Lieferanten und Supply Chain-Beziehungen als relevante Erfolgsdeterminante des Einkaufs

Die Einkaufsfunktion ist durch eine enge Zusammenarbeit mit Lieferanten und Dienstleistern gekennzeichnet. Der Gesamterfolg des Einkaufs wird daher neben den unternehmensinternen Erfolgsdimensionen zu einem wesentlichen Teil auch vom Erfolg der Lieferanten sowie von der Beziehung zwischen Lieferant und Abnehmer beeinflusst. Die Erkenntnis, dass auch die Beziehung zwischen Lieferant und Abnehmer einen Wert darstellt, den es zu evaluieren gilt, ist erst in jüngerer Zeit gereift. In der Wissenschaft wird das Thema zwar bereits seit einigen Jahren diskutiert, in der unternehmerischen Praxis wird der Messung der Beziehung jedoch bislang kaum Bedeutung zugemessen.

Konzepte des Supply Chain Managements, die sich auf die Lieferanten-Abnehmer-Beziehung fokussieren, sind das Supplier Relationship Management, das Vorlieferanten-Management und das Schnittstellenmanagement. Supplier Relationship Management umfasst die „proaktive Gestaltung aller Lieferbeziehungen eines Unternehmens über alle Geschäftsbereiche mit dem Ziel, durch eine bessere Zusammenarbeit mit Lieferanten und Vorlieferanten Produkte besser, schneller und zu niedrigeren Kosten zu entwickeln, zu beschaffen und herzustellen."[1] Beim Vorlieferanten-Management geht es darum, nicht nur auf die direkten Lieferanten, sondern auch auf weiter vorgelagerte Lieferanten aus der Supply Chain Einfluss zu nehmen.[2] Dabei steht vor allem um die Einhaltung von Compliance-Richtlinien im Vordergrund. Zahlreiche Beispiele haben gezeigt, dass auch Vorlieferanten, mit denen das abnehmende Unternehmen keinen direkten Kontakt hat, einen großen finanziellen und imagebezogenen Schaden verursachen können. Beim Schnittstellen-Management lassen sich „Managed Process Links" (Integration unternehmensübergreifender Prozesse in das eigene Unternehmen), „Monitored Process Links" (Überwachung unternehmensübergreifender Prozesse), „Not-Managed Process

[1] Vgl. Corsten und Hofstetter (2001, S. 130 f.).

[2] Vgl. Heß (2008, S. 210).

E. Hofmann et al., *Erfolgsmessung und Anreizsysteme im Einkauf*,
Advanced Purchasing & SCM, DOI 10.1007/978-3-642-34317-9_5,

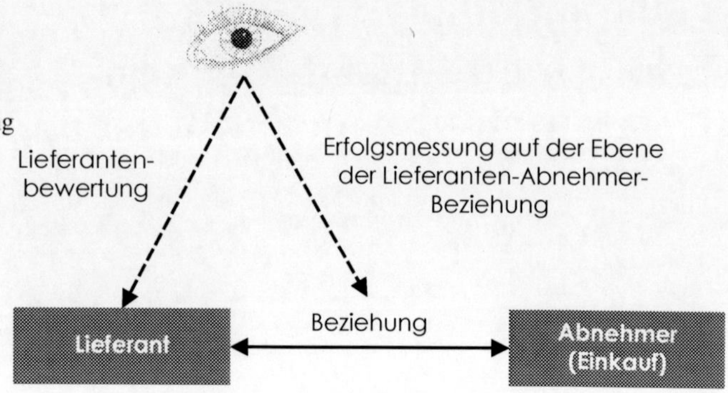

Abb. 5.1 Übersicht zur Lieferantenbewertung und zur Erfolgsmessung auf Ebene der Lieferanten-Abnehmer-Beziehung

Links“ (Gestaltung und Überwachung durch Netzwerkteilnehmer) und „Nonmember Process Links“ (Integration der Beziehungen zu Unternehmen anderer Netzwerke) unterscheiden.[3] Diese Konzepte zeigen die Vielfältigkeit der Lieferanten-Abnehmer-Beziehung sowie die Bedeutung einer individuellen Erfolgsmessung.

Im Folgenden werden daher praxistaugliche Verfahren und Kennzahlen zur Messung und Bewertung von Lieferanten einschließlich der Beziehung zwischen Lieferant und Abnehmer vorgestellt (Abb. 5.1).

5.2 Lieferantenbewertung: Messung des Erfolges von Zulieferern

5.2.1 Einführung in die Lieferantenbewertung

Die Beziehung zwischen Lieferanten und Abnehmer wird immer komplexer. Beschränkten sich historisch gesehen die Bemühungen des Einkaufs darauf, den Preis möglichst niedrig zu halten, so wird heute der adäquate Lieferant anhand zahlreicher Kriterien identifiziert. Themen wie Global Sourcing, JIT-Produktion, ISO 9000[4] oder die Integration des Lieferanten in der Supply Chain verlangen nach einer strategisch orientierten Beschaffungspolitik und einer systematischen Auseinandersetzung mit den Lieferanten. Im Folgenden werden die Notwendigkeit und Ziele der Lieferantenbewertung erläutert sowie die Vorbereitung, Verfahren und Kennzahlen zur Lieferantenbewertung beschrieben.

Notwendigkeit und Ziele der Lieferantenbewertung Die Lieferantenbewertung ist Grundlage für die Auswahl der Lieferanten, die Verhandlungen mit ihnen, die Behebung von potenziellen Schwächen sowie die weitere Förderung von Stärken. Ziele der Lieferantenbewertung sind in erster Linie die Optimierung der Anschaf-

[3] Vgl. Pfohl (2004, S. 134).

[4] ISO 9001: 2000 schreibt eine systematische Lieferantenbewertung vor (vgl. http://www.iso9001.qmb.info).

fungskosten und die Gewährleistung der Versorgungssicherheit.[5] Hinzu kommen die Objektivierung und die Optimierung der Lieferantenauswahl. Durch die Verringerung der Gesamtanzahl der Lieferanten sollen Skaleneffekte ausgenutzt und der logistische Aufwand minimiert werden. Doch nicht nur die Auswahl der Zulieferer ist ein Ziel der Lieferantenbewertung, sondern auch die Entwicklung und die Pflege der bestehenden Lieferanten. Es sollen Schwachstellen ausfindig gemacht und mit gezielten Maßnahmen behoben werden. Dank einer sorgfältigen Lieferantenbewertung werden nur die besten Lieferanten ausgewählt, wodurch die Wareneingangs- und die Qualitätsprüfung aufgrund der höheren Qualitätszuverlässigkeit minimiert, im Idealfall sogar ganz eliminiert, werden können. Zudem lassen sich Sicherheitsbestände abbauen, wie durch Vereinbarung verbrauchsorientierter Lieferungen.[6] Doch nicht nur die einkaufenden Unternehmen profitierten von einer ausgewogenen Bewertung. Lieferanten erhalten zudem Informationen über ihre eigene Leistungsfähigkeit und können anfällige Schwachstellen verbessern und somit die eigenen Kosten minimieren. Zudem stehen für leistungsfähige Lieferanten die Chancen gut, eine Vertragsverlängerung zu erhalten. Dadurch wird das Absatzvolumen gesichert und die Geschäftstätigkeiten als Ganzes können ausgewogen gestaltet sowie Kapazitäten und Ressourcen bestmöglich ausgelastet werden.[7]

Die Bewertung der Lieferanten bringt jedoch nicht nur Vorteile, sondern geht auch mit Aufwendungen einher. Die Höhe der Durchführungsaufwendungen hängt vom Umfang und der Detailliertheit der nötigen Informationsbeschaffung ab. Da der Nutzen und die Kosten nur schwer zu bestimmen sind, empfiehlt es sich, lediglich die A-Lieferanten vertieft zu evaluieren.[8] Mit Hilfe der ABC-Analyse lassen sich ohne größeren Aufwand die wesentlichen A- von den unwesentlichen C-Lieferanten trennen. Dazu werden die Lieferanten nach ihrem Anteil am gesamten Beschaffungswert geordnet. Im folgenden Beispiel machen 8 % der Lieferanten 74 % des Beschaffungswertes aus (A-Lieferanten), 34 % der Lieferanten erbringen 24 % des Beschaffungswertes (B-Lieferanten) und der größte Teil der Lieferanten (58 %) macht nur noch 2 % des Beschaffungswertes aus (C-Lieferanten) (Abb. 5.2).

Es ist jedoch zu beachten, dass der Beschaffungswert alleine nicht entscheidend ist, ob eine Lieferantenbewertung durchzuführen ist oder nicht. So sollten auch kritische und Sicherheitsfaktoren in die Bewertung miteinbezogen werden, wenn sie für die spätere Qualität des Produktes von Relevanz sind.[9]

Vorbereitung zur Lieferantenbewertung Um eine Lieferantenbewertung durchführen zu können, sind zuerst Kriterien festzulegen, anhand welcher die Zulieferer beurteilt werden sollen. Um die Lieferantenbewertung zu vereinfachen, werden so genannte K.O.-Kriterien vorgeschaltet. Diese Ausschluss-Kriterien dienen als Filter. Lieferanten, welche die K.O.-Kriterien nicht erfüllen, kommen als potenzielle Zulie-

[5] Vgl. Hartmann et al. (1992, S. 19).

[6] Vgl. Janker (2004, S. 78).

[7] Vgl. Hartmann et al. (1992, S. 25).

[8] Vgl. Urban (1998, S. 261).

[9] Vgl. Hartmann et al. (1992, S. 25).

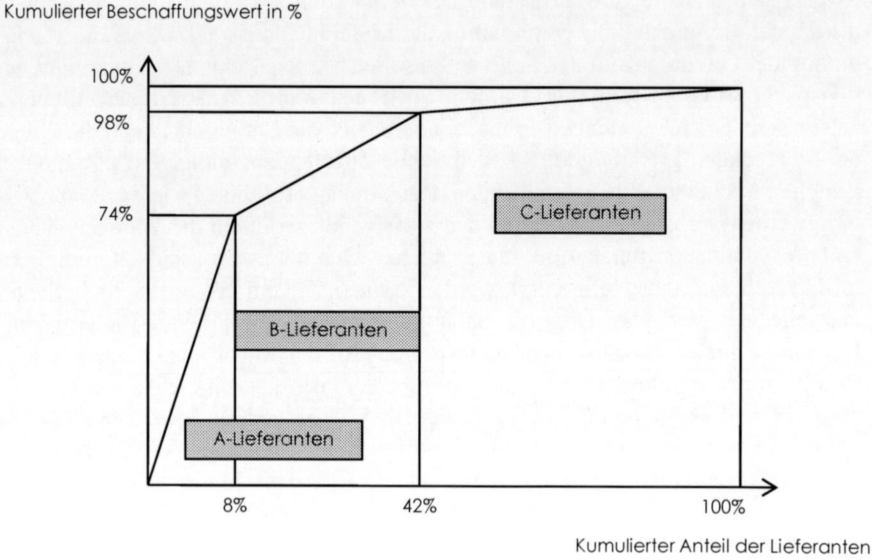

Abb. 5.2 Exemplarische ABC-Analyse zur Bestimmung der relevanten Zulieferer für eine detailliertere Lieferantenanalyse im Einkauf. (Vgl. Urban 1998, S. 262)

ferer nicht in Frage und müssen daher nicht mehr bewertet werden. Solche K.O.-Kriterien können beispielsweise die Existenz eines Qualitätssicherungssystems (z. B. ISO 9000) oder eine maximale Entfernung zum Lieferanten sein. Ob ein Kriterium zu den K.O.-Kriterien oder zu den „normalen" Kriterien gehören, ist von der jeweiligen Beschaffungssituation des Unternehmens abhängig. Trotz des Vorschaltens von Ausschluss-Kriterien verbleiben meist immer noch viele Lieferanten, die es anhand von Haupt- und Unterkriterien – wie in Abb. 5.3 aufgelistet – zu bewerten gilt.[10]

Wie viele und welche Kriterien bei der Lieferantenbewertung berücksichtigt werden, hängt von der jeweiligen Beschaffungssituation ab. So kann aus Zeit- oder Kostengründen nur eine Ein-Faktor-Analyse durchgeführt werden. Dabei wird lediglich ein Kriterium, wie zum Beispiel der Preis, berücksichtigt. Dies ist jedoch nur bei unwichtigen Lieferanten mit geringem Einkaufsvolumen empfehlenswert.[11] Je komplexer die Beziehung zum Lieferanten wird, desto größer wird auch die Anzahl der Kriterien, womit allerdings auch die Informations-, Mess- und Bewertungsprobleme zunehmen.[12] Sind die Kriterien festgelegt, so können sie nach ihrer Relevanz gewichtet werden – beispielsweise in Prozent. So bekommt das wichtigste Kriterium die höchste Gewichtung und das unwichtigste die niedrigste. Die Summe der Gewichte sollte dabei 100 % nicht übersteigen.

[10] Vgl. Urban (1998, S. 267 f.).

[11] Vgl. Janker (2008, S. 86).

[12] Vgl. Hartmann et al. (1992, S. 26).

Preis und Konditionen
- Angebotspreis
- Rabatte
- Boni
- Verpackungskosten
- Zahlungsbedingungen
- Vorauszahlungen
- Entsorgungskosten

Service
- Objektgarantie
- Kulanzverhalten
- Nachkaufsicherheit
- Kundendienst
- Beratung
- Schnelle Bearbeitung
- Gründlichkeit

Bonität und Finanzkraft
- Kapitalausstattung
- Liquidität
- Umsatz
- Cash Flow
- Gesellschaftsform
- Haftung
- Image
- Kompetenz des Managements

Informations- und Kommunikationsleistung
- Kommunikationsbereitschaft
- Know-how-Transfer
- Anwendungsberatung
- Internet-Technologien
- www-Angebot
- Datenschutz
- Offenheit
- Kooperationsbereitschaft
- Verhalten bei Verhandlungen
- Vertrauenswürdikeit
- Vorabinformation bei Störungen

Innovationsleistung
- Technologische Kompetenz
- Entwicklungspotenzial
- F&E-Kapazitäten
- Innovationsrate
- Erfolgsrate

Qualitätsleistung
- Produktqualität
- Erfahrung des Lieferanten
- Qualifikationsniveau der Mitarbeiter
- Technologiestand
- Zertifizierung (ISO 9000:2000)
- Leistungskonstanz
- Einsatzvariabilität
- Werbewert des Lieferanten
- Qualitätsphilosophie

Mengenleistung
- Mindestliefermenge
- Mengenflexibilität
- Hohe Auftragsmengen
- Mengenkonstanz

Logistikleistung

Zeitleistung
- Kurze Lieferzeiten
- Maßnahmen zur
- Durchlaufzeitoptimierung
- Terminzuverlässigkeit
- Flexible Termingestaltung

Ortsleistung
- Entfernung zum Abnehmer
- Lagerstellenzugänglichkeit
- Transportanbindung
- Lieferortflexibilität

Lieferleistung
- Lieferzuverlässigkeit
- Liefertreue
- Exklusivbelieferung
- Verarbeitungsgerechte Anlieferung
- Verpackungs- und Transportschutz

Umweltleistung
- Umweltverträglichkeit
- Recyclingbereitschaft

Know-how
- Material
- Verfahren
- Problemlösung
- Kreativität
- Patente

Abb. 5.3 Kriterien der Lieferantenbewertung. (Vgl. Hartmann et al. 1992, S. 32; vgl. Janker 2008, S. 96)

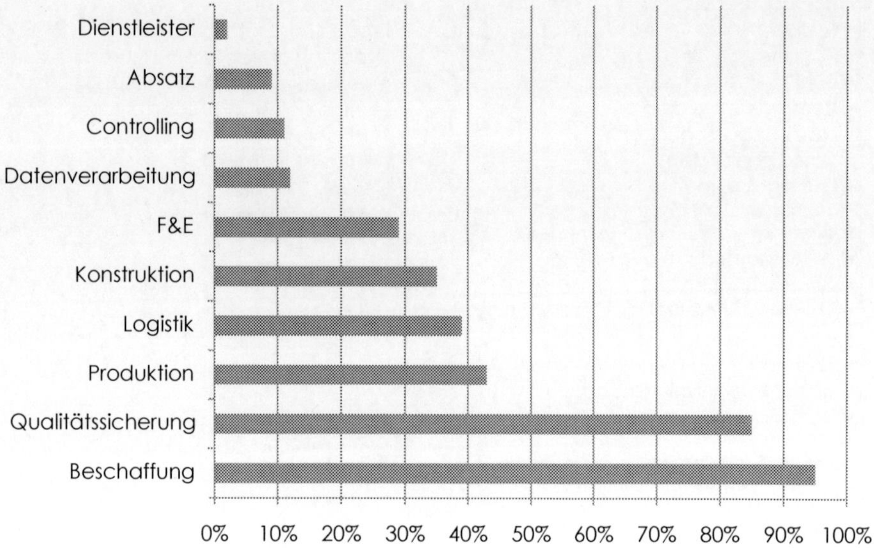

Abb. 5.4 An der Lieferantenbewertung beteiligte Unternehmensbereiche. (Vgl. Janker 2008, S. 161)

Zuständige Unternehmensbereiche für die Lieferantenbewertung Um die Bewertung der Lieferanten möglichst ausgewogen zu gestalten und eine höhere Akzeptanz der Ergebnisse zu erreichen, sind möglichst viele Unternehmensbereiche in den Prozess einzubinden – sowohl bei der Auswahl der Kriterien als auch bei deren Bewertung. Dabei stellt sich die Frage, wer die eigentliche Evaluierung durchführt, wobei qualitative und quantitative Kriterien zu unterscheiden sind. Eine Herausforderung besteht unter anderem darin, sich über die Funktionsbereiche hinweg auf adäquate Messgrößen zu einigen. Idealerweise wird die Bewertung auf die Fachbereiche aufgeteilt, die vom jeweiligen Kriterium betroffen sind. So bewertet die Qualitätssicherung die Produktqualität, das Qualitätssystem und das Qualitätsbewusstsein, die F&E-Abteilung bewertet die Innovationsbereitschaft sowie das Entwicklungspotenzial und -leistung und der Einkauf beurteilt die Preis- und Kostendisziplin, die Kommunikation und die Flexibilität des Lieferanten.[13]

Wie eine Studie (s. Abb. 5.4) zeigt, sind die Beschaffung und die Qualitätssicherung die zwei Bereiche, die am häufigsten in den Prozess der Lieferantenbewertung involviert sind. Durchschnittlich sind 3,8 Fachbereiche an der Lieferantenbewertung beteiligt.[14]

Informationsquellen der Lieferantenbewertung Um die Kriterien der eigentlichen Bewertung zuzuführen, ist eine Vielzahl von Informationen notwendig. An

[13] Vgl. Hartmann et al. (1992, S. 35 f.).

[14] Vgl. Janker (2008, S. 161).

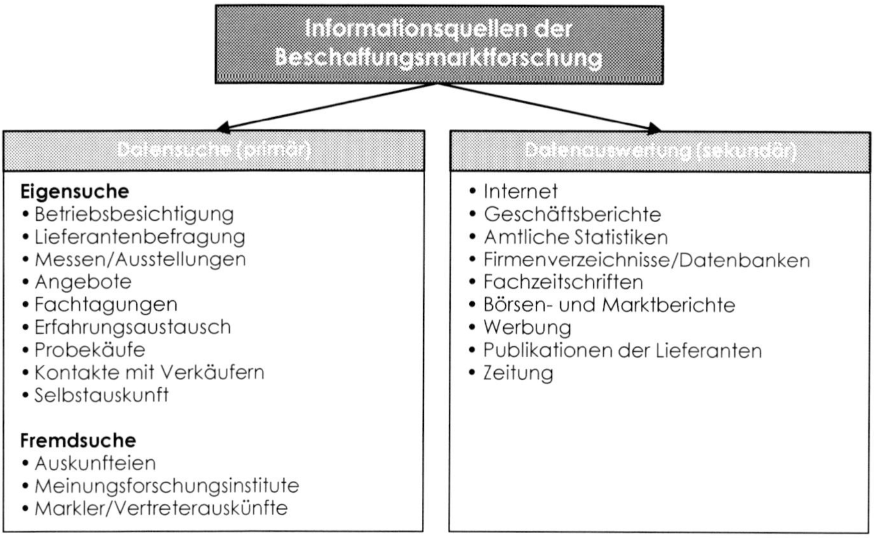

Abb. 5.5 Informationsquellen der Beschaffungsmarktforschung. (Vgl. Koppelmann 2004, S. 359; vgl. Janker 2008, S. 35)

diese Informationen zu gelangen, ist jedoch nicht immer trivial. Grundsätzlich sind zwei Situationen zu unterscheiden: Erstens die Bewertung von bestehenden Lieferanten und zweitens die Bewertung bzw. Auswahl neuer Lieferanten. Bei bestehenden Zulieferern kann auf Erfahrungen, Dokumentationen und Auswertungen der Vergangenheit zurückgegriffen werden. Im Gegensatz dazu liegen relevante Informationen über potenzielle neue Lieferanten meist nicht im erforderlichen Umfang vor und müssen zuerst ermittelt werden.[15] Die benötigten Informationen lassen sich durch primäre oder sekundäre Quellen eruieren. Sekundäre Informationsquellen sind Daten, die bereits vorhanden sind und ausgewertet werden müssen. Bei der Primärforschung bemüht man sich um neue Informationen, welche selbst bzw. durch externe Stellen zu recherchieren sind.[16] Abbildung 5.5 stellt die möglichen Informationsquellen überblickartig vor.

5.2.2 Verfahren der Lieferantenbewertung

Überblick Da die Anforderungskriterien und die Beschaffungssituationen einkaufender Unternehmen sehr unterschiedlich sind, gibt es kein allgemein gültiges Verfahren der Lieferantenbewertung. Grundsätzlich können die Verfahren in qualitative und quantitative Ansätze unterteilt werden. Die quantitativen Verfahren arbeiten mit messbaren Informationen, dadurch lässt sich die Beziehung zwischen den Variablen

[15] Vgl. Liepold (2011, S. 6).

[16] Vgl. Koppelmann (2004, S. 358).

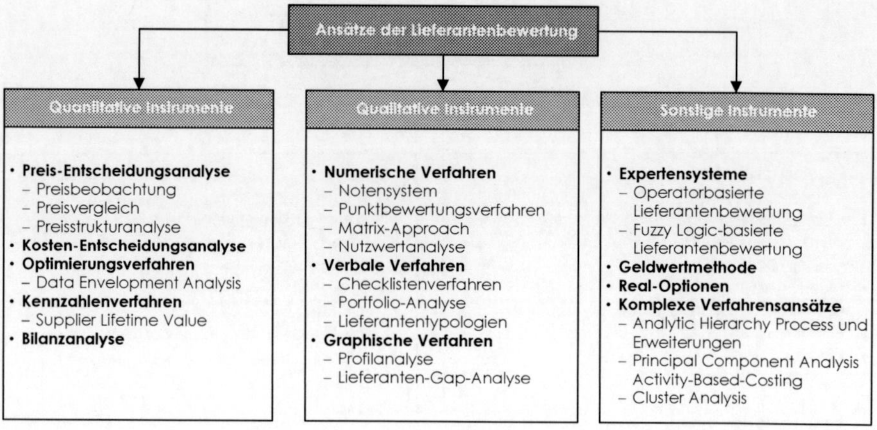

Abb. 5.6 Überblick über die Ansätze der Lieferantenbewertung. (Vgl. Rennemann 2007, S. 45 ff.; vgl. Janker 2008, S. 101 ff.)

in einer mathematisch auswertbaren Form erfassen und eine eindeutige Lösung bestimmen. Qualitative Modelle erfassen entweder grundsätzliche Einflüsse, ohne das genaue Ausmaß zu kennen, oder sie arbeiten mit subjektiven Einschätzungen und Meinungen. Je nach Interpretation und individuelle Kenntnisse sowie der persönlichen Einstellung variieren die Lösungsresultate der qualitativen Ansätze.[17] Eine eindeutige Zuordnung ist jedoch nicht immer möglich, da einige Ansätze sowohl qualitative als auch quantitative Aspekte beinhalten. Die Einteilung in Abb. 5.6 erfolgte in Grenzfällen danach, ob die Ansätze im Kern grundsätzlich qualitativ oder quantitativ sind. Sind die Verfahren jedoch eine Mischform von quantitativen und qualitativen Kriterien und können nicht eindeutig der ersten oder zweiten Kategorie zugeteilt werden, so gehören sie zur Gruppe „sonstige Instrumente".

Im Folgenden wird zuerst das Punktebewertungsverfahren anhand eines in der Praxis sehr verbreiteten Modells der Lieferantenbewertung erläutert. Danach wird die Data Envelopment Analysis vorgestellt, die es erlaubt, den Lieferanten erfolgsversprechende Verbesserungspotenziale aufzuzeigen. Im Anschluss daran wird die Fuzzy Logic, die qualitative Kriterien sprachlich erfasst, beschrieben. Der Supplier Lifetime Value, der vor allem zukunftsorientiert ist und die Lieferanten als Investitionsobjekte sieht, schließt die Erörterung der ausgewählten Verfahren der Lieferantenbewertung ab.

Punktbewertungsverfahren

Methode Das Punktbewertungsverfahren ist weit verbreitet und wird in der Praxis in verschiedenen Arten eingesetzt. Die drei häufigsten sind das Höchstzahlverfahren (100-Punkte-Verfahren), das Prozentbewertungssystem und das Scoring-Modell, wobei sich die ersten beiden Modelle sehr ähneln.[18] Beim Prozentbewertungs-Mo-

[17] Vgl. Adam (1996, S. 81 f.).

[18] Vgl. Refflinghaus (2000, S. 32).

Zielkriterien	max.	Lieferant 1	Lieferant 2	Lieferant 3
Mengenleistung	5	4	2	4
Qualitätsleistung	25	15	20	25
Logistikleistung	20	10	15	15
Entgeltleistung	15	10	10	12
Serviceleistung	15	12	5	15
Innovationsleistung	15	10	15	10
Umweltleistung	5	2	3	3
Summe	**100**	**63**	**70**	**84**

Abb. 5.7 100-Punkte-Systematik für die Lieferantenbewertung

dell werden für die Kriterien prozentuale Erfüllungsgrade ermittelt und mit einer vorher festgelegten Gewichtung multipliziert. Das Scoring-Modell teilt die Kriterien zusätzlich in Unterkriterien auf und gewichtet sie nach ihrer Bedeutung. Multipliziert man nun die Gewichtung mit der Punktzahl der Kriterien und addiert alle Ergebnisse, so erhält man den so genannten Score-Index. Der Lieferant mit dem höchsten Index gilt als bester Lieferant.[19]

Beispiel Bei der 100-Punkte-Bewertung können maximal 100 Punkte erreicht werden. Die 100 Punkte werden auf die Zielkriterien aufgeteilt. So können die Lieferanten bei der Entgeltleistung maximal 15 Punkte erreichen. Sind bei allen Zielkriterien Punkte vergeben worden, so werden sie addiert.

Im Abb. 5.7 dargestellten Beispiel der 100-Punkte-Bewertung wurden 3 Lieferanten anhand von 7 Zielkriterien evaluiert. Dabei haben sie unterschiedlich viele Punkte erhalten. Die Summe der Punkte kann nun wie folgt interpretiert werden.

Einstufung:

Ausgezeichnet: 95-100 Punkte
Bevorzugt: 85-94 Punkte
Geeignet: 70-84 Punkte
Nicht annehmbar: unter 70 Punkten

Im dargestellten Beispiel erzielte Lieferant 3 mit 84 von 100 möglichen Punkten das beste Resultat. Lieferant 2 hat 71 Punkte und ist somit gerade noch als Zulieferer geeignet. Lieferant 3 gilt mit 63 Punkten als nicht annehmbar – seine evaluierte Leistung ist nicht zufriedenstellend. Das beschaffende Unternehmen kann nun die-

[19] Vgl. Janker (2008, S. 120).

sen Lieferanten aufrufen innerhalb einer bestimmten Frist geeignete Verbesserungsmaßnahmen zu ergreifen oder ihn aus dem Lieferantenpool entfernen.[20]

Kritische Würdigung Das Punktebewertungsverfahren ist intuitiv leicht verständlich, unkompliziert anzuwenden und zu analysieren. Zudem können jegliche Kriterien in die Bewertung mit aufgenommen werden. Ein Nachteil ist jedoch, dass die Gewichtung der Kriterien subjektiv festzusetzen ist und auch die Punktevergabe von der bewertenden Person abhängt. Die subjektiven Einflüsse lassen sich reduzieren, indem mehrere Personen aus unterschiedlichen Fachbereichen, wie der Produktion, Konstruktion, Qualitätssicherung und Beschaffung, die Gewichtung der Kriterien übernehmen und die Punktevergabe von den jeweiligen Bereichen durchgeführt wird, die das Kriterium betrifft. So würde beispielsweise die Qualitätssicherung die Bewertung des Zielkriteriums Qualitätsleistung übernehmen.

Data Envelopment Analysis

Methode Die Data Envelopment Analysis (DEA) ist ein mathematisches Optimierungsverfahren, das erstmals von Charnes, Cooper und Rhodes vorgestellt wurde – daher auch CCR-Modell genannt.[21] Das DEA-Modell berechnet die relative Effizienz der „Decision-Making Units“ (DMU) bzw. Entscheidungseinheiten aufgrund verschiedener In- und Outputs. Im Fall der Lieferantenbewertung sind die verschiedenen Lieferanten die DMUs. Die Effizienz der einzelnen DMUs wird definiert durch den Quotienten der gewichteten Summe des Input-Wertes und der gewichteten Summe des Output-Wertes.[22] Für den Output gilt die Regel „je mehr desto besser“ und dementsprechend für den Input „je weniger desto besser“. Der Preis zählt zu den Input-Variablen, denn für ihn gilt: „je tiefer desto besser“. Mathematisch lässt sich dies wie folgt darstellen:

$$\max \frac{\sum_{j=1}^{J} v_{jm} y_{jm}}{\sum_{i=1}^{I} u_{im} x_{im}} \tag{5.1}$$

unter den Bedingungen:

$$0 \leq \max \frac{\sum_{j=1}^{J} v_{jm} y_{jm}}{\sum_{i=1}^{I} u_{im} x_{im}} \leq 1; \quad n = 1, 2, \ldots, N$$

$$v_{jm}, u_{jm} \geq \varepsilon > 0; \quad i = 1, 2, \ldots, I; \quad j = 1, 2, \ldots, J$$

Im Zähler steht die Summe der gewichteten Output-Menge, wobei v_{jm} für die Gewichtung des Outputs und y_{jm} für die Menge des Outputs steht. Der Buchstabe *m*

[20] Vgl. Hartmann et al. (1992, S. 23 f.).

[21] Vgl. Wu und Blackhurst (2001, S. 4595); vgl. Charnes et al.(1978, S. 429 ff.).

[22] Vgl. Ramanathan (2007, S. 259 f.).

bezeichnet die berechnete DMU, j den Output. Im Nenner wird das gleiche für den Input i berechnet. Die Bedingung, dass der Quotient zwischen Null und Eins liegen muss, ergibt sich daher, dass der Output nicht größer als der Input sein darf. Die Gewichtungsfaktoren werden mit Hilfe der linearen Optimierung so festgelegt, dass sich ein maximaler Effizienzwert zwischen Null und Eins ergibt. Eine DMU gilt als DEA-effizient, wenn sie den Wert Eins erreicht, andernfalls als ineffizient. Zuerst wird die „Efficient Frontier" bzw. der effiziente Rand festgelegt, welcher durch die effizienteste DMU determiniert wird. Der effiziente Rand entspricht der „Best-Practice"-Produktionsfunktion. Relativ dazu wird danach die Effizienz der restlichen DMUs berechnet.

Um entweder den Input oder den Output separat zu betrachten, ist der Nenner bzw. der Zähler gleich Null zu setzen. Möchte man den Output maximieren, so ist der Nenner gleich Eins zu setzen. Um den Input zu minimieren, wird der Zähler gleich Eins gesetzt.[23] Folgend die Berechnung für die Output-Maximierung:

$$\max \sum_{j=1}^{J} v_{jm} y_{jm} \tag{5.2}$$

unter den Bedingungen:

$$\begin{aligned}
&\sum_{i=1}^{I} u_{im} x_{im} = 1,\\
&\sum_{j=1}^{J} v_{jm} y_{jm} - \sum_{i=1}^{I} u_{im} x_{im} \leq 0; \quad n = 1, 2, \ldots, N,\\
&v_{jm}, u_{im} \geq \varepsilon; \quad i = 1, 2, ..., I; \quad j = 1, 2, \ldots, J.
\end{aligned}$$

Beispiel Das Unternehmen in diesem Beispiel hat 400 Lieferanten und über 8.000 Einzelteile. Ziel ist es, die Anzahl der Lieferanten zu reduzieren, um bessere Beziehungen zu den Lieferanten aufbauen zu können. Des Weiteren sollen die Bestellkosten und der Preis der Einzelteile reduziert werden um die Qualität der Einzelteile zu steigern. Im Rahmen eines vereinfachten DEA-Modells sollen nun die fünf wichtigsten Bewertungskriterien beachtet werden. In diesem Fall sind das die Anzahl der Einzelteile, die Qualität der Einzelteile, die Distanz, die Lieferleistung und der Preis. Die Anzahl der Einzelteile pro Lieferant wird als Output-Größe (je mehr desto besser) gesehen, da die Anzahl der Lieferanten reduziert werden soll und somit die Anzahl der Einzelteile pro Lieferant steigt. Die Qualität der Einzelteile zählt ebenfalls zum Output. Zu den Inputs gehört der Preis, unter welchem die Stückkosten und die Verpackungskosten fallen. Ebenfalls zu dieser Kategorie gehört die Lieferleistung. Damit sind die Überschuss- und Fehlbestände, sowie Expresslieferungen gemeint. Für die Distanz zwischen dem Kunden und dem Lieferanten gilt ebenso die Input-Regel „je weniger desto besser". Das Unternehmen teilte alle Lieferanten in 18 Warengruppen ein. Die Lieferanten der gleichen Gruppe, können als gleich-

[23] Vgl. Ramanathan (2007, S. 260).

Lieferanten	Liefervarietät	Qualität	Distanz (km)	Lieferleistung (%)	Preis (%)	Effizienzwert	Peer-Group
1	2	100.00	401	90	100	1.000	-
2	13	99.79	1035	80	100	0.836	12, 15
3	3	100.00	1149	90	100	0.930	12, 15
4	3	100.00	2911	90	100	0.930	12, 17
5	24	99.83	383	90	100	0.935	10, 12, 15
6	28	96.59	388	90	100	0.899	10, 12, 15
7	1	100.00	2260	85	100	0.884	12, 17
8	24	100.00	1584	97	100	0.995	10, 12, 17
9	11	99.91	1032	90	100	0.931	12, 15
10	53	97.54	946	100	100	1.000	-
11	10	99.95	388	95	100	0.991	12, 15
12	7	99.85	912	98	100	1.000	-
13	19	99.97	912	90	100	0.943	12, 15
14	12	91.89	1556	90	100	0.854	10, 12, 17
15	33	99.99	1022	95	80	1.000	-
16	2	100.00	1279	95	100	0.975	12, 15
17	34	99.99	1109	95	80	1.000	-
18	9	99.36	1469	85	100	0.878	12, 15

Abb. 5.8 Data Envelopment Analysis Resultate der Warengruppe „Hydraulikventile“ im Bereich der Lieferantenbewertung. (Vgl. Liu et al. 2000, S. 149)

artig gesehen werden und sind somit potenziell austauschbar. Unersetzliche Lieferanten werden von der DEA-Berechnung ausgeschlossen (Abb. 5.8).[24]

Die Berechnung zeigt, dass die Lieferanten 1, 10, 12, 15 und 17 einen Effizienzwert von 1 haben und somit als DEA-effizient gelten. Weiter zeigt sich, dass Lieferant 2 und 14 die zwei schlechtesten Effizienzwerte der Gruppe haben. Die von ihnen bezogenen Einzelteile können nun auf die anderen Lieferanten mit höheren Effizienzwerten verteilt werden. Die Lieferleistung des Lieferanten 2 liegt laut der Analyse bei 80 %. Verteilt man nun die Einzelteile des Lieferanten Nr. 2 auf den „effizienten“ Lieferanten 15, dessen Lieferleistung bei 95 % liegt, so kann die Lieferleistung um 15 % gesteigert werden. Dementsprechend lässt sich bei einer Verteilung der Einzelteile von Lieferant 14 die Qualität um mehr als 5 % steigern, wenn sie auf einen Lieferanten mit dem Effizienzwert 1 umverteilt werden. Hinzu kommt, dass die Gesamtzahl der Lieferanten um zwei reduziert wird. Für die anderen ineffizienten Lieferanten (3–9, 11, 13, 16 und 18) werden Verbesserungsziele für die In- und Output-Werte erstellt, die aufzeigen, was zu verbessern ist, um die Effizienz zu steigern. Dies bewirkt zum Beispiel, dass viele Lieferanten effizienter werden, wenn sie die Entfernung zum Kunden verringern würden. Ein abgelegener Lieferant könnte also seine Effizienz signifikant verbessern, indem er ein lokales Distributions-Center eröffnen oder beim Abnehmer ein Konsignationslager einrichten würde.[25]

[24] Vgl. Liu et al. (2000, S. 145 ff.).

[25] Vgl. Liu et al. (2000, S. 148).

Kritische Würdigung Zwischen 1978 und 1992 wurden 472 Artikel, Bücher und Dissertationen zum Thema Data Envelopment Analysis publiziert.[26] Doch trotz des großen Interesses der Wissenschaft wird das DEA-Modell in der Praxis nur selten verwendet. Dies kann an der komplexen mathematischen Berechnungen liegen oder an der aufwendigen und schwierigen Interpretation der Ergebnisse.[27] Das Modell ist jedoch recht einfach zu implementieren, da zahlreiche Softwareprogramme existieren, die speziell für DEA-Berechnungen entwickelt wurden.[28] Beispiele dafür sind die KonSi DEA Analysis, der DEA-Solver-Pro oder die DEA-Frontier.[29] Eine Besonderheit der Modelle ist, dass sich Handlungsempfehlungen für die Lieferanten ableiten lassen. Es kann genau aufgezeigt werden, in welchen Bereichen sich die Lieferanten verbessern müssen, um effizienter zu werden. Doch leider wird nur die relative Effizienz berechnet und es kann daher keine Aussage über den absoluten Grad der Wirtschaftlichkeit gemacht werden. Zudem hängen die Ergebnisse stark davon ab, wie viele und welche In- und Outputs beachtet werden und ob genügend Referenzeinheiten zur Verfügung stehen. Bei vielen In- und Outputs und wenigen Referenzeinheiten besteht die Gefahr, dass viele Lieferanten den Effizienzwert Eins erreichen und somit ein Vergleich erschwert wird.[30]

Fuzzy Logic

Methode Die Fuzzy Logic wurde erstmals 1965 von Lofti Zadeh vorgestellt.[31] Die „unscharfe Logik" lässt im Gegensatz zur „scharfen Logik", die nur schwarz/weiß bzw. wahr/falsch kennt, auch Grauzonen zu. Der Übergang von wahr (1) zu falsch (0) ist fließend und die Realität somit besser abzubilden.[32] Der Prozess der Fuzzy Logic lässt sich grundsätzlich in drei Schritte einteilen:

- Fuzzifizierung
- Inferenz
- Defuzzifizierung

Zunächst findet die Fuzzifizierung statt, wobei die Eingangsparameter in unscharfe Begriffe wie gut, mittel, schlecht, übersetzt werden. Im Prozess der Inferenz werden danach die „unscharfen" linguistischen Daten durch WENN-DANN-Regeln miteinander verknüpft. Diese so genannten Experten-Regeln werden aufgrund von Erfahrungen der Einkäufer und der Philosophie des Unternehmens gebildet.[33] Das daraus resultierende „unscharfe" Ergebnis wird danach durch den Prozess der De-

[26] Vgl. Charnes et al. (1994, S. 437).

[27] Vgl. Sibbel (2004, S. 190).

[28] Vgl. Weber (1996, S. 37).

[29] Weitere Softwareprogramme sind auf www.opendea.de zu finden.

[30] Vgl. Ramanathan (2007, S. 260).

[31] Vgl. Morlock und Nachtrab (1997, S. 30).

[32] Vgl. Przygodda und Ferreras (2004, S. 29).

[33] Vgl. Morlock und Nachtrab (1997, S. 31).

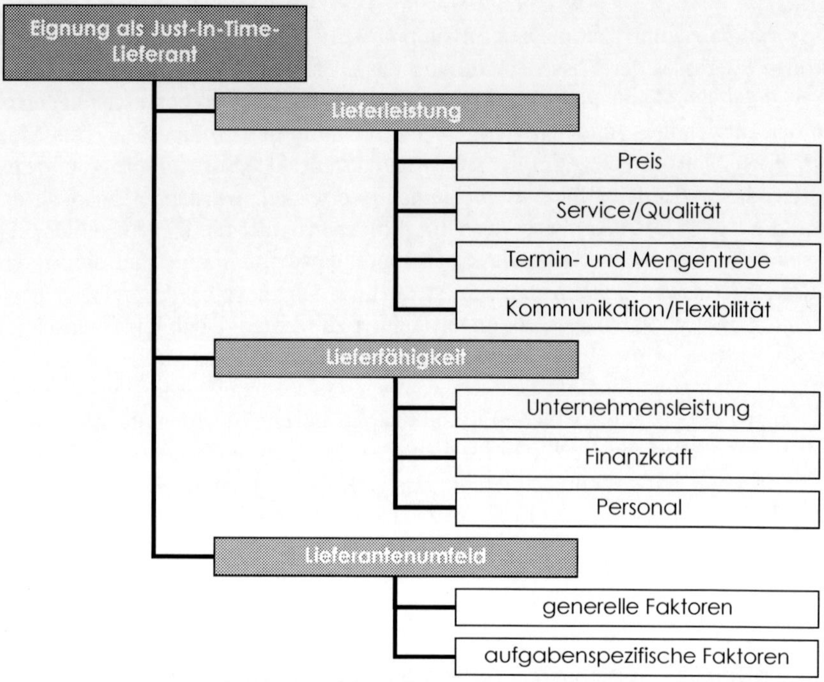

Abb. 5.9 Kriterienhierarchie zur Lieferantenbewertung. (Vgl. Urban 1998, S. 281)

fuzzifizierung in einen diskreten Ausgangswert umgewandelt, beispielsweise in eine Eignungskennzahl. Durch diese lassen sich die Lieferanten nach Erfüllungsgrad der Eingangskriterien klassifizieren.[34] Grundsätzlich lassen sich die Eingangskriterien in zwei Typen einteilen: quantitative und qualitative Kriterien. Die quantitativen Kriterien sind unproblematisch, da sie messbar sind und sie sich somit leicht objektiv darstellen lassen. Doch bei qualitativen Kriterien kann es sein, dass ihre Ausprägungen nur „unscharf" bekannt sind. Dank der Fuzzy Logic lassen sich die qualitativen Kriterien jedoch linguistisch erfassen und verarbeiten, ohne dass sie ihren qualitativen Charakter verlieren.[35]

Beispiel In folgendem Beispiel wird mit Hilfe der Fuzzy Logic geprüft, ob sich die Lieferanten als JIT-Lieferanten eignen.[36] Dafür wird zunächst eine Kriterien-Hierarchie aufgebaut. Für das Hauptkriterium „Eignung als JIT-Lieferant" gibt es drei Unterkriterien (Lieferleistung, Lieferfähigkeit und Lieferantenumfeld), welche ihrerseits weitere Unterkriterien besitzen. Dieser Prozess setzt sich bis zur untersten Ebene fort, auf der die Kriterien eindeutig bewertbar sind. Die Anzahl und Art der Kriterien hängen von den individuellen Beschaffungssituationen ab (Abb. 5.9).[37]

[34] Vgl. Morlock und Nachtrab (1997, S. 29 ff.).

[35] Vgl. Morlock und Nachtrab (1997, S. 29 f.).

[36] Vgl. Urban (1998, S. 296 ff.).

[37] Vgl. Urban (1998, S. 264).

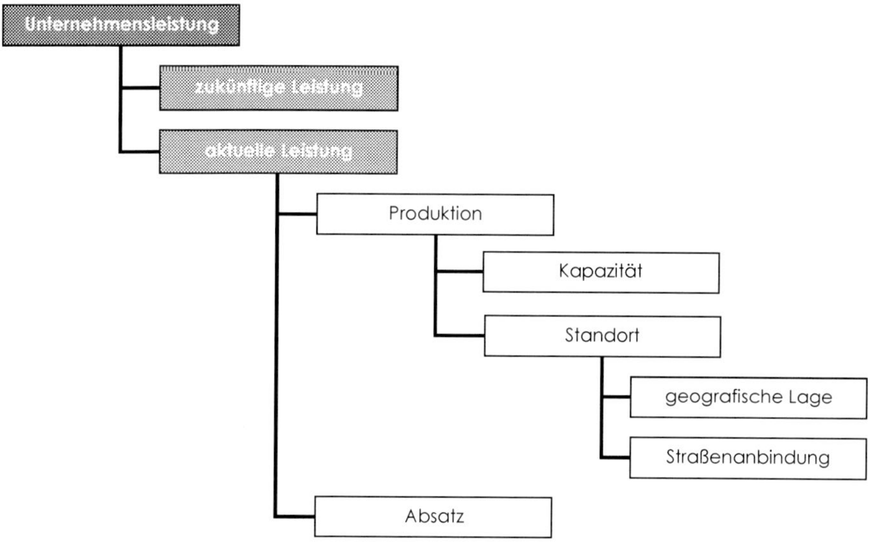

Abb. 5.10 Elemente der Kriterienhierarchie zur Bewertung der Unternehmensleistung. (Vgl. Urban 1998, S. 276)

Aus Darstellungsgründen wird im Folgenden lediglich ein Zweig weitergeführt, in dem speziell auf die Unternehmensleistung als Unterkriterium der Lieferfähigkeit eingegangen wird (Abb. 5.10).

Sind alle Kriterien bestimmt, so wird auf der untersten Ebene mit der Beurteilung begonnen. Da bei den qualitativen Kriterien die Ausprägungen nur „unscharf" bekannt sind, wird die Fuzzy Logic eingesetzt. Mit ihrer Hilfe werden die so genannten linguistischen Variablen sprachlich erfasst. Dieser Prozess wird Fuzzifizierung genannt und in der Abb. 5.11 exemplarisch für die geografische Lage dargestellt.

Die geografische Lage wird als eindeutig *gut* bewertet, wenn die Entfernung nicht größer als 100 km ist, als *mittel* bei einer Entfernung zwischen 116 und 133 km und als eindeutig *schlecht*, wenn sie größer als 150 km ist. Die Übergänge werden approximiert, d. h. wenn die Zugehörigkeit nicht eindeutig zu gut oder mittel gehört, sondern dazwischen liegt, so kann die Zugehörigkeit aufgeteilt werden (z. B. 0,8 gut und 0,2 mittel). Zu beachten ist, dass sich die Zugehörigkeiten immer zu Eins addieren müssen.[38] Bei einer Entfernung von 108 km nähme die linguistische Variable „geografische Lage" die Zugehörigkeitsgrade 0,5 zur Kategorie „gut" und 0,5 zum Bereich „mittel" an. Die konkreten Kriterienausprägungen werden als Fuzzy-Vektoren der Form: $\mu_{GL}(x)=[\mu_{GL}(x)^{gut}, \mu_{GL}(x)^{mittel}, \mu_{GL}(x)^{schlecht}]$ dargestellt. Beispielsweise: $\mu_{GL}(120)=(0,1,0)$ oder $\mu_{GL}(108)=(0{,}5, 0{,}5, 0)$. Dasselbe wird auch für das zweite Unterkriterium, die Straßenanbindung, durchgeführt, bevor im Rahmen der Inferenz die Konklusion für das Hauptkriterium berechnet wird. Mit der

[38] Vgl. Morlock und Nachtrab (1997, S. 30).

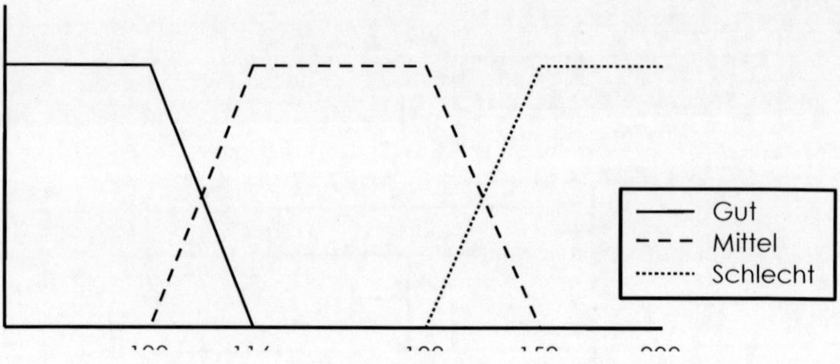

Abb. 5.11 Linguistische Variable „geografische Lage" mit Zugehörigkeitsfunktion der Lieferantenbewertung im Rahmen der Fuzzy Logic. (Vgl. Urban 1998, S. 311)

Straßenanbindung ist die Distanz gemeint, die beim Transport auf der Autobahn zurückgelegt werden kann.

Bei einem Fuzzy-Vektor von $\mu_{GL}=(0.5, 0.5, 0)$ und $\mu_{SA}=(0, 0.8, 0.2)$ wird die geografische Lage als gut/mittel und die Infrastruktur als mittel/schlecht bewertet. Also sind die Regeln 2, 3, 5, und 6 betroffen. Das übergeordnete Kriterium „Standort" wird von den beiden Unterkriterien „geografische Lage" und „Straßenanbindung" bewertet. Der normierte Wert geht danach in den übergeordneten Regelblock ein. So wird das Kriterium „Produktion" durch den „Standort" und die „Kapazität" bewertet (vgl. mit Abb. 5.12). Dieses System setzt sich hierarchisch bis zur obersten Ebene der Kriterienhierarchie fort.[39] Durch diese Defuzzifizierung verdichten sich die normierten Werte zu einer diskreten Wertzahl, anhand welcher sich die Lieferanten vergleichen lassen.[40]

Kritische Würdigung Die Besonderheiten der Fuzzy Logic liegen vor allem in der linguistischen Erfassung der qualitativen Kriterien und der leichten Verknüpfung von quantitativen und qualitativen Kriterien. Durch die hohe Komplexität des Bewertungsverfahrens ist eine informationstechnische Unterstützung unerlässlich.[41] Mit Hilfe der Expertenregeln lassen sich Lieferanten hinsichtlich zahlreicher Kriterien und Unterkriterien dezidiert bewerten. Die Regeln sind durch den Anwender in der Regel nicht manipulierbar. Dadurch können durchgeführte Bewertungen von verschiedenen Einkäufern gut miteinander verglichen werden und auch unerfahrene Einkäufer können eine Bewertung durchführen.[42] Obwohl die Subjektivität dadurch gemindert wird, ist die Fuzzy Logic nicht frei von persönlichen Präferenzen und Einschätzungen. Denn die Beurteilung der qualitativen Kriterien bleibt denn noch subjektiv. Zudem ist das Verfahren relativ umfangreich und durch die Komplexität für Laien nur schwer nachvollziehbar.[43]

[39] Vgl. Urban (1998, S. 303 f.).

[40] Vgl. Janker (2008, S. 151).

[41] Vgl. Przygodda und Ferreras (2004, S. 30).

[42] Vgl. Morlock und Nachtrab (1997, S. 31).

[43] Vgl. Janker (2008, S. 151).

Regel	PRÄMISSEN		KONKLUSION
	WENN	UND	DANN
	geografische Lage (GL)	Straßenanbindung (SA)	Standort
1	gut	gut	gut
2	gut	mittel	gut
3	gut	schlecht	mittel
4	mittel	gut	gut
5	mittel	mittel	mittel
6	mittel	schlecht	mittel
7	schlecht	gut	mittel
8	schlecht	mittel	mittel
9	schlecht	schlecht	schlecht

Abb. 5.12 Regelblock zur Bewertung eines Unternehmensstandorts im Rahmen der Fuzzy Logic. (Vgl. Urban 1998, S. 305; vgl. Janker 2008, S. 150.)

Supplier Lifetime Value

Methode Das Supplier Lifetime Modell (SLV) ist ein Lieferantenbewertungsverfahren, das explizit zukunftsorientiert ist. Durch die dynamische Bewertung können Aussagen über das mittel- und langfristige Potenzial von Lieferanten gemacht werden.[44] Der SLV lässt sich analog zum Customer Lifetime Value ermitteln und kann aus Sicht des Abnehmers als „Barwert" des Lieferanten gesehen werden.[45] Die Berechnungsformel entspricht der klassischen Investitionsrechnung und wird mathematisch wie folgt dargestellt:[46]

$$SLV = \sum_{t=0}^{T} \frac{e_t - a_t}{(1+i)^t} \tag{5.3}$$

mit:

SLV Supplier Lifetime Value
e_t Lieferantenspezifische Einzahlungen in Periode t
a_t Lieferantenspezifische Auszahlungen in Periode t
t Periode
T Gesamtzahl der betrachteten Perioden
i Diskontierungssatz

---

[44] Vgl. Eßig (2007, S. 241).
[45] Vgl. Stölzle (2007, S. 203).
[46] Vgl. Eßig und Buck (2007, S. 170).

Fall 1: SLV ohne zusätzliche Maßnahme (SLV früher positiv, langfristig geringer)							
Periode *t*	**0**	**1**	**2**	**3**	**4**	**5**	**6**
(laufende) Auszahlungen (AZ) a_t	30,00	7,00	20,00	20,00	20,00	20,00	20,00
Einzahlungen e_t	0,00	20,00	30,00	40,00	50,00	60,00	70,00
Saldo Ein-/Auszahlungen	-30,00	13,00	10,00	20,00	30,00	40,00	50,00
Barwert	-30,00	12,04	8,57	15,88	22,05	27,22	31,51
kumulierter Barwert	**-30,00**	**-17,96**	**-9,39**	**6,49**	**28,54**	**55,76**	**87,27**
Fall 2: SLV mit zusätzlichen Maßnahme (SLV später positiv, langfristig höher)							
Periode *t*	**0**	**1**	**2**	**3**	**4**	**5**	**6**
(laufende) Auszahlungen (AZ) a_t	30,00	7,00	20,00	20,00	20,00	20,00	20,00
zusätzliche AZ für Lieferantenentwicklung	0,00	0,00	15,00	0,00	0,00	0,00	0,00
Auszahlungen gesamt	30,00	7,00	35,00	20,00	20,00	20,00	20,00
Einzahlungen e_t	0,00	10,00	20,00	45,00	65,00	75,00	90,00
Saldo Ein-/Auszahlungen	-30,00	3,00	-15,00	25,00	45,00	55,00	70,00
Barwert	-30,00	2,78	-12,86	19,85	33,08	37,43	44,11
kumulierter Barwert	**-30,00**	**-27,22**	**-40,08**	**-20,24**	**12,84**	**50,27**	**94,38**

Abb. 5.13 Beispielhafte Barwert-Berechnung nach dem Supplier Lifetime Value-Modell

Zu den lieferantenspezifischen Auszahlungen gehören der Einstandspreis des Materials, die anteiligen Personalaufwendungen sowie die Kommunikationskosten. Die lieferantenspezifischen Einzahlungen sind jedoch sehr schwer zu bestimmen. Zu ihnen gehören zukünftige Rationalisierungspotenziale des Lieferanten und der spezifische Beitrag des Zulieferers zum Wettbewerbsvorteil seines Abnehmers. Lassen sich die Einzahlungsströme nicht identifizieren, so wird bei der Berechnung auf deren Einbezug verzichtet.[47]

Beispiel Nachfolgendes Beispiel soll aufzeigen, wie sich eine Lieferantenförderungsmaßnahme auf den SLV auswirkt. Solche Maßnahmen können Schulungen oder gemeinsame Workshops sein, die kurzfristige höhere Ausgaben generieren und langfristig durch höhere Einnahmen kompensiert werden (Abb. 5.13).[48]

In Fall 1 wird keine Förderungsmaßnahme getroffen. Der SLV liegt bei 87,27 Geldeinheiten. Im zweiten Fall werden zusätzliche Auszahlungen in Höhe von 15 Geldeinheiten getätigt: Beispielsweise für einen Workshop zur Prozessoptimierung, der dazu führt, dass die Produkte schneller verfügbar sind, was langfristig zu höheren Einnahmen führt. Der SLV konnte in diesem Beispiel um 94,38 Geldeinheiten gesteigert werden.

Kritische Würdigung Eine Besonderheit des SLV-Verfahrens ist, dass es zukunftsorientiert und ein in sich abgeschlossenes Mess-Konzept ist und das Entwicklungspotenzial der Lieferanten berücksichtigt.[49] Zudem lässt sich die dynamische Investitionsrechnung des SLV in die Discounted Cash-Flow-Methode des Share-

[47] Vgl. Eßig (2003, S. 337).

[48] Vgl. Eßig (2003, S. 336).

[49] Vgl. Stölzle (2007, S. 203).

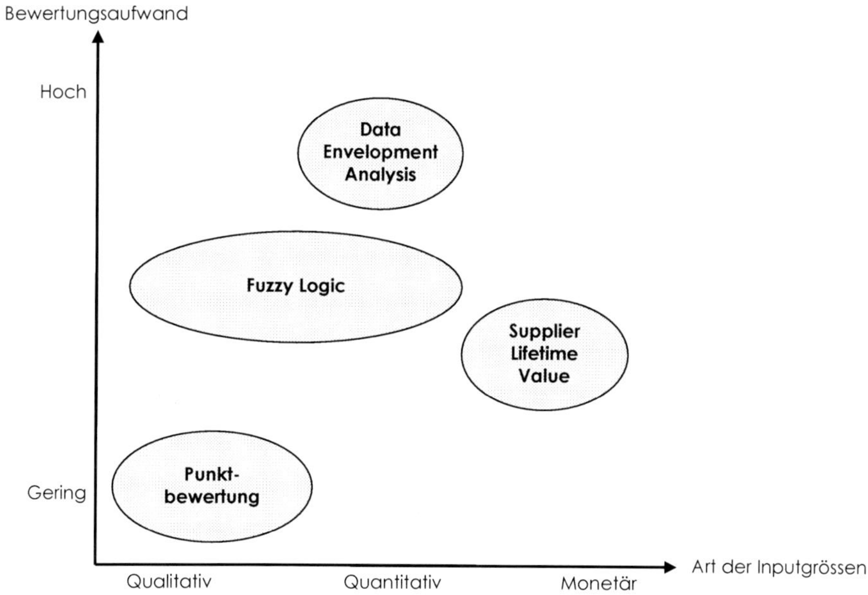

Abb. 5.14 Einordnung der vorgestellten Verfahren zur Lieferantenbewertung

holder Value-Ansatzes integrieren. Ein weiteres Merkmal ist, dass die Lieferanten als Investitionsobjekte betrachtet werden und sich dadurch ein strategisches Lieferanten-Management realisieren lässt.[50] Doch auch das SLV-Konzept hat seine Nachteile. So lassen sich die zukünftigen Ein- und Auszahlungsströme sowie der Diskontierungssatz nur schwer bestimmen[51] und sind oft von Subjektivität geprägt.[52] Eine weitere Herausforderung besteht darin, die SLV-Berechnung zum richtigen Zeitpunkt durchzuführen. Oftmals kommt man erst zu den entscheidenden Einflussgrößen für die Berechnung, wenn man bereits eine Partnerschaft eingegangen ist und eine gewisse Transparenz erreicht hat. Somit bietet das SLV-Konzept keine Unterstützung für die Frage, ob eine Partnerschaft eingegangen werden sollte oder nicht.[53]

Auswahl des geeigneten Verfahrens zur Lieferantenbewertung Wie bereits erwähnt, gibt es kein universales Verfahren für die Lieferantenbewertung. soll einen kurzen Überblick geben, wie die vier vorgestellten Verfahren verglichen werden können (Abb. 5.14).

Die Einordnung wird anhand zweier Größen vorgenommen. Einerseits der Art der Inputgröße, welche die Beschaffenheit der verwendeten Daten beschreibt. So ist

[50] Vgl. Eßig (2003, S. 336).

[51] Vgl. Eßig (2003, S. 337 f.).

[52] Vgl. Stölzle (2007, S. 203).

[53] Vgl. Stölzle (2007, S. 202 f.).

der SLV auf der horizontalen Achse bei monetär angesiedelt, da seine zur Berechnung verwendeten Daten (lieferantenspezifische Ein- und Auszahlungen) monetäre Größen sind. Die DEA verwendet quantitative und die Fuzzy Logic sowohl quantitative als auch qualitative Inputs. Das Punktbewertungsverfahren gehört grundsätzlich zu den qualitativen Verfahren, jedoch können auch quantitative bzw. monetäre Größen mit einbezogen werden. Andererseits wird die Einordnung anhand des Bewertungsaufwands definiert. Beschaffungsorganisationen mit sehr vielen Zulieferern können aus Gründen des Aufwands nicht alle Lieferanten mit umfangreichen Bewertungsverfahren beurteilen. Gemäß der Einteilung der Lieferanten in A-, B- und C-Lieferanten werden für die Zulieferer die entsprechenden Bewertungsverfahren ausgewählt. So sind B- und C-Lieferanten anhand des Punktbewertungsverfahrens zu analysieren, da dieses einfach anzuwenden ist und schnell durchgeführt werden kann. Für A-Lieferanten werden detailliertere und spezifischere Analyse empfohlen. Dazu gehören der SLV, die Fuzzy Logic und die DEA. Jedes der Verfahren hat seine eigenen Besonderheiten. So ist der SLV als einziger Ansatz zukunftsorientiert und sieht die Lieferanten als Investitionsobjekte. Die Fuzzy Logic eignet sich speziell, wenn viele schwer messbare qualitative Kriterien zu erfassen sind. Und die DEA zeigt potenzielle Verbesserungsbereiche zwischen Zulieferern auf. So ist je nach Beschaffungssituation abzuschätzen, welche Methode anzuwenden ist.

5.2.3 Kennzahlen zur Lieferantenbewertung

Nachfolgend werden Kennzahlen zur Bewertung von Lieferanten vorgestellt. Diese geben Auskunft über die Anzahl der vom Unternehmen beauftragten Lieferanten sowie die Qualität der Lieferantenbeziehungen. Hierbei wird die Leistung der Lieferanten in Bezug auf ihre Liefertreue, Qualität der gelieferten Güter oder dem Servicegrad bewertet. Dabei ist zu beachten, in welchem Verhältnis die Beschaffungsorganisation zum Zulieferer steht. Langzeitlieferanten sind strenger zu bewerten und eingehender zu prüfen als Lieferanten, bei denen nur über einen kurzen Zeitraum Waren bezogen werden. Zu den lieferantenbezogenen Kennzahlen gehören die aktiven Lieferanten in Bezug auf das Einkaufsvolumen, der Anteil der aktiven A-Lieferanten sowie die Liefertreue.

Zu den *aktiven Lieferanten in Bezug auf das Einkaufsvolumen* zählen alle Lieferanten, bei denen während der Berichtsperiode mindestens einmal eingekauft wurde. Der Durchschnittswert der aktiven Zulieferer liegt laut einer Studie des BME branchenübergreifend bei 14 Lieferanten und variiert zwischen 10 und 21 Zulieferern in den verschiedenen Branchen.[54] Wird die Lieferantenzahl reduziert, so steigt die Abhängigkeit von den noch bestehenden Zulieferern. Generell ist die Frage, von wie vielen Lieferanten ein Unternehmen beziehen sollte, umstritten.[55] Um eine

[54] Vgl. BME (2010, S. 38).

[55] Vgl. Homburg (2002, S. 186).

fundierte Entscheidung über die passende Anzahl an Lieferanten treffen zu können, sind unter anderem folgende Aspekte zu berücksichtigen:[56]

- Einkaufsvolumen der Materialgruppe
- ABC-Klassifizierung, wobei A-Lieferanten etwa 70 %, B-Lieferanten etwa 20 % und C-Lieferanten etwa 10 % des Einkaufsvolumens ausmachen
- Strategische Bedeutung der Produktgruppe, in welche die zu beschaffenden Materialien bzw. Bauteile eingehen
- Mengenbezogenes Versorgungsrisiko
- Preisschwankungen am Markt
- Macht der Lieferanten
- Anzahl potenzieller Lieferanten
- Wettbewerbssituation im Beschaffungsmarkt

So können zur Auswahl von Vorzugslieferanten bezogen auf bestimmte Materialgruppen und eine damit einhergehende Erhöhung des Einkaufsvolumens bei diesen Lieferanten Einsparungen generiert werden. Eine ABC-Klassifizierung führt zu einer Einschätzung der strategischen Bedeutung von Produktgruppen für das Unternehmen und ermöglicht somit auch eine Festlegung der Lieferantenanzahl je Produktgruppe nach den Prinzipien des Single- und Multiple-Sourcing. Versorgungsrisiken und Preisschwankungen können die Macht der Lieferanten erhöhen. Daher sollte in solch einem Fall mit den Lieferanten eng zusammengearbeitet werden, um Engpässe zu vermeiden. Zudem ist die Wettbewerbssituation ausschlaggebend für die Entscheidung über die optimale Lieferantenanzahl. Bei hohem Wettbewerb ist die Verhandlungsmacht der abnehmenden Unternehmen hoch. Insbesondere bei der Beschaffung von Standardgütern ist auf die Option eines reibungslosen Lieferantenwechsels zu achten, um von den bestmöglichen Konditionen zu profitieren.[57]

Die beiden Extreme der Lieferantenanzahl sind das Single-Sourcing, die Konzentration auf einen Lieferanten, und das Multiple-Sourcing, die Auswahl mehrerer Lieferanten:[58]

- *Single-Sourcing* wird besonders bei strategischen oder A-Gütern angestrebt, da hier zumeist ein hoher Spezialisierungsgrad vorliegt und eine enge Zusammenarbeit zwischen Unternehmen und Lieferant erforderlich ist. Häufig wird auch auf Forschungs- und Entwicklungsebene zusammengearbeitet, um gemeinsam innovative Produkte zu entwickeln und dadurch auch Risiken zu verringern. Jedoch birgt Single-Sourcing durch einen Mangel an Wettbewerb das Risiko der Abhängigkeit und kann dazu führen, dass höhere Preise gezahlt werden müssen und ein Lieferantenwechsel zeit- und kostenintensiv ist.

[56] Vgl. Appelfeller und Bucholz (2011, S. 119).

[57] Zum Lieferantenwechsel siehe ausführlich Hofmann (2008, S 104 ff.) oder Kirst (2008, S. 24 ff.).

[58] Vgl. Appelfeller und Bucholz (2011, S. 119).

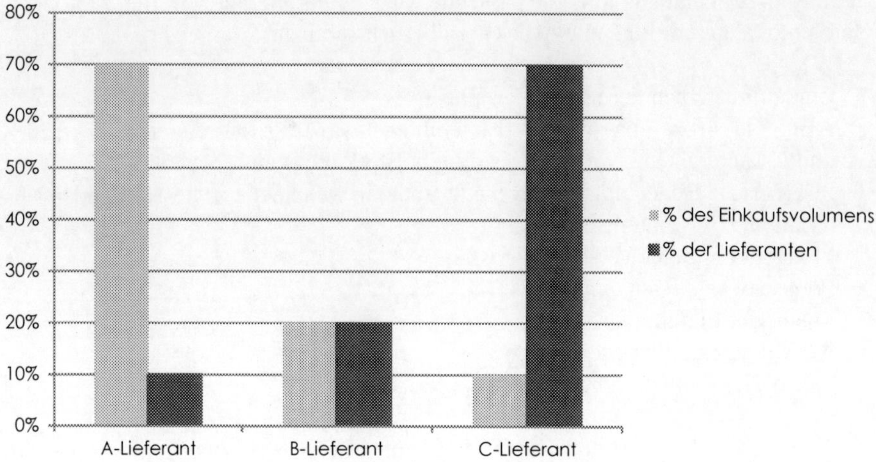

Abb. 5.15 Lieferanteneinteilung nach ABC-Kriterien. (Vgl. Fearon et al. 1993, S. 501)

- Im Gegensatz hierzu steht das *Multiple-Sourcing*, bei dem eine große Anzahl von Lieferanten vorliegt und somit wettbewerbsbedingte Kosteneinsparungen möglich sind. In der Regel ist in solchen Fällen ein Lieferantenwechsel relativ einfach umzusetzen, da verhältnismäßig wenige Abhängigkeiten bestehen. Spezialisierte Güter sind über das Multiple-Sourcing meist nicht zu beziehen, jedoch können Standardgüter zu niedrigeren Preisen erworben werden. In der Regel nimmt die Lieferantenzahl mit zunehmender Komplexität der Beschaffungssituation ab und steigt mit wachsender wirtschaftlicher Bedeutung des Produkts an.[59]

$$\textit{Aktive Lieferanten je Mio. Einkaufsvolumen} = \frac{\textit{Anzahl aller aktiven Lieferanten}}{\textit{Einkaufsvolumen}\ [\textit{Mio.}\ €]} \tag{5.4}$$

Der *Anteil der aktiven A-Lieferanten* ergibt sich aus der Anzahl der Lieferanten, die 70 % des Einkaufsvolumens umfassen, im Verhältnis zur Gesamtzahl der Lieferanten. Bei der Einteilung der Lieferanten nach deren Bedeutung wird meistens vom Einkaufsvolumen ausgegangen und in A-, B- und C-Lieferanten unterteilt. [60] Dabei macht eine geringe Anzahl an A-Lieferanten einen großen Teil des Einkaufsvolumens aus. C-Lieferanten hingegen bestehen aus einer großen Anzahl Zulieferern mit einem geringen Einkaufsvolumen. B-Lieferanten liegen in Bezug auf Einkaufsvolumen und Lieferantenanzahl im Mittelfeld zwischen A- und C-Lieferanten. Eine typische ABC-Aufteilung ist aus Abb. 5.15 zu entnehmen.

[59] Vgl. Homburg (2002, S. 196).

[60] Vgl. Appelfeller und Buchholz (2011, S. 75).

$$\text{Anteil der aktiven A} - \text{Lieferanten [\%]} = \frac{\text{Anzahl der Lieferanten, die 70 \% des Einkaufsvolumens umfassen}}{\text{Gesamtzahl der Lieferanten}} \quad (5.5)$$

Als letzte Kennzahl der lieferantenbezogenen Kennzahlen steht die *Liefertreue* für den prozentualen Anteil der termingerecht eingegangenen Lieferungen. Sie ergibt sich aus der Anzahl der termingerechten Lieferungen im Verhältnis zur Anzahl aller Lieferungen, wobei termingerecht bedeutet, dass der vereinbarte Liefertermin eingehalten wurde. Mit dieser Kennzahl lässt sich die Qualität der Lieferanten in Bezug auf ihre Zuverlässigkeit messen. Insbesondere bei JIT-Produktionen ist eine hohe Liefertreue essentiell, da sonst die gesamte Produktion verzögert wird oder gar stillsteht. Diese Kennzahl kann je nach Unternehmen und Branche unterschiedlich ausfallen und einen anderen Stellenwert haben. So kann beispielsweise eine verfrühte Lieferung je nach Warengruppe besser oder schlechter bewertet werden. Bei verderblichen Produkten wie Lebensmitteln kann es zu hohen Ausschüssen kommen. Zudem ist bei verfrühten Lieferungen mit zusätzlichen Lagerkosten zu rechnen. Grundsätzlich ist eine hohe Liefertreue anzustreben, da dies auf eine hohe Zuverlässigkeit des Lieferanten schließen lässt.

$$\text{Liefertermintreue [\%]} = \frac{\text{Termingerechte Lieferungen}}{\text{Anzahl aller Lieferungen}} \quad (5.6)$$

Die Kennzahlen zur Lieferantenbewertung geben einen Überblick der Anzahl der von der Beschaffungsorganisation genutzten Lieferanten, deren Kategorisierung sowie der Qualität der Lieferantenbeziehungen. Dabei werden potenzielle Abhängigkeitsverhältnisse ermittelt, die beispielsweise bei A-Zulieferern entstehen können. Aus der Kategorisierung in A-, B- und C-Lieferanten lässt sich zudem ableiten, wie die Lieferantenbeziehung grundsätzlich auszugestalten ist. Weiterhin werden mögliche Einsparpotenziale aufgezeigt, die sich aus einer zu geringen Anzahl Lieferanten oder einem Mangel an Wettbewerb unter den bestehenden Lieferanten ergeben. Durch die Ermittlung qualitativer Kennzahlen wird die Eignung der Lieferanten erkennbar gemacht und verdeutlicht, ob die bestehende Lieferantenbeziehung dem Soll entspricht. Allerdings werden kaum Aussagen über die monetäre Dimension der Beschaffungsorganisation getroffen. Diese können lediglich aus den lieferantenbezogenen Kennzahlen abgeleitet werden. Letztlich lassen sich Aussagen zu überhöhten Preisen nicht pauschal ermitteln. Sie bedürfen einer eingehenderen Prüfung der einzelnen Lieferanten unter Rückgriff auf die kostenbasierte Verfahren auf Warengruppenebene.[61]

5.2.4 Managementempfehlungen

In der Theorie existieren zahlreiche Verfahren zur Lieferantenbewertung. Da jedes Verfahren mit Vor- aber auch Nachteilen verbunden ist, sollte die Auswahl des

[61] Zu den kostenbasierten Verfahren der Erfolgsmessung (Savings) siehe ausführlich Abschn. 2.2.

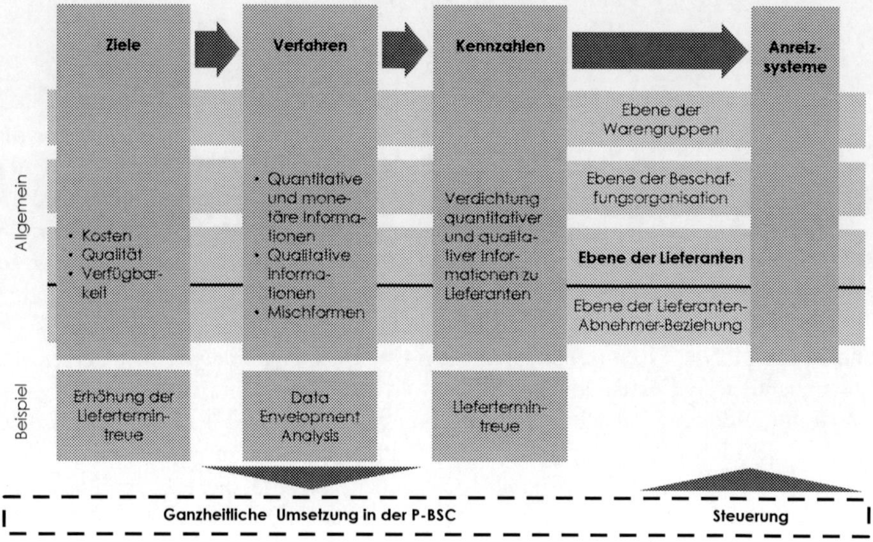

Abb. 5.16 Konzeptioneller Bezugsrahmen der Erfolgsmessung auf der Lieferantenebene

Verfahrens unter Berücksichtigung der unternehmensspezifischen Besonderheiten erfolgen. Die Bewertung der Lieferanten bildet die Grundlage für die Auswahl der geeignetsten Lieferanten und der Entwicklung und Pflege der bestehenden Lieferantenbeziehungen. Durch eine systematische Lieferantenbewertung entstehen sowohl für die Abnehmer als auch für die Zulieferer selbst viele Vorteile. Da jedoch nicht nur Nutzen sondern durch den Aufwand der Bewertung auch Kosten entstehen, empfiehlt es sich, gemäß der ABC-Analyse nur die A-Lieferanten einer eingängigen Evaluation zu unterziehen. Um die Anzahl der Lieferantenbewertungen zu reduzieren, ist das Heranziehen von K.O.-Kriterien zu empfehlen. Gemeint sind damit Kriterien, die unbedingt erfüllt werden müssen. Andernfalls scheiden die Lieferanten direkt aus und müssen nicht weiter betrachtet werden. Der Weiteren sind danach die Kriterien zu bestimmen, anhand derer die Lieferanten beurteilt werden sollen. Diese Kriterien variieren von Unternehmen zu Unternehmen, da sie von den jeweiligen Beschaffungssituationen abhängen. Zum Schluss ist noch zu klären, wer an dem Prozess der Lieferantenbewertung beteiligt sein soll. Es empfiehlt sich, die Bewertung sowie die Auswahl der Kriterien nicht nur einem Fachbereich bzw. einer Person zu überlassen, damit die subjektiven Einflüsse minimiert werden können.

In Abb. 5.16 sind die wichtigsten Ziele, Verfahren und Kennzahlen der Lieferantenbewertung aufgeführt.

Die Ziele der Erfolgsmessung auf der Ebene der Lieferantenbewertung befassen sich vorrangig mit Kosten, Qualität und Verfügbarkeit. So sind die verhandelten Preise und Konditionen ein wichtiger Faktor bei der Lieferantenauswahl. Auch die Qualität der angebotenen Waren sowie zusätzliche Dienstleistungen können dabei ausschlaggebend sein. Zudem ist die Verfügbarkeit der benötigten Waren und Dienstleistungen für die Funktionsfähigkeit des Unternehmens zu gewährleisten.

Eine Erhöhung kann der Liefertermintreue als Ziel vorgegeben werden. Die anzuwendenden Verfahren der Lieferantenbewertung gliedern sich in die Erhebung aus quantitativen und qualitativen Informationen und Mischformen. Hierunter fällt die Data Envelopment Analysis, welche dazu dient, die Effizienz der Lieferanten anhand von Input- und Output-Größen zu messen. Zur Verdichtung qualitativer und quantitativer Informationen werden anschließend Kennzahlen wie die Liefertermintreue herangezogen. Diese stellen die Vor- und Nachteile einzelner Lieferanten dar und ermöglichen dadurch vergleichende Bewertungen.

5.3 Erfolgsmessung auf der Ebene der Lieferanten-Abnehmer-Beziehung

5.3.1 Einführung in die Erfolgsmessung auf der Ebene der Lieferanten-Abnehmer-Beziehung

Lieferanten-Abnehmer-Beziehungen sind in den letzten Jahrzehnten immer komplexer geworden. Während die Zulieferer in der Vergangenheit zumeist um die Gunst der Kunden konkurrieren mussten, haben sie heute vielfach eine stärkere Verhandlungsposition. Gründe dafür sind, dass Innovationen häufig von den Zulieferern kommen und zudem viele Zulieferer eine Monopolstellung besitzen. Heutzutage stehen vielfach die Abnehmer im Wettbewerb um die besten Zulieferer und müssen diesen gegenüber ihre Attraktivität und Zuverlässigkeit unter Beweis stellen. Für die Abnehmer stellt sich die Frage, wie sie bei ihren Zulieferern einen bevorzugten Status erlangen. Bevorzugte Kunden profitieren von Innovationen, Prozessentwicklungen und günstigen Preisgestaltungen des Zulieferers. Zudem werden sie bei Produktionsengpässen und Rohstoffknappheit bevorzugt. Ob ein Abnehmer einen präferierten Status beim Zulieferer bekommt, hängt unter anderem von seiner Attraktivität als Kunde und der Zufriedenheit des Zulieferers mit der Zusammenarbeit ab. Persönliche Beziehungen, Vertrauen und Commitment beeinflussen die wechselseitige Beziehung positiv. Für die Zufriedenheit beider Partner spielen die zuvor gesteckten Erwartungen eine entscheidende Rolle. Werden Erwartungen erfüllt oder übertroffen, steigt die Zufriedenheit – falls nicht, kann es zum Bruch der Zusammenarbeit führen.[62] Weiterhin ist eine intensive strategische Beziehung zwischen Zulieferer und Abnehmer entscheidend für Produktentwicklung, Qualitätsverbesserung und logistische Performance.[63] Für die Verbesserung unternehmensübergreifender Prozesse müssen beide Partner Zeit und Energie aufwenden.[64] Das Management der Prozesse zwischen Lieferant und Abnehmer hat einen Einfluss auf die Rentabilität eines Unternehmens, die Kundenzufriedenheit und die Wettbe-

[62] Vgl. Schiele et al. (2012, S. 133 ff.).

[63] Vgl. Christiansen und Maltz (2000, S. 177).

[64] Vgl. Cordón und Vollmann (2008, S. 104 ff.).

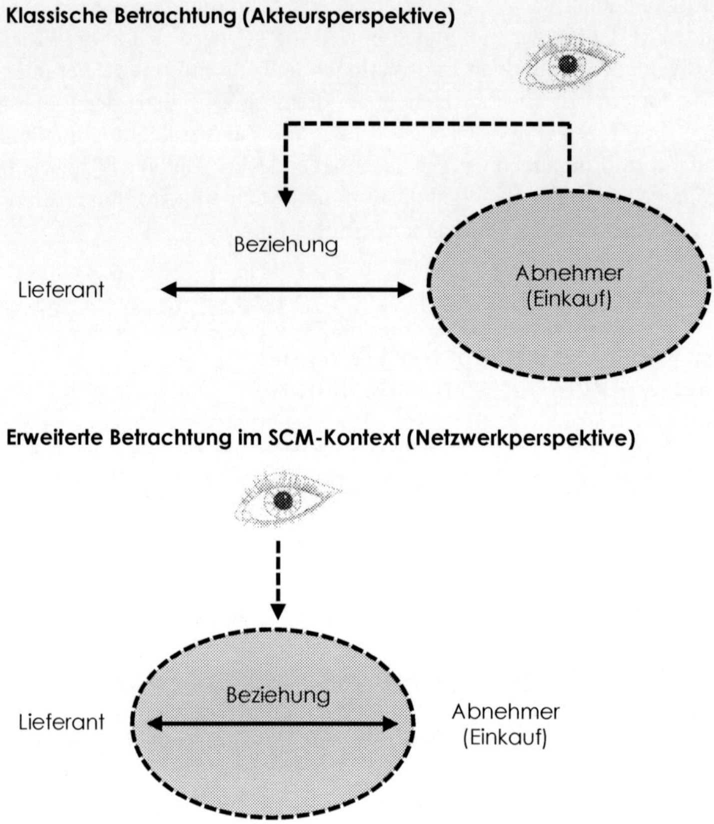

Abb. 5.17 Alternative Betrachtungsformen der Lieferanten-Abnehmer-Beziehung im Rahmen der Erfolgsmessung

werbsfähigkeit der Lieferanten und Abnehmer.[65] Somit ist eine stabile, harmonische Beziehung wichtig für beide Partner.

Da eine harmonisierte Lieferanten-Abnehmer-Beziehung maßgeblich zum Erfolg beider Parteien beiträgt, kommt der Messung dieser Beziehung neben der unternehmensbezogenen Erfolgsmessung eine große Bedeutung zu. Die Lieferanten-Abnehmer-Beziehung kann grundsätzlich aus verschiedenen Perspektiven betrachtet werden (Abb. 5.17). Zum einen kann eine isolierte Betrachtung und Bewertung aus Sicht der einzelnen Vertragsteilnehmer erfolgen, zum anderen kann die Beziehung im Supply Chain Management-Kontext – aus Sicht der Netzwerkebene – gesehen werden. Klassischerweise liegt der Fokus auf der Beschaffung als Teil der Materialwirtschaft des abnehmenden Unternehmens. Dabei wird die Beziehung nur dann als erfolgreich angesehen, wenn sie einen unmittelbaren Mehrwert für das abnehmende Unternehmen generiert. Bei der übergeordneten Betrachtung der Be-

[65] Vgl. Gebert (2011, S. 123).

ziehung wird der Blickwinkel erweitert. Die Lieferantenseite und die gegenseitige Beziehung betreffende Entscheidungen und Prozesse werden berücksichtigt, sodass eine umfassende Betrachtung entsteht. Dabei kann im Extremfall die Beziehung als solche als erfolgreich bewertet werden, auch wenn es der Abnehmer für sich genommen nicht ist. Integrationsmerkmale der Lieferanten-Abnehmer-Beziehung sind unter anderem deren Kontinuitätsgrad, Bindungsfrist und Abhängigkeitsgrad, die Existenz von Ein- und Austrittsbarrieren, die Form der Entscheidungsfindung sowie die Art der Repräsentation nach außen. In der Praxis zeichnet sich zunehmend ein Wandel der Lieferanten-Abnehmer-Beziehungen ab: Abnehmer haben weniger direkte Zulieferer, dafür sind die Beziehungen langfristiger und zielen auf stetige Verbesserung. Zudem nimmt die vertikale Integration zu.[66] Zulieferer werden häufiger in Forschungs- und Entwicklungsaktivitäten miteingebunden und übernehmen größere Teile der Wertschöpfung.[67]

Die Ermittlung des abnehmerbezogenen Beschaffungserfolgs greift in vielen Fällen zu kurz, da zwar die Auswirkungen einer problembehafteten Lieferanten-Abnehmer-Beziehung aufgezeigt werden, nicht jedoch deren Ursachen. Anders ist die Messung des Beziehungserfolgs als solche, welche sich mit Hintergründen möglicher Probleme zwischen Zulieferer und Abnehmer auseinandersetzt. Dabei stehen die beteiligten Unternehmen vor der Frage, wie der Erfolg der Beziehung konkret gemessen werden soll.[68] Hierfür sind zunächst geeignete Kennzahlen zu bestimmen, die, um die Beziehung charakterisieren zu können, nicht isoliert voneinander betrachtet werden dürfen. Bei der Lieferanten-Abnehmer-Beziehung sind grundsätzliche Beziehungskonstellationen zu beachten, denn die Partner können füreinander von verschiedener Bedeutung sein. Aus Abnehmersicht wird üblicherweise in A-, B- und C-Lieferanten unterschieden. A-Lieferanten haben den größten Anteil am Materialaufwand des Abnehmers. Umgekehrt erfolgt eine äquivalente Einteilung der Abnehmer durch den Lieferanten.

Die Kategorisierung der Lieferanten durch die Abnehmer erfolgt zunächst nach strategischer Bedeutung. Anschließend werden strategisch wichtige Zulieferern nach Gesichtspunkten der eigenen Attraktivität und der Stärke der Beziehung näher untersucht. Zur Bestimmung der strategischen Bedeutung von Partnern können unter anderem die Aspekte Kompetenz, Ökonomie und Image herangezogen werden. Je enger das eingekaufte Teil mit den Kernkompetenzen des abnehmenden Unternehmens zusammenhängt, desto höher ist die strategische Bedeutung. Zu den Kompetenzfaktoren gehört außerdem die Ausbaufähigkeit des eigenen Wissens und technische Stärken beim Abnehmer durch den Kauf. Ökonomisch spielen Volumen und Geldwert des Einkaufs, der Wertanteil am Endprodukt, die Profitabilität des Endprodukts und der Einfluss des Einkaufs auf weitere Einkäufe eine Rolle. Ferner sind das Image des Zulieferers sowie mögliche Umwelt- und Sicherheitsbedenken relevante Einflussfaktoren, die bei der Erfolgsermittlung zu berücksichtigen sind.[69]

[66] Vgl. Stölzle (1999, S. 1 ff., 262).

[67] Vgl. Madhok und Tallmann (1998, S. 333).

[68] Vgl. Beamon (1999, S. 276); De Toni und Tonchia (2001, S. 53).

[69] Vgl. Olsen und Ellram (1997, S. 102 ff.).

Tab. 5.1 Beziehungskonstellationen von Lieferanten und Abnehmern

Lieferant bewertet Abnehmer mit	Abnehmer bewertet Lieferanten mit	Ausgewogenheit (Beziehungskonstellation)	Art der Erfolgsmessung
A	A	Gleichstellung der Vertragspartner (strategische Beziehungskonstellation)	laufende und tiefgründige Erfolgsmessung
A	B/C	mögliche Abhängigkeit des Lieferanten (unausgewogene Beziehungskonstellation)	Fokus auf Messung der aus Abnehmersicht relevanten Kenngrößen
B/C	A	mögliche Abhängigkeit des Abnehmers (unausgewogene Beziehungskonstellation)	Fokus auf Messung der aus Lieferantensicht relevanten Kenngrößen
B/C	B/C	Gleichstellung der Vertragspartner (marktorientierte Beziehungskonstellation)	Messung selektiver, einfach zu ermittelnder Kenngrößen

Bewerten beide Partner den jeweils anderen mit A, ist von einer strategischen Beziehungskonstellation auszugehen. Eine intensive und vertrauensvolle Zusammenarbeit sowie transparente Informationsflüsse sind wichtige Erfolgsfaktoren. Deshalb sollten regelmäßige und in kurzen Abständen tiefgreifende Erfolgsmessungen durchgeführt werden. Stufen zwei Partner sich gegenseitig unterschiedlich ein, ist der eine für den anderen wichtiger als umgekehrt. Es liegen unausgewogene Beziehungskonstellationen vor, die zu einseitigen Abhängigkeiten führen kann. In solchen Fällen sind Konflikte und Instabilitäten in der Beziehung nicht selten. Ist der Lieferant für den Abnehmer wichtiger als umgekehrt, zieht der Lieferant im Zweifelsfall, wie bei Produktionsengpässen, andere Kunden vor. Der Abnehmer kann gegebenenfalls von Lieferengpässen oder Qualitäts- und Serviceminderungen betroffen sein. Bewertet hingegen der Lieferant die Bedeutung des Abnehmers höher, muss er durch Leistung, Preis und Flexibilität überzeugen, da er von den Aufträgen des Abnehmers abhängig ist. Liegt ein Ungleichgewicht in der Beziehungskonstellation vor, wäre aus der Sicht des Partners, für den die Zusammenarbeit wichtig ist, eigentlich eine kontinuierliche Erfolgsmessung von Relevanz. Er hat den anderen Partner von der Erfordernis einer Erfolgsmessung der Supply Chain-Beziehung zu überzeugen (z. B. in Form der Weitergabe gemeinsam realisierter Einsparungen). Im Fall, dass beide Partner den jeweils anderen als unbedeutend einstufen, ist die Beziehung, wenn auch nicht besonders eng, so doch ausgewogen (marktorientierte Beziehungskonstellation). Eine Erfolgsmessung ist hier aufgrund der beidseitig geringen Bedeutung der Beziehung nur eingeschränkt notwendig (Tab. 5.1).

Im folgenden Kapitel werden zunächst mögliche Erfolgsdimensionen der Lieferanten-Abnehmer-Beziehung vorgestellt und grundlegende Begriffe erläutert. Im Anschluss zeigt eine aktuelle Studie einen branchenvergleichenden Überblick der Erfolgsdimensionen. Schließlich werden Empfehlungen zur Gestaltung der Erfolgsmessung auf der Ebene der Lieferanten-Abnehmer-Beziehung gegeben.

5.3.2 Verfahren der Erfolgsmessung auf Ebene der Lieferanten-Abnehmer-Beziehung

Zur Bewertung der Lieferanten-Abnehmer-Beziehungen können verschiedene Verfahren eingesetzt werden. Um mögliche Potenziale eingrenzen zu können, sollte in einem ersten Schritt die Angebotsmacht des Lieferanten eingeschätzt werden. Dies lässt sich anhand einer Marktanalyse erreichen, bei der die Anzahl der Lieferanten für relevante Produktgruppen ermittelt wird. Daraus sowie aus der Identifikation risikoreicher Warengruppen lässt sich die Marktmacht des Lieferanten ableiten. So hat ein Monopolist grundsätzlich eine hohe Marktmacht unabhängig vom Versorgungsrisiko, während allgemein mit zunehmendem Versorgungsrisiko die Marktmacht der Lieferanten steigt. Anhand der Marktmacht lässt sich anschließend evaluieren, welche Lieferantenanzahl geeignet für verschiedene Warengruppen ist. Dabei sollten Abhängigkeiten von Lieferanten möglichst vermieden und ein diversifiziertes Lieferantenportfolio angestrebt werden, um die eigene Verhandlungsmacht zu stärken, Wettbewerb zwischen den Lieferanten zu fördern und somit die besten Konditionen zu erreichen.

Des Weiteren ist das bestehende Lieferantenportfolio einer Analyse zu unterziehen. Daraus ist abzuleiten, ob für einzelne Warengruppen möglicherweise zu viele Lieferanten vorliegen oder ob die Lieferantenanzahl erhöht werden sollte. Für die optimale Lieferantenzahl je Warengruppe gibt es jedoch keine allgemeingültige Vorgabe, weshalb diese im Einzelfall festzulegen ist. Dabei sind zahlreiche Faktoren, wie z. B. neben der oben erwähnten Marktmacht der Lieferanten, das Bedarfsvolumen sowie Bedarfsschwankungen zu berücksichtigen. Auch der Spezifitätsgrad der zu beschaffenden Güter spielt hierbei eine Rolle.[70] Allgemein gilt: Je standardisierter die Güter, desto höher ist die Anzahl potenzieller Lieferanten. Dementsprechend kann es lohnenswert sein, bei standardisierten Gütern eine höhere Lieferantenzahl einzusetzen. Die Anzahl der strategischen Lieferanten gibt Auskunft darüber, ob ein Unternehmen eher Rohstoffe oder Module bezieht und zeigt somit die Ausrichtung seiner Supply Chain-Strategie auf (s. Abschn. 1.2.3).

Zusammenfassend ist festzuhalten, dass es viele Faktoren gibt, die den Erfolg von Lieferanten-Abnehmer-Beziehungen beeinflussen. Als Basis der Bewertung sind die Angebotsmacht des Lieferanten, das Versorgungsrisiko der zu beschaffenden Warengruppen sowie die allgemeine Marktsituation auszuwerten. Zusätzlich sollte das Lieferantenportfolio nach Gesichtspunkten der geeigneten Lieferantenanzahl und der Etablierung strategischer Partnerschaften untersucht werden, um Potenziale auf der Ebene der Lieferanten-Abnehmer-Beziehungen identifizieren und nutzen zu können.

[70] Vgl. Plümer (2003, S. 131).

5.3.3 Kennzahlen der Erfolgsmessung auf der Ebene der Lieferanten-Abnehmer-Beziehung

Der Erfolg von Lieferanten-Abnehmer-Beziehungen lässt sich anhand der Dimensionen *Flexibilität und Leistungsfähigkeit*, *Kosteneffizienz*, *Prozessqualität und Prognosegenauigkeit* sowie *Effektivität* strukturieren. Tabelle 5.2 zeigt einige ausgewählte Kennzahlen der genannten Dimensionen.

Die Dimension *Flexibilität und Leistungsfähigkeit* misst, wie leistungsstark die jeweiligen Vertriebs- und Beschaffungsaktivitäten der Lieferanten und Abnehmer sind und wie schnell diese auf Nachfrageschwankungen und außerplanmäßige Änderungen reagieren können. Allgemein drückt Flexibilität die Fähigkeit aus, sich an Veränderungen anzupassen.[71] In Bezug auf die Lieferanten-Abnehmer-Beziehung bedeutet Flexibilität die Fähigkeit sich veränderten Rahmenbedingungen und Bedürfnissen des Supply Chain-Partners anzupassen.[72] Als Messgrößen für die Flexibilität und Leistungsfähigkeit dienen die durchschnittliche Lieferzeit, die Liefergeschwindigkeit für Ersatzlieferungen sowie die benötigte Zeit zur Erfüllung außerplanmäßiger Aufträge.

Die Erfolgsdimension *Kosteneffizienz* ermöglicht Aussagen und Interpretationen zu den Transport- und Lageraktivitäten eines Unternehmens. Lagerbestände binden Kapital, sind aber notwendig, um die Produktion und den Verbrauch zu gewährleisten.[73] Ziel der Lagerhaltung ist es, die geforderte Lieferfähigkeit zu möglichst geringen Kosten zu garantieren.[74] Dabei sind u. a. die durchschnittliche Dauer der Einlagerung und die Höhe der Lagebestände von Bedeutung für die Kosteneffizienz.[75]

Um Aussagen über die *Prozessqualität und Prognosegenauigkeit* treffen zu können, werden dieser Dimension Messgrößen, wie zum Beispiel Lieferverzögerungen und Produktionsplanänderungen, zugeordnet. Aus den Kennzahlen wird ersichtlich, wie stabil die Prozesse an der Schnittstelle zwischen Lieferant und Abnehmer sind und wie zuverlässig die Vorhersage ist. Auslöser für Produktionsplanänderungen sind mitunter verzögerte Lieferungen. Die Prognosegenauigkeit beschreibt die Abweichung der tatsächlichen Bedarfe von den vorhergesagten Bestellmengen.

Auch *Effektivität* ist eine wesentliche Dimension der Erfolgsmessung auf der Ebene der Lieferanten-Abnehmer-Beziehung. Allgemein drückt Effektivität den Grad der Zielerreichung eines Prozesses aus. Im Hinblick auf die Lieferanten-Abnehmer-Beziehung lässt sich die Effektivität der Zusammenarbeit beurteilen. Dabei kann die Dimension anhand der Liefertermintreue und des Perfect Order Fulfillment gemessen werden. Um einen effektiven Transport- und Distributionsprozess innerhalb der Lieferanten-Abnehmer-Beziehung gestalten zu können, spielt die Liefertermintreue eine wesentliche Rolle. Besonders für die Abnehmerseite ist sie von

[71] Vgl. Beamon (1999, S. 281).

[72] Vgl. Gebert (2011, S. 127).

[73] Vgl. Gudehus (2010, S. 323).

[74] Vgl. Gudehus (2010, S. 344).

[75] Vgl. Gebert (2011, S. 127).

Tab. 5.2 Ausgewählte Kennzahlen zur Leistungsbewertung im Einkauf

Dimension	Kennzahl	Beschreibung	Primäre Verantwortlichkeit
Flexibilität und Leistungsfähigkeit	Lieferzeit (Tage)	Zeitspanne zwischen der Auftragserteilung und der Auftragserfüllung	Lieferant
	Ersatzlieferzeit (Tage)	Dauer einer Ersatzlieferung bei fehlerhaften Lieferungen	Lieferant
	Bearbeitungsvorlauf außerplanmäßiger Aufträge (Tage)	Zeitspanne zwischen der Auftragserteilung und dem Bearbeitungsbeginn außerplanmäßiger Aufträge	Lieferant
Kosteneffizienz	Durchschnittliche Einlagerungsdauer (Tage)	Einlagerungsdauer im Fertigwarenlager des Lieferanten und im Wareneingangslager des Abnehmers	Lieferant und Abnehmer
	Warenwert des Lagerbestands, skaliert von 1 („keine Bestände") bis 13 (Bestände > 6 Mio. €)	Monetäre Höhe der Lagerbestände	Lieferant und Abnehmer
Prozessqualität und Prognosegenauigkeit	Lieferverzögerung (Tage)	Zeitspanne zwischen dem ursprünglich geplanten und dem tatsächlichen Erfüllungszeitpunkt	Lieferant
	Produktionsplanänderungen, skaliert von 1 („nie") bis 13 („sehr häufig")	Häufigkeit von Produktionsplanänderungen aufgrund fehlerhafter oder verzögerter Lieferung	Lieferant
	Prognosegenauigkeit (%)	Verhältnis aus vorhergesagter und tatsächlicher Bestellmenge	Abnehmer
Effektivität	Liefertermintreue (%)	Anteil termingerechter Lieferungen	Lieferant
	Perfect Order Fulfillment (%)	Anteil mängelfreier Lieferungen in Bezug auf Zeit, Qualität und Ort	Lieferant

hoher Bedeutung, denn eine unzureichende Verfügbarkeit von Liefermaterialien kann zu Produktionsausfällen führen, welche mit erheblichen Kosten verbunden sind.[76] Die Liefertermintreue beschreibt die Wahrscheinlichkeit, mit der ein zuge-

[76] Vgl. Gebert (2011, S. 126 f.).

sagter Termin vom Lieferanten eingehalten wird und schafft somit Sicherheit für die Planung.[77] Beim „Perfect Order Fulfillment" werden die Lieferungen berücksichtigt, die ohne jegliche Mängel ausgeführt werden können, das heißt die richtige Menge zur richtigen Zeit in der richtigen Qualität am richtigen Ort. Eine termingerechte Lieferung, so genannte „Delivery to Promise", ist dabei Voraussetzung für ein „Perfect Order Fulfillment".[78]

Isoliert betrachtet sind diese Kennzahlen für die Gesamtbeurteilung der Lieferanten-Abnehmer-Beziehung wenig brauchbar, da gegenseitige Abhängigkeiten unberücksichtigt bleiben. Erst die umfassende Betrachtung unterschiedlicher Kennzahlen lässt eine aussagekräftige Interpretation zu. So hat die Prognosegenauigkeit erheblichen Einfluss auf die Höhe der Lagerbestände und die Einlagerungsdauer. Je nach Prognose können zu hohe oder zu niedrige Bestände gehalten werden. Hohe Lagerbestände verhindern Lieferrückstände, können aber gleichzeitig die Kosten erhöhen.

Empirische Untersuchung zur Bewertung der Lieferanten-Abnehmer-Beziehung Im Rahmen einer Studie des Lehrstuhls für Logistikmanagement der Universität St. Gallen (LOG-HSG) wurden im Jahr 2010 in einem Zeitraum von drei Monaten insgesamt 218 Unternehmen befragt, um den Erfolg der Lieferanten-Abnehmer-Beziehung bewerten zu können. Die Umfrage umfasste Daten von 105 Zulieferern und 113 Abnehmern diverser Branchen und Warengruppen. Vertreten sind Unternehmen aus der gesamten Breite der Wertschöpfungskette von der Rohstoffförderung bis zum Einzelhandel. Auch die Umsatzvolumina reichen vom Kleinunternehmen bis zum Großkonzern. Dabei sind bei den Lieferanten und den Abnehmern alle Arten der Produktion und Weiterverarbeitung von der Einzelfertigung bis zur Prozessfertigung anzutreffen.

Zur Identifikation vergleichbarer Unternehmen wurden in einem vierstufigen Prozess verschiedene Merkmale untersucht. Im ersten Schritt wurden die Unternehmen nach vergleichbaren Produkten sortiert und unterteilt. Weiterhin wurden Unternehmen nur in die gleiche Gruppe eingeordnet, wenn sie an einer ähnlichen Position in der Supply Chain angesiedelt sind. Danach wurden die Unternehmen in Zulieferer und Abnehmer aufgeteilt. Im vierten Schritt erfolgte eine Aufgliederung nach dem Anteil des Einkaufs- und Umsatzvolumens. Schlussendlich wurden die teilnehmenden Unternehmen in zehn Gruppen mit ähnlichen Warengruppen zusammengefasst. Bei der Einteilung wurde berücksichtigt, dass diese einen vergleichbaren Anteil dieser Warengruppe am jeweiligen gesamten Beschaffungs- und Umsatzvolumen sowie eine vergleichbare Position in der Supply Chain besitzen. Tabelle 5.3 zeigt einen branchenübergreifenden Überblick der ermittelten Kennzahlen. Dabei werden die Mittelwerte der Kennzahlen zu jeder Branche dargestellt.

Im Folgenden werden die wesentlichen Erkenntnisse der Studie erläutert und interpretiert. Die Ergebnisse der Studie zeigen, dass vor allem hinsichtlich der Dimension *Flexibilität und Leistungsfähigkeit* Unterschiede bestehen. Durchgängig

[77] Vgl. Gunasekaran et al. (2004, S. 337).

[78] Vgl. Gebert (2009, S. 136 f.).

Tab. 5.3 Branchenspezifischer Überblick der Kennzahlenmittelwerte von Zuliefer-Abnehmer-Beziehungen

Dimension		**Flexibilität und Leistungsfähigkeit**			**Kosteneffizienz**		**Prozessqualität und Prognosegenauigkeit**			**Effektivität**	
Kennzahl		Lieferzeit (Tage)	Ersatzlieferung (Tage)	Bearbeitungsvorlauf außerplanmäßiger Aufträge (Tage)	Durchschnittliche Einlagerungsdauer (Tage)	Warenwert des Lagerbestands, skaliert von 1 („keine Bestände") bis 13 (Bestände > 6 Mio. €)	Lieferverzögerungen (Tage)	Produktionsplanänderungen, skaliert von 1 („nie") bis 13 („sehr häufig")	Prognosegenauigkeit	Liefertermintreue (%)	Perfect Order Fulfillment (%)
Branche (Anzahl befragter Unternehmen)	Metall- & Schwerindustrie (13)	21	10	21	28	11	6	3	19	88	88
	Chemie, Pharma, Kosmetik (21)	28	12	22	38	10	7	3	22	86	85
	Papier- & Druck-industrie (15)	40	12	8	22	8	6	4	12	90	89
	Textilien (7)	25	11	33	24	7	8	3	22	89	89
	Nahrungsmittel & Getränke (29)	8	4	5	21	8	3	3	11	92	92
	Elektrogeräte & Zubehör (28)	34	13	23	28	8	10	4	19	90	90
	Maschinen & Anlagen (29)	41	10	14	24	8	9	4	19	83	82
	Automobilindustrie (37)	38	6	20	20	9	7	3	20	91	90
	Handel (11)*	30	14	32	12	11	10	4	14	83	81
	Sonstige (28)	20	12	16	28	9	6	3	44	88	87
Mittelwert		**29**	**10**	**18**	**25**	**9**	**7**	**3**	**21**	**89**	**88**

* befragt wurden nur Abnehmer.

sehr gute Werte sind in der Nahrungsmittel- und Getränkebranche zu verzeichnen. Diese könnten auf die geringe Haltbarkeit der Bestände zurückgeführt werden. Auffällig schlechte Werte weisen die Elektrogeräte- und Zubehörbranche sowie der Handel auf. Bei differenzierter Betrachtung der einzelnen Kennzahlen fallen die starken Diskrepanzen in der Rubrik Lieferzeit auf. Vor allem durch die Papier- und Druckindustrie mit einer Lieferzeit von 40 Tagen sowie durch die technisch orientierten Branchen (z. B. Maschinen und Anlagen, Automobilindustrie oder Elektrogeräte und Zubehör) mit einer Lieferzeit von 34 bis 41 Tagen ist der Lieferzeitmittelwert mit 29 Tagen relativ hoch. Dagegen liegt die durchschnittliche Lieferzeit in der Nahrungsmittel- und Getränkebranche bei lediglich acht Tagen. Da es sich bei den technisch orientierten Branchen sowie im Verlagswesen oft um Sonderanfertigungen handelt, dauert die Zeit bis zur Lieferung in der Regel länger als bei Lebensmitteln. Bei Ersatzteillieferungen liegen nur die Werte der Automobilindustrie mit sechs Tagen und der Nahrungsmittelindustrie mit vier Tagen deutlich über dem Durchschnittswert von zehn Tagen. In der Automobilindustrie wird heutzutage vorwiegend das JIT-Konzept angewandt. Dadurch ist es möglich den Materialbedarf nahezu produktionssynchron zu liefern. In der Elektro- und Zubehörbranche hingegen beträgt die Dauer bis zur Ersatzlieferung 13 und beim Handel 14 Tage. Die durchschnittliche Zeit für außerplanmäßige Aufträge beträgt 18 Tage. Die Textilbranche benötigt 33 und der Handel 32 Tage, die Papier- & Druckindustrie hingegen acht Tage bzw. die Nahrungsmittel- und Getränkebranche fünf Tage. Da sich in Supermärkten aufgrund von Nachfrageschwankungen oft unerwartet die Regale leeren, ist eine rasche Bearbeitung von außerplanmäßigen Aufträgen zwingend erforderlich. Die schnelle Reaktion der Auftragsbearbeitung in der Papier- und Druckindustrie könnte auf eine elektronische Auftragsübermittlung zurückgeführt werden.

Bei der Dimension *Kosteneffizienz* werden im Rahmen der Studie die durchschnittliche Einlagerungszeit von Beständen berechnet und der Lagerbestand erfasst. Die Einlagerungszeit liegt bei durchschnittlich 25 Tagen in allen Branchen, wobei diese in der Chemie-, Pharma- und Kosmetikbranche mit einer Summe von 38 Tagen den größten Wert aufweist. Dies ist unter anderem darauf zurückzuführen, dass der Fokus dieser Branche in der Vergangenheit primär auf den Bereichen Fertigung und Entwicklung, Marketing und Vertrieb sowie Produktion lag. Das Supply Chain Management und damit auch die übergreifende Betrachtung der Bestände haben dort erst in den letzten Jahren an Bedeutung gewonnen. Die Nahrungsmittel- und Getränkebranche sowie die Automobilindustrie erweisen sich dabei als kosteneffizienter. Dies ist an der kurzen Einlagerungszeit und den verhältnismäßig geringen Lagerbeständen festzustellen. Auch hier greifen als mögliche Erklärungen das JIT-Konzept der Automobilindustrie und die geringe Haltbarkeit von Lebensmitteln.

Die Dimension *Prozessqualität und Prognosegenauigkeit* weist kaum signifikante Unterschiede zwischen den untersuchten Branchen auf. Generell ist festzustellen, dass in allen Branchen die Prozesse an der Schnittstelle Zulieferer und Abnehmer vergleichsweise stabil sind. Die Lieferverzögerung zeigt eine Spannbreite von drei bis zehn Tagen auf, wobei der Durchschnitt aller Branchen bei sieben Tagen liegt. Den besten Wert weist dabei die Nahrungsmittel- und Getränkebranche mit einer Lieferverzögerung von drei Tagen auf. Hingegen benötigen die Elektrogeräte- und Zubehörbranche sowie der Handel im Durchschnitt zehn Tage. Generell werden in allen Branchen kaum Produktionsplanänderungen, zu deren Auslöser fehlerhafte oder verzögerte Lieferungen gehören, vorgenommen. Die Prognosegenauigkeit, d. h. die Abweichung der tatsächlichen Bedarfe von den vorhergesagten Bestellmengen, beträgt durchschnittlich 21 %. Die niedrigsten Werte sind in der Nahrungsmittel- und Getränkebranche mit 11 % und in der Papier- und Druckindustrie mit 12 % zu verzeichnen. Dies könnte daran liegen, dass Zeitungen oder Magazine regelmäßig in relativ gleicher Auflagenzahl gedruckt werden und der Bedarf an Nahrungsmitteln und Getränken gut prognostiziert werden kann.

Die in der Studie zuletzt befragte Dimension ist die *Effektivität*. Die Mittelwerte der Liefertermintreue und des Perfect Order Fulfillments liegen bei 89 bzw. 88 %.

Es zeigt sich, dass wieder die Nahrungsmittel- und Getränkebranche mit einer Liefertermintreue von 92 % und einem Perfect Order Fulfillment von 92 % bei den Vorreitern liegt. Vor allem bei der Belieferung von Supermärkten oder Restaurants ist eine hohe Liefertermintreue erforderlich. Die Maschinen- bzw. Anlagenbranche mit einer Liefertermintreue von 83 % und einem Perfect Order Fulfillment von 82 % sowie der Handel, der ähnliche Werte aufweist, nehmen den letzten Platz ein. Dies könnte auf die wenig standardisierten und unregelmäßigen Prozessabläufe zurückgeführt werden.

5.3.4 Managementempfehlungen

Für die Gestaltung der Erfolgsmessung der Lieferanten-Abnehmer-Beziehung lassen sich für den Einkauf einige Empfehlungen ableiten. Durch eine hochgradig integrierte IT-Basis lassen sich Lieferanten in die mittel- bis langfristige Supply Chain-Planung der Abnehmer integrieren. Des Weiteren ist es wichtig, dass relevante Kennzahlen identifiziert und spezifiziert werden. Diese sollten regelmäßig kontrolliert und falls notwendig, angepasst werden. Dazu ist eine Benennung eines Verantwortlichen für die Erfolgsmessung von zentraler Bedeutung. Die Ergebnisse sollten gründlich und systematisch mit dem jeweiligen Partnerunternehmen diskutiert werden. Dies erfordert eine Bereitstellung von Mitarbeitern beider Parteien sowie die Errichtung einer unternehmensübergreifenden Arbeitsgruppe. Um zu erkennen, wann Maßnahmen erforderlich sind, spielt die Festlegung von Eingriffsgrenzen für jede Erfolgsgröße eine entscheidende Rolle.[79] Bei der Implementierung eines beziehungsspezifischen Erfolgsmessungssystems bedarf es einer ordentlich durchgeführten Verknüpfung der Maßeinheiten und einem klar definierten Prozess, um Fortschritte verfolgen zu können. Auch die Ziele sollten in Planung und Ablauf integriert werden.[80] Dabei ist der Einbezug der tangierten Organisationseinheiten wichtig, um ein effektives Erfolgsmessungssystem aufbauen zu können.[81] Eine weitere Maßnahme zur Verbesserung der Erfolgsmessung der Lieferanten-Abnehmer-Beziehung stellt das Open Book Accounting dar.[82] Dabei werden Informationen, insbesondere Kosteninformationen und kalkulationsrelevante Zusatzinformationen, zwischen Lieferant und Abnehmer ausgetauscht. Dies bedeutet jedoch nicht zwangsläufig, dass alle beteiligten Unternehmen ihre Kosteninformationen untereinander zugänglich machen. Häufig legen lediglich die Lieferanten ihre Daten offen. So kann der Lieferant seine Preissteigerungen gegenüber dem Abnehmer begründen.[83]

Des Weiteren können nur dann aussagekräftige Schlussfolgerungen erfolgen, wenn die Kennzahlen regelmäßig erhoben werden. Zu welchen Zeitpunkten die Erhebung sinnvoll ist, wird bei den Ausführungen zur Härtegrad-Systematik

[79] Vgl. Gebert (2011, S. 200 f.).

[80] Vgl. Gomes et al. (2012, S. 2).

[81] Vgl. Gomes et al. (2012, S. 5).

[82] Vgl. Kajüter und Kulmala (2005, S. 179 ff.).

[83] Vgl. Lührs (2010, S. 25 f.).

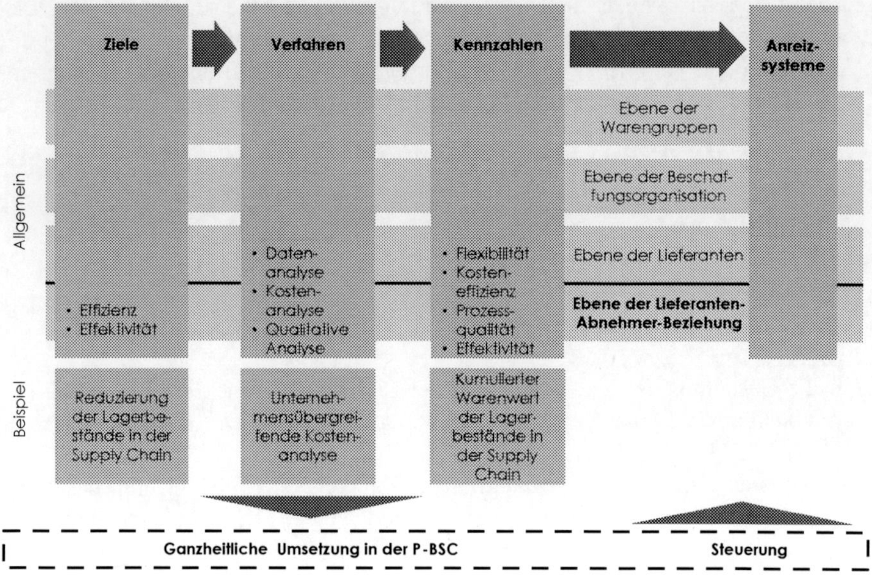

Abb. 5.18 Konzeptioneller Bezugsrahmen zur Erfolgsmessung auf der Ebene der Lieferanten-Abnehmer-Beziehung

(s. Abschn. 1.3) erörtert. Neben den präsentierten Kennzahlen, gibt es eine Reihe weiterer Steuerungsgrößen, die für die Erfolgsmessung von Bedeutung sein könnten. Dies sind zum einen Outcome-orientierte Größen (Effektivitätskennzahlen) und zum anderen operative Kennzahlen (Effizienzkennzahlen). Zu den Ersteren zählen u. a. die Anzahl der Schnittstellen sowie die Anzahl der Kundenkontakte zwischen Lieferant und Abnehmer, zu den letzteren die Gesamtlieferzeit.[84] Eine weitere Kennzahl, die berücksichtigt werden könnte, ist die Lieferbereitschaft des Zulieferers. Diese gibt an, inwiefern ein Zulieferer direkt aus seinem Lager distribuieren kann. Auch die gesamte Durchlaufzeit, ist eine mögliche Messgröße. Sie gibt die Zeit zwischen Auftragseingang und Warenauslieferung an und bemisst damit die Prozess- inklusive der Produktionszeit eines Gutes.[85] Des Weiteren dient der Transportmittelnutzungsgrad der Verbesserung der Fixkostenverteilung der durchgeführten Distributionsvorgänge. Dieser ermittelt den Prozentsatz des tatsächlichen Transportvolumens und dem möglichen Transportvolumen.[86]

Die Erfolgsmessung auf der Ebene der Lieferanten-Abnehmer-Beziehung weist jedoch auch Grenzen auf. Hier besteht die Gefahr, dass die Kennzahlen zu falschen Einschätzungen oder Interpretationen führen, da sich daraus keine unmittelbaren Handlungsempfehlungen ableiten. Des Weiteren sind Unternehmen in der heutigen

[84] Vgl. Werner (2010, S. 301).

[85] Vgl. Werner (2010, S. 323).

[86] Vgl. Werner (2010, S. 324).

Zeit immer mehr Informationen und Handlungsalternativen ausgesetzt und finden kaum Zeit, diese zu verarbeiten.

Aus Abb. 5.18 kann entnommen werden, welche Ziele, Verfahren und Kennzahlen in der Erfolgsmessung auf der Ebene der Lieferanten-Abnehmer-Beziehung von Bedeutung sind.

Zu den Zielen bei der Erfolgsmessung auf der Ebene der Lieferanten-Abnehmer-Beziehung gehören vor allem Effizienz und Effektivität. Diese können in der Reduzierung der Lagerbestände in der Supply Chain Ausdruck finden, durch welche die Summe der Kapitalbindungskosten des Zulieferers und Abnehmers reduziert wird. Erfolge auf der Beziehungsebene können dabei mit Hilfe von Datenanalyse, Kostenanalysen sowie qualitativen Analysen unternehmensübergreifend gemessen werden. Diese stellen komplexe Zusammenhänge dar und zeigen auf, wie Lieferanten-Abnehmer-Beziehungen weiter optimiert werden können. Kennzahlen der Erfolgsmessung auf der Ebene der Lieferanten-Abnehmer-Beziehungen beschäftigen sich vor allem mit den Themen Flexibilität, Kosteneffizienz, Prozessqualität sowie Effektivität. Ein Beispiel hierfür ist der Warenwert der Lagerbestände einer spezifischen Lieferanten-Abnehmer-Beziehung. Durch Messung dieser Kennzahlen sowohl beim Lieferanten als auch beim abnehmenden Kunden und damit verbundenen Maßnahmen können verbessert und ausgebaut werden.

Ganzheitliche Systeme zur Erfolgsmessung im Einkauf

6

6.1 Einführung in die ganzheitliche Erfolgsmessung im Einkauf

Die Ermittlung und Darstellung einer Vielzahl unstrukturierter Einzelkennzahlen führt schnell zu Unübersichtlichkeit in der Erfolgsmessung, was eine zielgerichtete Steuerung des Einkaufs unmöglich werden lässt. Einen Ansatz für diese Herausforderung bieten ganzheitliche Messkonstrukte. Hierzu gehört der Procurement Value Added (PVA), welcher basierend auf dem Economic Value Added, den monetären Wertbeitrag des Einkaufs darstellt. Dabei spielen vor allem die Möglichkeit der öffentlichen Datenerhebung sowie die Wertorientierung der Spitzenkennzahl eine große Rolle.[1] Ein ganzheitliches Erfolgsmessungssystem mit Führungsanspruch ist die Purchasing Balanced Scorecard (P-BSC). Hierbei handelt es sich um eine Anpassung der allgemeinen BSC, wobei zusätzlich zu den bereits bestehenden Dimensionen einkaufsspezifische Merkmale berücksichtigt werden. Beide Ansätze werden im Folgenden näher erläutert und ihre Bedeutung für die Erfolgsmessung im Einkauf aufgezeigt.

6.2 Procurement Value Added als wertorientiertes Messkonstrukt

6.2.1 Einführung

Kennzahlensysteme stellen ein wirksames Instrument zur Erfolgsmessung dar. Dabei finden vor allem solche Kennzahlensysteme Verbreitung, die auf öffentlich zugänglichen Informationen basieren und in eine Spitzenkennzahl münden (z. B. Return on Investment (ROI)[2], Economic Value Added (EVA)[3] und Cash-to-Cash

[1] Vgl. Maucher et al. (2012, S. 63).

[2] Vgl. Nikbakh und Groppelli (1990, S. 468 f.).

[3] Vgl. Stewart (1991, S. 118 ff.).

E. Hofmann et al., *Erfolgsmessung und Anreizsysteme im Einkauf*,
Advanced Purchasing & SCM, DOI 10.1007/978-3-642-34317-9_6,

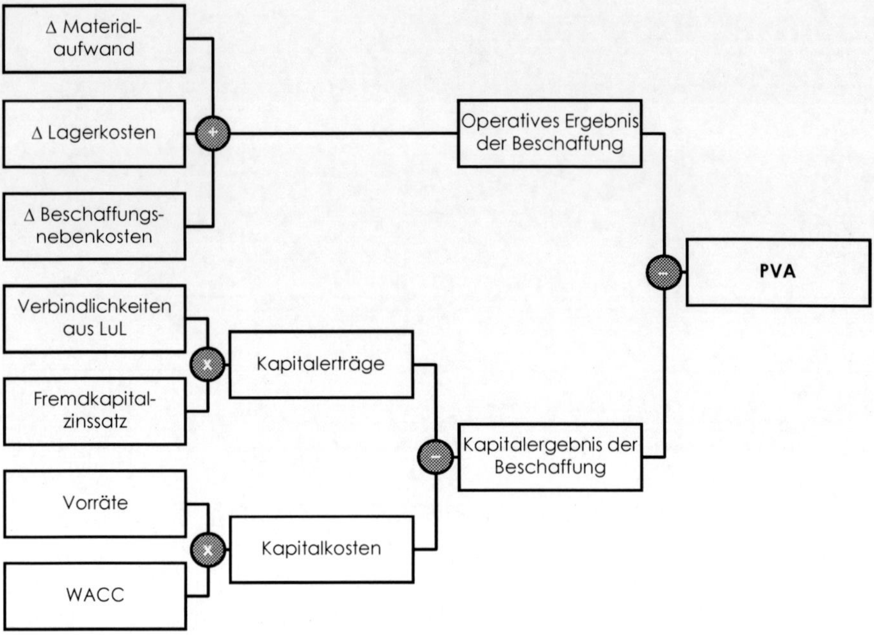

Abb. 6.1 Konzept des Procurement Value Added als wertorientiertes Erfolgsmessungskonstrukt

Cycle Time[4]). Diese Kennzahlensysteme ermöglichen die Durchführung von unternehmensinternen und unternehmensexternen Benchmarkings. Zwar existieren auch für den Einkauf Kennzahlensysteme, doch erfüllen diese Systeme nicht die Anforderungen zur Durchführung von Benchmarkings.[5] Diese Lücke zur Erfolgsmessung im Einkauf soll der PVA schließen. Das im Folgenden vorgestellte Konzept des PVA ist eine Weiterentwicklung der im ersten Band dieser Reihe erschienenen Version.[6]

6.2.2 Konzept des Procurement Value Added

Der PVA setzt sich, analog zum EVA, aus dem operativen Ergebnis und dem Kapitalergebnis der Beschaffung zusammen (Abb. 6.1). Das operative Ergebnis der Beschaffung repräsentiert die Kosteneinsparungen im Einkauf und ergibt sich aus Veränderungen der Materialkosten, der Lagerkosten und der Beschaffungsnebenkosten. Der Einkauf hat weiterhin wesentlichen Einfluss auf das im Unternehmen gebundene Kapital. So entstehen beispielsweise durch Vorräte Kapitalkosten. Verbindlichkeiten aus Lieferungen und Leistungen (LuL) führen hingegen zu Kapitalerträgen, da diese i. d. R zinslose Lieferantendarlehen darstellen. Die Bewertung der Vorräte erfolgt über den gewichteten durchschnittlichen Kapitalkostensatz

[4] Vgl. Stewart (1995, S. 43).

[5] Vgl. Strache (1978, S. 14 ff.); vgl. Reinschmidt (1989, S. 220 ff.); vgl. Piontek (2004, S. 193 ff.).

[6] Vgl. Hofmann et al. (2010, S. 91 ff.).

(WACC). Verbindlichkeiten aus LuL werden mit dem Fremdkapitalzinssatz bewertet, da diese als Fremdkapitalalternative zu interpretieren sind.

Zunächst erfolgt eine Darstellung, wie sich die Bestandteile des operativen Ergebnisses der Beschaffung berechnen. Die Veränderung des Materialaufwandes (ΔMA) ergibt sich über die Differenz des um Anpassungen bereinigten Materialaufwandes der Vorperiode (MA_{alt}) und der aktuellen Periode (MA_{neu}):

$$\Delta MA = MA_{alt} \times NF_{HK} \times NF_{LuG} - MA_{neu} \tag{6.1}$$

Da die Entwicklung des Materialaufwandes von der Entwicklung der Herstellungskosten sowie der Entwicklung der Löhne und Gehälter im Vergleich zum Materialaufwand abhängt, werden zum Ausgleich dieser Effekte Normierungsfaktoren eingefügt. Der Normierungsfaktor Herstellungskosten (NF_{HK}) gewährleistet eine Kopplung der MA_{alt} an die Entwicklung der Herstellungskosten. Wird die GuV eines Unternehmens nach dem Gesamtkostenverfahren erstellt und somit keine Herstellungskosten ausgewiesen, dient alternativ die Entwicklung der Umsatzerlöse als Referenzwert.

$$NF_{HK} = \frac{HK_{neu}}{HK_{alt}} \tag{6.2}$$

mit:

HK_{neu} Herstellungskosten (bzw. Umsatzerlöse) aktuelle Periode
HK_{alt} Herstellungskosten (bzw. Umsatzerlöse) Vorperiode

Der Normierungsfaktor-Löhne und Gehälter (NF_{LuG}) dient zum Ausgleich von Out- und Insourcing-Aktivitäten.

$$NF_{LuG} = 1 - \left(1 - \frac{LuG_{alt} \times MA_{neu}}{LuG_{neu} \times MA_{alt}}\right) \times GF_{LuG} \tag{6.3}$$

mit:

LuG_{neu} Löhne und Gehälter der aktuellen Periode
LuG_{alt} Löhne und Gehälter der Vorperiode
GF_{LuG} Gewichtungsfaktor Löhne und Gehälter

Die Veränderung der Lagerkosten (ΔLK) werden aus der Differenz der um den NF_{HK} angepassten Lagerkosten der Vorperiode (LK_{alt}) und den Lagerkosten der aktuellen Periode (LK_{neu}) ermittelt:

$$\Delta LK = LK_{alt} \times NF_{HK} - LK_{neu} \tag{6.4}$$

Die darin enthaltenen Lagerkosten (LK) ergeben sich aus dem Produkt der Vorräte ohne fertige Erzeugnisse und Waren (V') und einem unternehmens- oder branchenspezifischen Lagerkostensatz (LKS):

$$LK = V' \times LKS \tag{6.5}$$

Der *LKS* gibt den Anteil der Lagerkosten in Bezug auf den Wert der Vorräte wider. Lagerkosten entstehen durch die operative Lagerhaltung, wie z. B. Mieten, Stromkosten, Abschreibungen von Lageranlagen oder Personalaufwendungen. Darin nicht enthalten sind jedoch die durch Vorräte verursachten Kapitalbindungskosten, da diese im Kapitalergebnis der Beschaffung berücksichtigt werden.[7] ΔLK ergibt sich damit aus:

$$\Delta LK = (V'_{alt} \times NF_{HK} - V'_{neu}) \times LKS \tag{6.6}$$

Die ebenfalls im Rahmen des operativen Ergebnisses betrachteten Beschaffungsnebenkosten stellen die betriebsbedingten Kosten der Beschaffungsorganisation dar (insbesondere Personalaufwendungen, Kosten für Infrastruktur und erforderliche Sachanlagen sowie Informations- und Kommunikationskosten). Die Veränderung der Beschaffungsnebenkosten (ΔBNK) wird über das Produkt aus einen unternehmens- oder branchenspezifischen Beschaffungsnebenkostensatz (*BNKS*) und der Veränderung des Materialaufwandes berechnet:

$$\Delta BNK = BNKS \times \Delta MA \tag{6.7}$$

6.2.3 Exemplarische Anwendung des Procurement Value Added

Anhand einer exemplarischen Berechnung soll im Folgenden der Ansatz des PVA verdeutlicht werden. Dazu werden anhand der Bilanz sowie der GuV der Bilfinger Berger SE des Jahres 2010 die Bestandteile des PVA ermittelt. Da trotz einer Erhöhung des Umsatzes und der Herstellungskosten bei etwa gleich bleibenden Löhnen und Gehältern der Materialaufwand reduziert werde konnte, führt dies zu einer deutlichen Reduzierung des Materialaufwandes. Ebenso konnten die Lager- und Beschaffungsnebenkosten gegenüber dem Vorjahr reduziert werden. Dies führt zu einem operativen Ergebnis der Beschaffung von etwa 238 Mio. €. Bilfinger Berger weist im Jahr 2010 Verbindlichkeiten aus LuL von 864 Mio. € aus. Bewertet mit einem Fremdkapitalzinssatz von 4,74 % ergeben sich Kapitalerträge von 41 Mio. €. Obwohl diesen Kapitalerträgen die Kapitalkosten von 14,5 Mio. € gegenüber stehen, ergibt sich insgesamt ein positives Kapitalergebnis der Beschaffung von 26,5 Mio. €. Damit beträgt der PVA als Summe des operativen Ergebnisses und des Kapitalergebnisses etwa 264 Mio. € (Abb. 6.2).

Abbildung 6.3 zeigt die zeitliche Entwicklung des PVA von Bilfinger Berger SE in den letzten zehn Jahren. Dabei fällt auf, dass der PVA in dieser Zeit stets positive

[7] Vgl. Wannenwetsch (2008, S. 71).

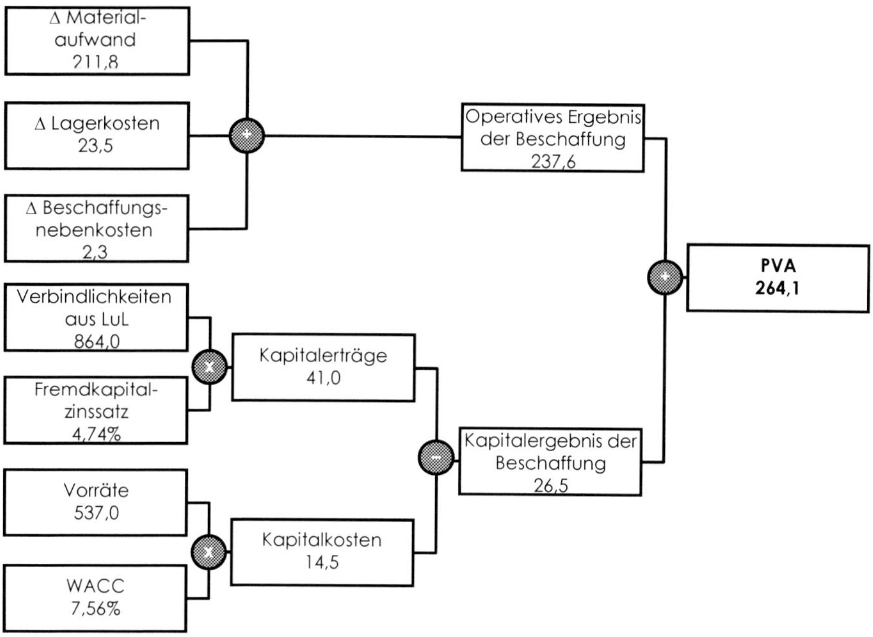

Abb. 6.2 Exemplarische Berechnung des Procurement Value Added für Bilfinger Berger SE im Jahr 2010 (Werte in Mio. €)

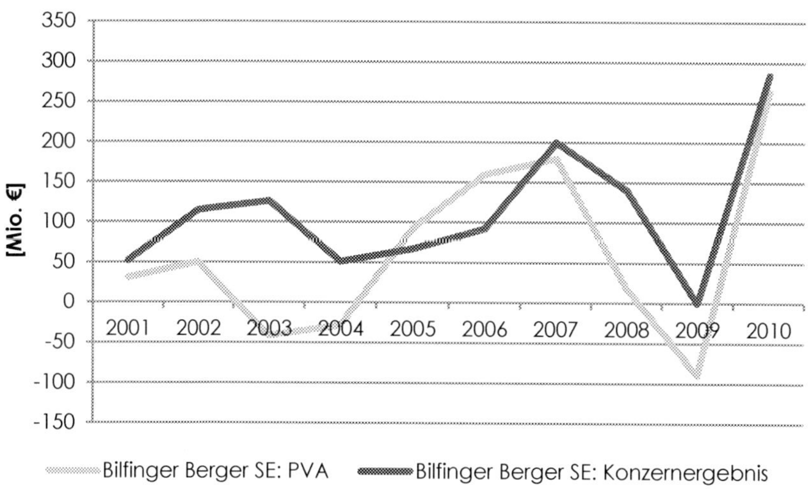

Abb. 6.3 Exemplarische Entwicklung des Procurement Value Added von Bilfinger Berger SE seit 2001

Werte annahm. Dies ist keineswegs selbstverständlich, da sowohl das operative Ergebnis der Beschaffung so wie auch das Kapitalergebnis der Beschaffung negative Werte erzielen können und somit auch der PVA negativ ausfallen kann. In diesem Fall trägt der Einkauf negativ zum Gesamtergebnis des Unternehmens bei. Im Falle von Bilfinger Berger SE zeigt sich, dass der PVA dem Konzernergebnis zeitlich vorausläuft. In weiteren Studien gilt es daher zu untersuchen, ob dieses Phänomen generalisierbar ist.

6.2.4 Managementempfehlungen

Der PVA stellt den Residualgewinn, d. h. den Überschuss des operativen Gewinns zu den Kapitalkosten des Einkaufs dar. Die Besonderheit gegenüber dem EVA ist, dass aufgrund der Berücksichtigung der Verbindlichkeiten aus LuL als zinsloses Darlehen auch ein positives Kapitalergebnis der Beschaffung möglich ist. Aufgrund der Einschränkung, lediglich öffentlich verfügbare Daten in den PVA einzubeziehen, bleiben weitere Einflussfaktoren des Einkaufs auf den Unternehmenserfolg, wie eine Erhöhung des Umsatzes durch den Einkauf innovativer oder qualitativ hochwertigerer Produkte, unberücksichtigt.

Trotz dieser Einschränkung stellt der PVA eine einfache Möglichkeit zur ganzheitlichen Messung des Einkaufserfolges mithilfe einer Spitzenkennzahl dar. Aufgrund der Fundierung auf öffentlich zugänglichen Daten können sowohl interne als auch externe Benchmarkings im Einkauf durchgeführt werden. Unter Verwendung unternehmensinterner Daten besteht weiterhin die Möglichkeit einer vierteljährlichen Berechnung des PVA. Neben einer Aussage zum Erfolg des Einkaufs zeigt der PVA auch Verbesserungspotenziale auf. So können anhand der Beurteilung der Bestandteile des PVA zielgerichtete Maßnahmen zur Verbesserung eingeleitet werden.

Abbildung 6.4 stellt das ganzheitliche Messkonstrukt des PVA im Bezugsrahmen zur Erfolgsmessung im Einkauf dar. Der PVA wird aus allen Ebenen der Einkaufserfolgsmessung gefüllt. So beeinflusst die Ebene der Warengruppen den Materialaufwand, die Lagerkosten sowie die Höhe der Vorräte. Die Ebene der Beschaffungsorganisation wirkt im Wesentlichen auf die Beschaffungsnebenkosten. Die Lieferanten sowie die Lieferanten-Abnehmer-Beziehung haben Einfluss auf den Materialaufwand, die Lagerkosten, Verbindlichkeiten aus LuL sowie die Höhe der Vorräte. Nach Ermittlung des PVA kann dieser schließlich zur Steuerung der beteiligten Akteure über Anreizsysteme verwendet werden.

6.3 Purchasing Balanced Scorecard als managementorientierter Implementierungsansatz

6.3.1 Ziele und Aufgaben der Purchasing Balanced Scorecard

Die P-BSC dient zur Operationalisierung der aus den Unternehmenszielen abgeleiteten Einkaufsstrategie und zur Messung der Beschaffungsleistungen und -ergeb-

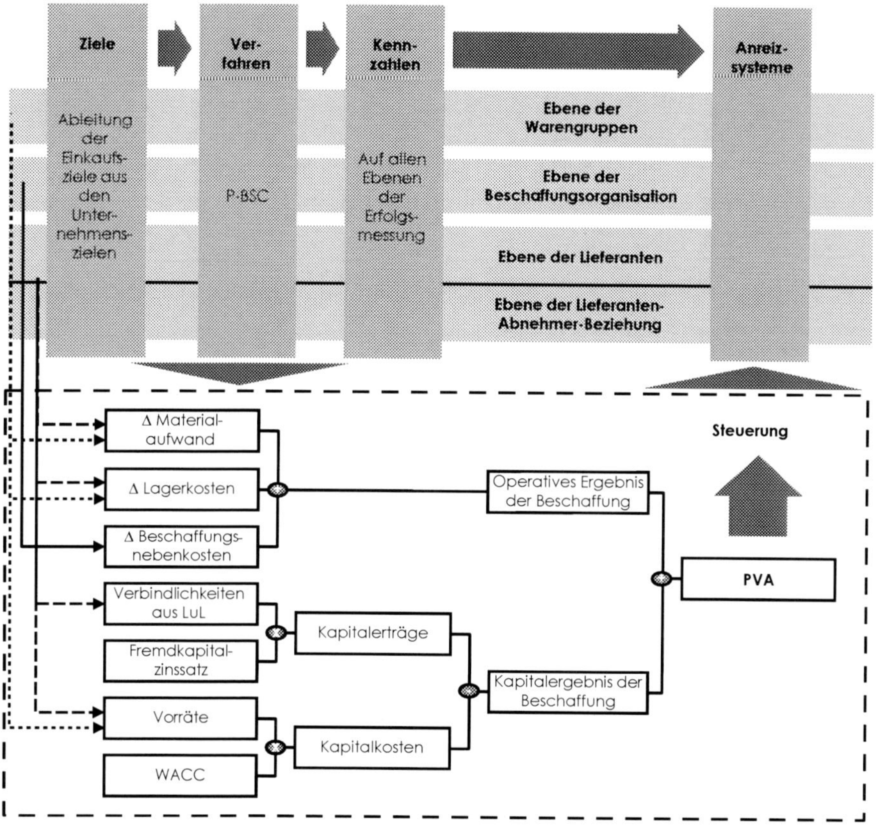

Abb. 6.4 Einbezug des Procurement Value Added im Bezugsrahmen zur ganzheitlichen Erfolgsmessung im Einkauf

nisse.[8] Im Mittelpunkt der Betrachtung stehen dabei die eindeutige Formulierung und das gemeinsame Verständnis der zugrundeliegenden Beschaffungsvision und Einkaufsstrategie die aus der auf das Gesamtunternehmen zugeschnittenen BSC abgeleitet sind. Die P-BSC ist somit unterhalb der Unternehmens-BSC einzuordnen.[9] Der Aufbau der P-BSC erfolgt analog zur klassischen BSC, wobei deren Architektur an die spezifischen Bedürfnisse des jeweiligen Unternehmens anzupassen ist. So sollte eine P-BSC als „Schablone“ zur Erfolgsmessung und nicht als „Zwangsjacke“ verstanden werden.[10]

[8] Vgl. Kaufmann et al. (2005, S. 13).

[9] Vgl. Engelhardt (2002, S. 33).

[10] Vgl. Kaplan und Norton (1997, S. 33).

Die P-BSC verfolgt im Wesentlichen zwei Ziele:

- Zum einen soll sie dazu dienen, dem Management eine präzise Zusammenfassung der Erfolgsfaktoren des Unternehmens und des Einkaufs vorzulegen.
- Des Weiteren soll durch die P-BSC die Ausrichtung der Arbeitsabläufe des Unternehmens und der Beschaffungsaktivitäten in der Gesamtstrategie erleichtert werden.

Die P-BSC ist daher als ein ganzheitlicher Implementierungsansatz zur Erfolgsmessung in der Beschaffung, unter Beachtung finanzieller und nicht-finanzieller Kennzahlen aufzufassen. Durch das Gleichgewicht der betrachteten Perspektiven ermöglicht die P-BSC eine Rundumsicht auf die Beschaffungsfunktion und gewährleistet eine ausgewogene Steuerung zur Beschaffungsfunktion.

6.3.2 Abgrenzung zur traditionellen Balanced Scorecard

Da sich klassische Kennzahlensysteme zur Erfolgsmessung, wie der Return on Investment, lediglich an finanziellen Größen orientieren und der wachsenden Bedeutung weicher Faktoren, wie der Mitarbeiterqualifikation, nicht gerecht werden, wird zunehmend der Einsatz ganzheitlicher Systeme zur Erfolgsmessung gefordert. Die von Kaplan und Norton (1992) entwickelte BSC umfasst daher, neben der finanziellen Perspektive, auch operative Aspekte wie die Kundenperspektive, die interne Prozessperspektive sowie die Potenzialperspektive. Für jede dieser Sichtweisen werden Ziele, Messgrößen und Maßnahmen definiert (Abb. 6.5). Dadurch erhalten Führungskräfte ein Kennzahlen-Cockpit mit dem mehrere Bereiche gleichzeitig gesteuert werden können.[11]

Da im Einkauf neben den vier klassischen Perspektiven der BSC vor allem das Management der Zulieferer von zentraler Bedeutung ist, erscheint in diesem Anwendungsgebiet eine Erweiterung um die Lieferantenperspektive sinnvoll. Hierzu werden in der einschlägigen Literatur zwei Möglichkeiten diskutiert: Eine Möglichkeit besteht darin, die Kundenperspektive durch die Lieferantenperspektive zu ersetzen.[12] Dabei sollen die Inhalte der Kundenperspektive in die Prozessperspektive integriert werden. Die zweite Möglichkeit sieht die Ergänzung der klassischen BSC um die Lieferantenperspektive, neben den bestehenden vier Berichtsperspektiven, vor.[13] Die Kundenperspektive bildet dabei die Beziehung des Einkaufs zum Bedarfsträger als internen – und punktuell – externen Kunden ab. In den weiteren Ausführungen wird die zweite Möglichkeit, mit der Ergänzung der klassischen BSC um die Lieferantenperspektive bevorzugt, da insbesondere mit der internen Kundenperspektive die Intensivierung der Zusammenarbeit des Einkaufs als Schnittstellenpartner mit „Querschnittcharakter" betont wird. Des Weiteren wird die Potenzial-

[11] Vgl. Kaplan und Norton (1992, S. 71 ff.).

[12] Vgl. Eschenbach (1999, S. 39).

[13] Vgl. Aich und Fiedler (2004, S. 41 ff.).

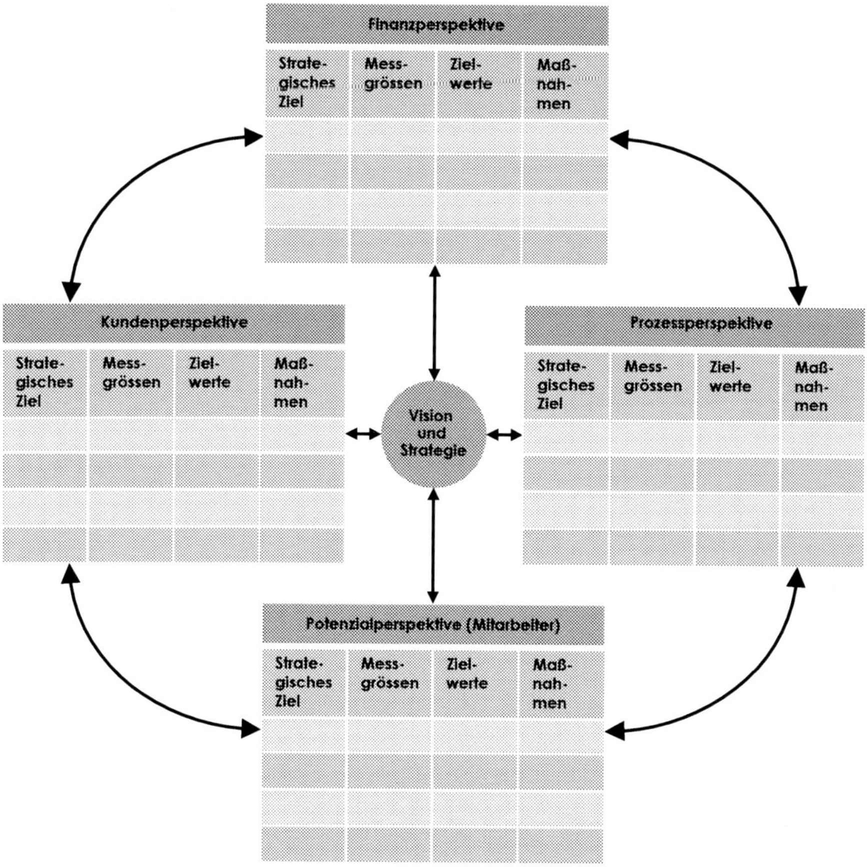

Abb. 6.5 Dimensionen der traditionellen Balanced Scorecard. (Vgl. Kaplan und Norton 1996, S. 76)

perspektive – begrifflich – durch die Mitarbeiterperspektive ersetzt. Die Stellung der Mitarbeiter wird durch diese Begriffsanpassung gestärkt, da ihre Tätigkeiten eine messbare Leistung zur Umsetzung der Gesamtstrategie der Unternehmung leisten.

6.3.3 Aufbau der Purchasing Balanced Scorecard

Die P-BSC besitzt fünf Sichtweisen, die mit ihren monetären und nicht-monetären Steuerungsgrößen die Vision und die Strategie des Einkaufs aufgreifen (Abb. 6.6):

- Die *Finanzperspektive* zeigt auf, ob die verfolgte Beschaffungsstrategie den gewünschten finanziellen Erfolg erzielt. Dabei wird der monetäre Erfolg des

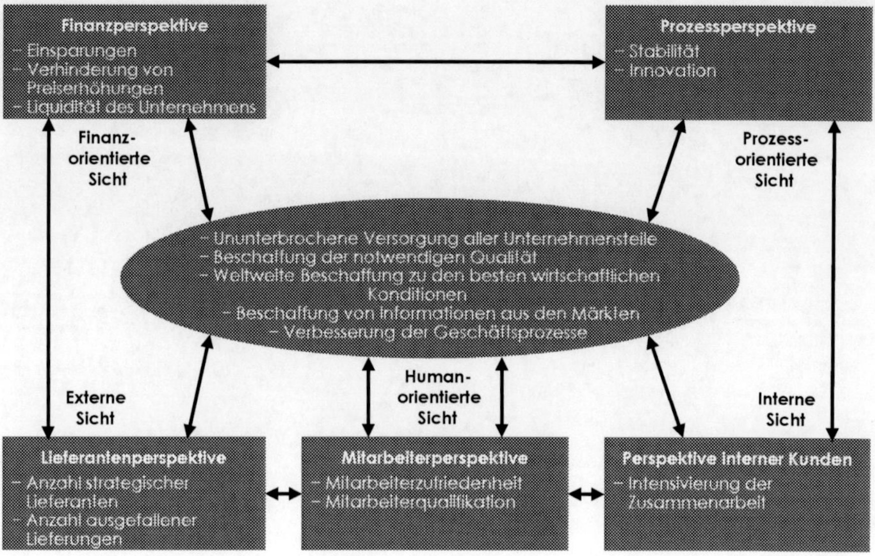

Abb. 6.6 Perspektiven der Purchasing Balanced Scorecard. (Vgl. Aich und Fiedler 2004, S. 41)

Einkaufs bemessen. Meistens werden hierzu lediglich die vom Einkauf zu verantwortenden Auszahlungen und nicht dadurch beeinflusste Einzahlungen, wie die Umsatzsteigerung durch Beschaffung innovativer Produkte, berücksichtigt. Treiber des monetären Wertbeitrags sind deshalb Material- und Bestandskostensenkung, Verringerung der eigenen Wertschöpfungstiefe sowie allgemein die Senkung der lebenszyklusorientierten Total Cost of Ownership.

- In der *Prozessperspektive* stehen effizienzorientierte Kennzahlen des Einkaufs im Vordergrund. Primär werden Kennzahlen zur Bemessung von Häufigkeit, Zeit und Qualität der Einkaufsprozesse betrachtet. Auch Fortschritte bei der Automatisierung von Einkaufsaktivitäten, z. B. durch E-Procurement, lassen sich in der Prozessperspektive abbilden und steuern.
- Die *Lieferantenperspektive* untersucht alle Aspekte der Zusammenarbeit mit Lieferanten. Dies umfasst sowohl die Beurteilung des Lieferantenmanagements des beschaffenden Unternehmens, der Schnittstelle der Lieferanten-Abnehmer-Beziehung sowie die Leistung des Lieferanten. Kennzahlen in dieser Perspektive sind beispielsweise die Anzahl und Qualität der Lieferanten.
- Die *Mitarbeiterperspektive* bezieht sich auf alle messbaren Größen in Bezug auf die Mitarbeiter des beschaffenden Unternehmens. Hierzu zählen beispielsweise die Mitarbeiterzufriedenheit, die Mitarbeiterstruktur und die Mitarbeiterqualifikation.
- Die *Perspektive interner Kunden* umfasst die Zusammenarbeit des Einkaufs mit unternehmensinternen Funktionen, wie der Forschung und Entwicklung, Logistik, Produktion und Vertrieb. Dabei lassen sich die Intensität der Zusammenarbeit, die Kundenzufriedenheit und der Anteil des Beschaffungsvolumens, der direkt durch Abteilungen eingekauft wird, d. h. ohne Einbeziehung der Beschaffungsorganisation, erfassen.

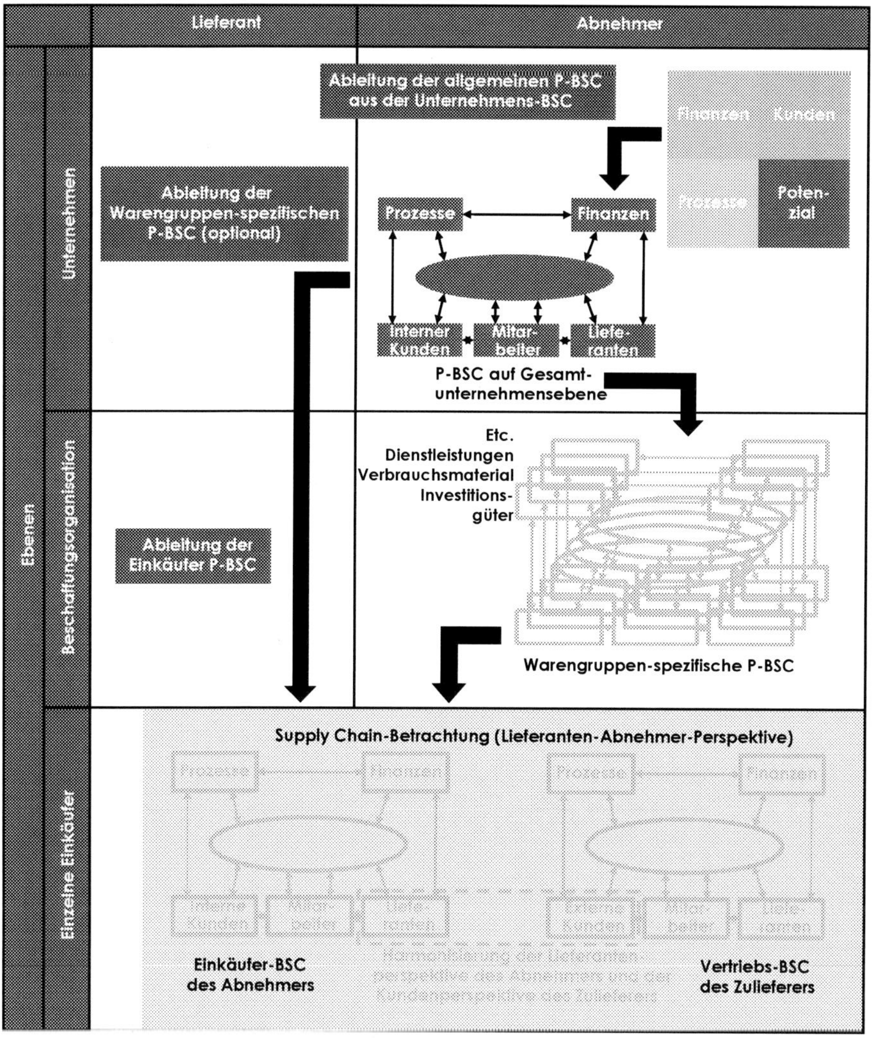

Abb. 6.7 Ableitung von Purchasing Balanced Scorecards für verschiedene Hierarchieebenen und Warengruppen auf Basis der Unternehmens-Balanced Scorecard

Da die Ziele des Einkaufs sich an den Unternehmenszielen orientieren sollten, ist die allgemeine P-BSC aus der Unternehmens-BSC abzuleiten (Abb. 6.7). Auf Ebene des Einkaufs ist dabei die Lieferantenperspektive hinzuzufügen. Bei der Kundenperspektive werden Externe durch Interne ersetzt.[14] Diesem Ansatz wird in der vorliegenden Ausarbeitung jedoch nicht gefolgt. Zur Erlangung eines höheren Detaillierungsgrads können aus der so erstellten P-BSC auf Gesamtunternehmens-

[14] Alternativ kann die Kundenperspektive durch die Lieferantenperspektive ersetzt und die Kundenperspektive in die Prozessperspektive integriert werden.

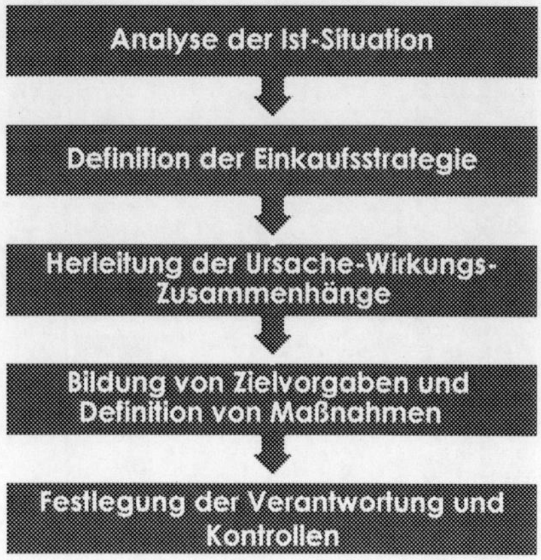

Abb. 6.8 Schritte zur Einführung einer Purchasing Balanced Scorecard im Unternehmen. (Vgl. Lemme 2008)

ebene wiederum differenzierte P-BSCs für die einzelnen Warengruppen abgeleitet werden, also eine P-BSC für Verbrauchsmaterialien, eine für Investitionsgüter etc. Die P-BSCs der einzelnen Einkäufer können sich schließlich direkt aus der P-BSC auf Gesamtunternehmensebene oder aus den P-BSC der einzelnen Warengruppen ableiten. Umgekehrt beeinflussen auch hierarchieaufwärts die P-BSC die Unternehmens-BSC. Dabei fließen die Kennzahlen aus Einkauf und Beschaffung in der Erfolgsermittlung und Steuerung auf Geschäftsbereich- und Gesamtunternehmensebene mit ein. Zusätzlich lässt sich die Supply Chain-Ebene in der P-BSC berücksichtigen. Denn im Idealfall können sich die Einkäufer P-BSCs des Abnehmers und die Vertriebs-BSCs der Lieferanten gegenseitig bedingen.

6.3.4 Vorgehensweise zur Einführung einer Purchasing Balanced Scorecard

Nachdem der Beschluss zur Einführung einer P-BSC getroffen wurde, gilt es, adäquate Aktivitäten zur Einführung dieses Instruments einzuleiten. Lemme (2008) formuliert daher fünf Schritte zur Einführung einer P-BSC (Abb. 6.8)[15]:

1. *Analyse der Ist-Situation:* Zunächst ist die aktuelle Situation der Erfolgsmessung im Einkauf zu analysieren. In diesem Zusammenhang sollte untersucht werden, welche Bereiche der Beschaffung von der Erfolgsmessung erfasst werden und wie diese Erfolgsmessung in die Unternehmenserfolgsmessung eingebunden ist.
2. *Definition der Einkaufsstrategie:* Um den Erfolg des Einkaufs messen zu können, ist zunächst die Einkaufsstrategie aus den Unternehmenszielen abzuleiten. Diese legt das langfristige Verhalten des Einkaufs zur Erreichung der definierten Ziele fest. Nur wenn eine Einkaufsstrategie definiert ist, kann auch ein System zur Erfolgsmessung danach ausgerichtet werden.

[15] Vgl. Lemme (2008).

3. *Herleitung der Ursache-Wirkungs-Zusammenhänge:* Im nächsten Schritt sind Ursache-Wirkungs-Zusammenhänge zwischen Handlungen und Zielen untereinander zu untersuchen. Dabei sind die Ursache-Wirkungs-Zusammenhänge nach direkten und indirekten Zusammenhängen im Einkauf zu kategorisieren.
4. *Bildung von Zielvorgaben und Definition von Messgrößen:* Aus der Einkaufsstrategie sind des Weiteren konkrete Zielvorgaben abzuleiten. Diese sollten in Übereinstimmung mit den Unternehmenszielen und mit anderen Funktionsbereichsstrategien abgeglichen werden (zur Vermeidung von Zielkonflikten) Darauf aufbauend sind geeignete Messgrößen und deren Erhebungszyklus festzulegen. Wesentliche Anforderungen an Messgrößen sind Aktualität, Genauigkeit und Objektivität. Bei der Auswahl der Messgrößen ist weiterhin der Informationsbedarfs zur Erhebung der Messgrößen zu berücksichtigen.
5. *Festlegung der Verantwortung und Kontrollen:* Im letzten Schritt sind die personellen Verantwortlichkeiten für die Messgrößen sowie die Berichtshäufigkeit und an die zu berichtenden Mitarbeiter der P-BSC festzulegen. Hierbei ist sicherzustellen, dass bei Zielabweichungen entsprechende Maßnahmen eingeleitet werden.

6.3.5 Herausforderungen bei der Initiierung und Anwendung einer Purchasing Balanced Scorecard

In der Unternehmenspraxis treten bei der Initiierung und Anwendung einer P-BSC zahlreiche Herausforderungen auf. Nur wenn diese Herausforderungen erkannt und diesen entsprechend begegnet wird, kann die P-BSC als effektive Methode zur Erfolgsmessung im Einkauf genutzt werden. Die folgenden Erkenntnisse stammen aus einer wissenschaftlichen Untersuchung konkreter Praxisbeispiele zur Einführung einer P-BSC[16]:

- *Mangelnde Motivation der Mitarbeiter zur Erarbeitung der P-BSC*: Mitarbeiter müssen motiviert und überzeugt sein von der Idee einer P-BSC. Sind sie das nicht, kann dies an einer Unterschätzung des Aufwands zu Beginn des Umsetzungsprojektes liegen. Die P-BSC muss grundsätzlich verstanden und korrekt angewandt werden, um von Führungskräften und – vor allem – den Mitarbeitern akzeptiert zu werden. Schlechte Erfahrungen mit bereits gescheiterten Methoden erschweren die Einführung. Hierbei ist es ratsam, wenn die P-BSC in bestehende Initiativen im Einkauf eingegliedert werden kann. Wird die P-BSC zum falschen Zeitpunkt eingeführt, ist ebenfalls von einem Scheitern auszugehen. So kann im Zuge eines Unternehmenszusammenschlusses (M&A) oder eine Umstrukturierungssituation die Einführung problematisch sein, da die Prioritäten nicht auf der P-BSC liegen.
- *Erforderliche Unterstützung für das Aufstellen der P-BSC durch Consultants:* Im Zuge der Einführung einer P-BSC werden neben dem Einkauf eine Vielzahl

[16] Vgl. Wagner und Kaufmann (2004, S. 269 ff.).

an Abteilungen in den Prozess mit einbezogen, z. B. Produktion, Forschung und Entwicklung sowie Finanzen. Da zur Einführung einer P-BSC fundierte Erfahrung und umfangreiches Wissen von Vorteil sind, ist es mitunter ratsam im Rahmen der Konzeption und Umsetzung externe Fachberater zu konsultieren.

- *Fehlende Unterstützung der P-BSC durch das Top-Management:* Die Führungsebene sollte hinter der Idee der Einführung einer P-BSC stehen und diese unterstützen.[17]Unzureichende Förderung durch das Top-Management signalisiert den Angestellten, dass dieses Projekt unwichtig ist.
- *Unzureichende Ausrichtung der P-BSC an die Unternehmensstrategie:* Je größer und komplexer das Unternehmen, desto mehr unterschiedliche BSCs in den einzelnen Funktionsbereichen können bestehen. Diese können zwar exakt auf den jeweiligen Unternehmensbereich passen, doch die Ausrichtung der Gesamtheit aller BSCs – und damit auch der P-BSC – an der Unternehmensstrategie darf nicht fehlen.
- *Unpräzise Einkaufsvision und -strategie:* Eine detailliert ausgearbeitete Strategie ist für den Erstellungsprozess der P-BSC unerlässlich.[18] Entscheidungsträger sollten zunächst die Einkaufsstrategie vorab konkretisieren, schriftlich festhalten und den betroffenen Teilnehmern im Vorfeld zu anstehenden BSC-Workshops zur Verfügung stellen.
- *Schwierigkeiten bei der Identifikation von strategischen Zielen und Ursache-Wirkungs-Beziehungen für die P-BSC:* Unternehmen, die unerfahren in Bezug auf BSCs sind, haben häufig Schwierigkeiten die wichtigen und die richtige Anzahl an Perspektiven und strategischen Zielen sowie Ursache-Wirkungs-Beziehungen festzulegen. Probleme bereitet vielen Unternehmen die Frage, wer die Kunden des Einkaufs sind. Kunden des Einkaufs können die Endkunden, wie in der traditionellen BSC, oder interne Funktionsträger bzw. -bereiche, wie die Forschung und Entwicklung, Produktion, Marketing oder Logistik, oder gar beides sein. Die eindeutige Definition der Kunden ist jedoch von großer Bedeutung für jene, die am BSC-Entwicklungsprozess teilnehmen. Ein Unternehmen sollte etwa 20 bis 25 Ziele definieren. Nach der Zuordnung der monetären und nicht-monetären Kennzahlen zu den Perspektiven der BSC stehen die Unternehmen vor der Herausforderung, Ursache-Wirkungs-Beziehungen zu identifizieren. Die häufigsten Probleme, die bei der Spezifizierung von Wechselbeziehungen bestehen, sind die Aufdeckung von Kausalbeziehungen im Allgemeinen, die Konzentration auf die zentralen Verbindungen sowie die Identifikation nahtloser Verbindungsketten über alle Perspektiven hinweg. Der Aufwand zur Erkennung und Dokumentationen dieser Verbindungen wird in der Praxis allerdings häufig unterschätzt.
- *Unvollständige Konzeption der P-BSC:* Ohne die drei Kernergebnisse „P-BSC-Karte“ (strategische Ziele, Messgrößen, Zielwerte und Maßnahmen für jede Perspektive), „P-BSC-Story“ (grafische oder visuelle Darstellung von Ursache-Wirkungs-Beziehungen und Hypothesen über die Beziehungsintensität) und „P-BSC-Map“ (verbale Beschreibung der strategischen Ziele und Ursache-Wirkungs-Beziehungen und der Hypothesen) ist die Konzeption der Umsetzung unvollständig. Die P-BSC-Story ist von Relevanz für das Verständnis der P-BSC-

[17] Vgl. Horváth und Kaufmann (1998, S. 149).

[18] Vgl. Horváth und Kaufmann (1998, S. 148).

Map, jedoch fehlt sie oft. Gründe für die Unvollständigkeit sind vielfältig. Die Projektteilnehmer wollen nicht mehr Zeit investieren, da die Tätigkeiten zunehmend komplexer werden und mehr Zeit beanspruchen. Zudem können methodische Schwierigkeiten auftreten, z. B. mit Ursache-Wirkungs-Beziehungen. Möglicherweise empfinden die involvierten Mitarbeiter die entwickelten P-BSCs als zu komplex und nicht verständlich.

6.3.6 Herausforderungen bei der Einführung und fortlaufende Anwendung einer Purchasing Balanced Scorecard

Nicht nur die Konzeption sondern die fortlaufende Anwendung der P-BSC ist mit zahlreichen Herausforderungen verbunden[19]:

- *Unzureichende Kommunikation der Implementierungsziele der P-BSC:* Nach dem Aufstellen der P-BSC mit seinen Kennzahlen sowie der Formulierung der Ziele und Maßnahmen, hat es sich als fruchtbar erwiesen, dass die Resultate und Vorgaben allen betroffenen Angestellten mitgeteilt werden. Vorteile der P-BSC sollten in einer Mitarbeiterzeitschrift dargestellt werden. Ein Mehrwert der P-BSC liegt unter anderem in der Strukturierung von Meetings und Arbeitstreffen. So können Lieferanten in speziell initiierten Workshops von den strategischen Zielen und Maßnahmen lernen, konkrete Erwartungen aufnehmen oder Supportleistungen anstoßen.
- *Nachlassende Aufmerksamkeit beim Arbeiten mit der P-BSC:* Nach der ersten Begeisterung bei der P-BSC-Einführung flacht das Interesse und der Nutzungsgrad häufig mit der Zeit ab. Die Einkäufer gehen zu alten Gewohnheiten bei der Erfassung und Steuerung ihrer Tätigkeiten über. Der inkonsequente Gebrauch der P-BSC kann allerdings auch aus nicht auszureichender Arbeitszeit für die Umsetzung der Initiativen und Tätigkeiten resultieren. Neben dem „Tagesgeschäft" sollten die Mitarbeiter genügend Freiräume haben, die P-BSC „zu leben".
- *Unzugängliche Leistungsdaten zur Ermittlung von P-BSC-Kennzahlen:* Das Sammeln von Informationen und Daten für die P-BSC benötigt i.d. R Zeit. Erschwert wird dies insbesondere dann, wenn dezentrale Organisationseinheiten nicht mit dem gleichen ERP-System arbeiten oder mit unterschiedlichen Varianten der Leistungsmessung verbunden sind. Häufig sind Informationen und Daten ad-hoc nicht abrufbar, sondern müssen aus diversen Quellen im Unternehmen zusammengetragen werden, wie Know-how-Lücken der Mitarbeiter im Einkauf oder die Zufriedenheit interner Kunden bzgl. der Leistungen des Einkaufs.
- *Unzureichende Verbindung zwischen der P-BSC und dem Vergütungssystem:* Die fehlende Verbindung der P-BSC mit dem Vergütungssystem des Unternehmens stellt ein weiteres Hindernis für einen erfolgreichen Einsatz des Führungsinstrumentes dar.[20] Die Mitarbeiter sollten über die konkrete Vorgabe von Zielen innerhalb der Einkaufsstrategie als auch die Geschäftsbereichs- und Unternehmensziele im Einkauf informiert sein.

[19] Vgl. Wagner und Kaufmann (2004, S. 276 ff.).

[20] Vgl. Ogden et al. (2002, S. 30 ff.).

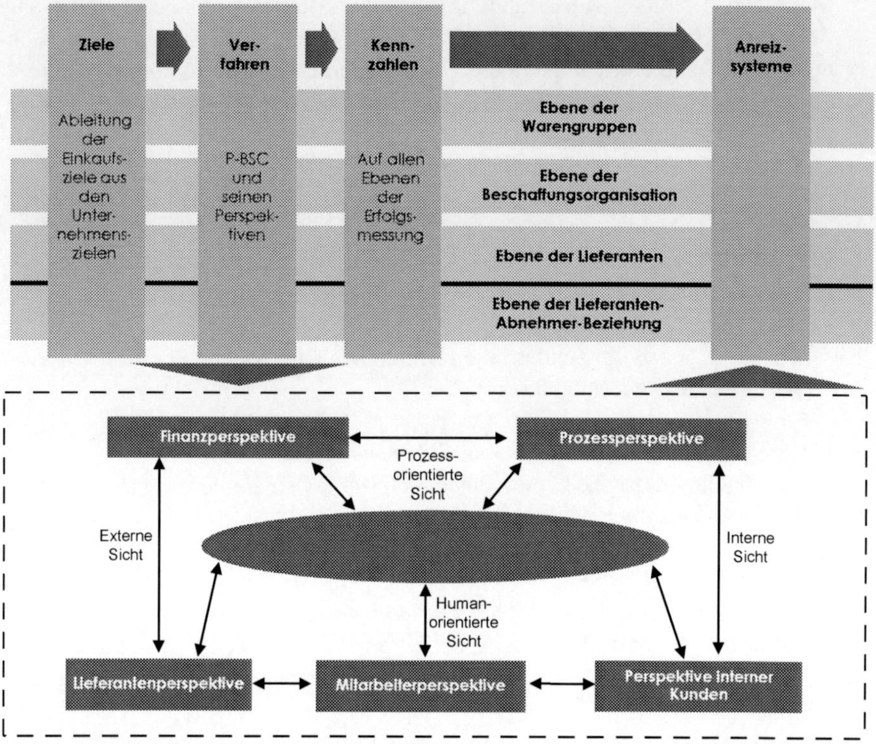

Abb. 6.9 Einordnung der Purchasing Balanced Scorecard in den konzeptionellen Bezugsrahmen zur Erfolgsmessung im Einkauf

6.3.7 Managementempfehlungen

Die P-BSC ist ein wirkungsvolles Instrument zur Erfolgsmessung im Einkauf. Aufgrund der Vielzahl an Messgrößen (typischerweise etwa 15 bis 20) stellt jedoch die Verfügbarkeit und der Aufwand zur Erfassung eine große Herausforderung dar. Das Führungsinstrument orientiert sich primär an internen Vorhaben und Richtlinien. Eine explizite Orientierung an Wettbewerbern – im Sinne eines Benchmarkings – ist daher über dieses Instrument kaum möglich. Außerdem wird bei der P-BSC keine Spitzenkennzahl gebildet, mit der das Top-Management die Entwicklung des Einkaufs verfolgen kann. Stattdessen sind eine Vielzahl an Einzelkennzahlen zu überwachen. Dennoch stellt die P-BSC ein leicht verständliches Instrument zur Erfolgsmessung für die Beschaffung dar. Durch die eingängige Darstellung verschiedener Perspektiven wird eine einseitige Fokussierung auf rein finanzielle Messgrößen vermieden. Ein weiterer Vorteil ist die Möglichkeit die Einkaufsmitarbeiter nicht direkt über Anweisungen sondern – im Sinne eines „Management-by-Objectives" – über die in der P-BSC verankerten Zielvorgaben und Maßnahmen zu führen. Dabei ist jedoch eine Verknüpfung mit Anreiz- und Vergütungssystemen empfehlenswert.

Die Einführung einer P-BSC stellt einen nicht zu unterschätzenden Aufwand für die Beschaffungsorganisation dar. Allerdings ist es nicht zwingend notwendig, diese vollständig in einem Schritt einzuführen. Alternativ lassen sich bereits einzelne betrachtete Messgrößen des Reporting-Systems schrittweise zu einer umfangreichen P-BSC weiterentwickeln.

Das Zusammenspiel der Erfolgsmessung auf den Ebenen der Warengruppen, der Beschaffungsorganisation, der Lieferanten sowie der Lieferanten-Abnehmer-Beziehung spiegelt sich in der P-BSC wider (Abb. 6.9).

Es zeigt sich, dass die Erfolgsmessung auf Ebene der Warengruppen vorrangig in die finanzielle Dimension und die Dimension der internen Kunden einfließt. Die Erfolgsmessung auf der Ebene der Beschaffungsorganisation hat Einfluss auf die Prozessebene sowie die Mitarbeiterebene. Die Ebene der Lieferanten sowie der Lieferanten-Abnehmer-Beziehung geht in die Lieferanten-Dimension der P-BSC ein. Durch die Zuordnung der einzelnen Kennzahlen entsteht mit Hilfe der P-BSC ein ganzheitliches System zur Erfolgsmessung im Einkauf. Über konkrete Zielvorgaben in dem einzelne Mitarbeiter-BSCs lassen sich abgestimmte Anreize setzen und damit eine Management-by-Objective Steuerung im gesamten Beschaffungsbereich umsetzen.

7 Erfolgsorientierte Anreizsysteme und Leistungsvergütung für Einkäufer, Beschaffungsorganisationen und Lieferanten

7.1 Einführung in die erfolgsorientierte Steuerung von Einkäufern, Beschaffungsorganisationen und Lieferanten

Die reine Ermittlung und Darstellung von Kennzahlen hat bereits einen großen Einfluss auf das Verhalten der beteiligten Akteure. Dieser Einfluss lässt sich durch die Etablierung von Anreizsystemen erweitern. Durch die Verknüpfung von operativen Kennzahlen – am besten strukturiert entlang der Dimensionen der P-BSC – und persönlichen Vergütungsmodellen entsteht ein geschlossenes Feedback-System zur Steuerung von Einkäufern, Beschaffungsorganisationen und Lieferanten. Wie diese Anreizsysteme ausgestaltet sein können, wird im Folgenden vorgestellt.

Abbildung 7.1 zeigt den konzeptionellen Bezugsrahmen zu Anreizsystemen für Einkäufer, Beschaffungsorganisationen und Lieferanten. Mit den Anreizsystemen schließt sich der Kreislauf zur Steuerung von Einkäufern und Beschaffungsorganisationen. Sind die Kennzahlen, das ganzheitliche System zur Erfolgsmessung und die Anreizsysteme sauber aus den Zielen des Einkaufs abgeleitet, sollten sich in diesem Schritt keine Diskrepanzen zwischen dem gewollten und dem incentivierten Verhalten der Mitarbeiter und Beschaffungsorganisationen ergeben. Falls dies doch der Fall ist, sind die entsprechenden Stellschrauben nachzujustieren. Idealerweise sollten die einzelnen Anreizsysteme aufeinander abgestimmt sein und keinesfalls konträre Ziele incentivieren.

7.2 Anreizsysteme für Einkäufer und Beschaffungsorganisationen

Im folgenden Kapitel werden Anreizsysteme für Einkäufer und Beschaffungsorganisationen behandelt. Im Vertriebsbereich ist eine erfolgsabhängige Vergütung mit umfangreichen variablen Gehaltsbestandteilen meistens bereits selbstverständlich, doch der Einkaufsbereich wird weitestgehend noch mit einem fixen Gehalt vergütet. Entscheidende Leistungsimpulse werden jedoch mit variablen Gehaltsbestand-

E. Hofmann et al., *Erfolgsmessung und Anreizsysteme im Einkauf*,
Advanced Purchasing & SCM, DOI 10.1007/978-3-642-34317-9_7,

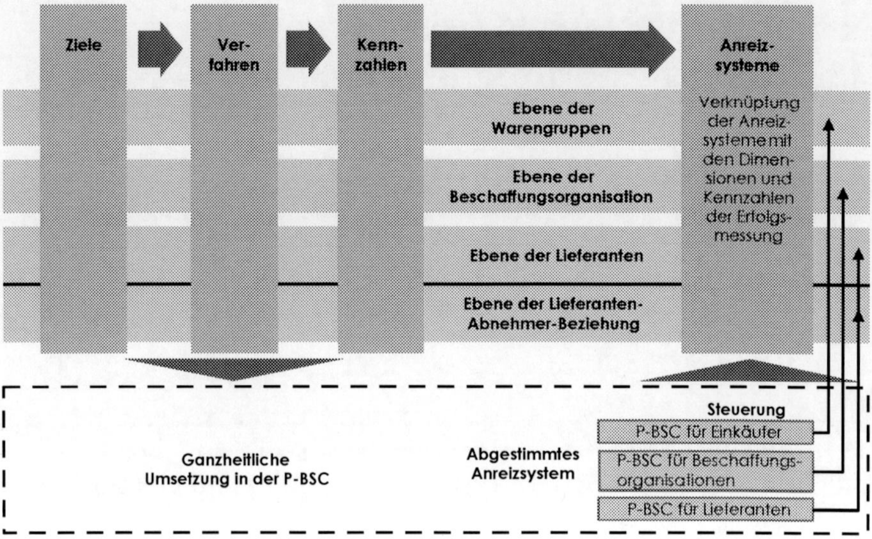

Abb. 7.1 Konzeptioneller Bezugsrahmen zu Anreizsystemen für Einkäufer, Beschaffungsorganisationen und Lieferanten

teilen, die mit der erbrachten Leistung verknüpft sind, gesetzt. Der Vertriebsbereich zählt nicht zuletzt deshalb zu den beliebtesten Arbeitsstellen, weil persönliches Engagement und Erfolg honoriert werden. Um den Einkauf attraktiver zu gestalten gilt es, in diesem Bereich ebenfalls erfolgsabhängige Vergütungsstrukturen einzuführen.[1]

Mitarbeiter erhalten neben fixen Gehaltsbestandteilen oft zusätzlich eine variable Vergütung für erreichte Ergebnisse und Leistungen oder den Erwerb von Fähigkeiten. Solch eine performance-orientierte Vergütung hat mehrere Ziele; neben Zeit- und Kostenersparnissen sind auch Qualitätsverbesserungen über gezielte Anreizsetzungen realisierbar. Der Mitarbeiter wird für den Mehrwert, den er generiert, belohnt.[2] Im Folgenden wird zunächst eine Arbeitsdefinition von Anreizsystemen gegeben, bevor verschiedene Motivationsformen und theoretische Grundlagen für leistungsbezogene Anreizsysteme dargestellt werden.

Definition von Anreizsystemen Anreizsysteme werden in der einschlägigen Literatur unterschiedlich interpretiert. Nach Wild werden „Anreizsysteme als Summe aller bewusst gestalteten Arbeitsbedingungen definiert und können somit als Systeme aus aufeinander abgestimmten, arbeitsorganisatorischen Rahmenbedingungen verstanden werden, welche in Unternehmen als Förderung der Arbeitsmotivation

[1] Vgl. Gabath (2008, S. 4).

[2] Vgl. Beel (2007, S. 6).

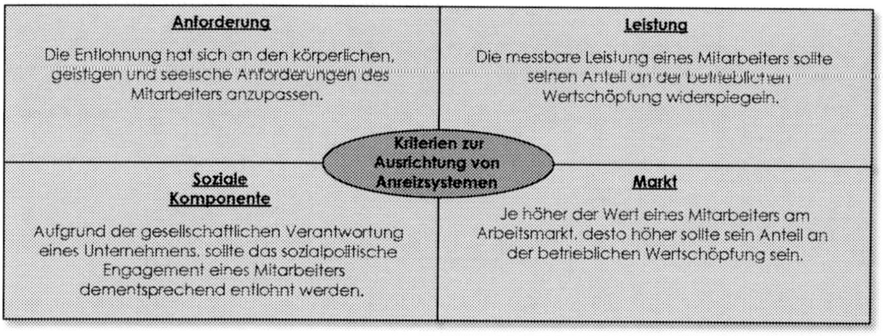

Abb. 7.2 Allgemeine Kriterien zur Ausrichtung von Anreizsystemen

dienen".[3] Köhler/Küpper/Pfingsten definieren Anreizsysteme des Weitern als Systeme, welche zur „Koordination und Verhaltenssteuerungen in Unternehmen" dienen und „Entscheidungsträgern Ziele oder Kennzahlen vorgibt, an denen sie später beurteilt (Performancemessung) und häufig auch vergütet (pay for performance) werden."[4] Die Definition des Lehrstuhls und Instituts für Arbeitswissenschaft der RWTH Aachen beschreibt Anreizsysteme als ein System aus aufeinander abgestimmten, arbeitsorganisatorischen Rahmenbedingungen, das in Unternehmen der Förderung von Arbeitsmotivation dient (Abb. 7.2).[5] Ein Anreizsystem ist dabei von vier verschiedenen Aspekten abhängig: den Anforderungen an den Mitarbeiter, der messbaren Leistung des Mitarbeiters, der sozialen Komponente und den Wert eines Mitarbeiters am Arbeitsmarkt. Bei der Ausgestaltung von Anreizsystemen sollen alle vier Aspekte funktionsbereichs- und mitarbeiterspezifisch angewendet werden.

Formen der Motivation als primäre Zielgröße von Anreizsystemen Anreizsysteme beeinflussen nicht direkt den Erfolg, sondern beziehen sich auf die Motivation der Mitarbeiter. In der Literatur werden vor allem zwei Arten von Motivation, die intrinsische und die extrinsische Motivation, beschrieben. Die intrinsische Motivation dient der unmittelbaren Bedürfnisbefriedigung. Nach dieser Theorie ist das Handeln der Zweck. Die Mitarbeiter sind aufgrund der ihnen angetragenen Tätigkeiten und Aufgaben motiviert zu arbeiten. Die extrinsische Motivation hingegen dient der mittelbaren Bedürfnisbefriedigung und sieht das Handeln als Mittel zum Zweck. Extrinsische Motivation entsteht durch externen Antrieb und Anreizsysteme.

Anreize sind verhaltensbeeinflussende Impulse, die nicht direkt den Erfolg, sondern die Motivation beeinflussen. Die Motivation der Mitarbeiter beeinflusst ihrerseits direkt deren Arbeitsleistungen. Je höher die Leistung desto wahrscheinlicher

[3] Vgl. Wild (1973, S. 45).
[4] Vgl. Köhler et al. (2007, S. 30).
[5] Vgl. RWTH (2005, S. 96).

Abb. 7.3 Schematische Wirkungskette zielgerichteter Anreize

ist ein Projekt- bzw. Unternehmenserfolg sowie die Erreichung einer „Performance Exellence" (Abb. 7.3).[6] Im Gegensatz zur extrinsischen Motivation eignet sich die intrinsische Motivation besonders für komplexe und innovative Aufgaben. Der Mitarbeiter legt Wert auf seine Selbstentfaltung im Beruf, entwickelt eigene Ideen und bewältigt mit Vorliebe neue Herausforderungen. Das Verhalten von Mitarbeitern, die über ihre im Arbeitsvertrag oder in der Stellenbeschreibung festgelegten Pflichten hinausgehen und freiwillige Leistungsbeiträge erbringen, nennt man auch „Organizational Citizenship Behavior". Der Mitarbeiter bringt innovative Vorschläge ein, übernimmt mitunter freiwillig unangenehme Aufgaben, hilft Kollegen, die im Rückstand oder in der Einarbeitungszeit sind und trägt zu einem guten Arbeitsklima bei.[7]

Theoretische Grundlagen für leistungsbezogene Anreizsysteme Theoretische Unterstützung für leistungsbezogene Anreizsysteme wird in Form von vier Theorien aus dem Bereich der Verhaltens- bzw. Organisationsforschung gegeben:[8]

- Valenz-Instrumentalitäts-Erwartungs-Theorie
- Reinforcement-Theorie
- Equity-Theorie
- Prinzipal-Agent-Theorie

Die Valenz-Instrumentalitäts-Erwartungs-Theorie (VIE-Theorie) geht davon aus, dass Motivation aus drei Elementen besteht – Valenz, Instrumentalität und Erwartung. Die Valenz drückt den Betrag an Zufriedenheit aus, die eine Person durch das Ausführen einer Aktivität zu erfahren gedenkt. Die Instrumentalität steht für die Beziehung zwischen dem Handlungsergebnis und den daraus resultierenden Handlungsfolgen beziehungsweise dem Erhalt der versprochenen Belohnung. Das dritte Element – die Erwartung – drückt die Beziehung zwischen dem Handlungsergebnis und dem hierzu benötigten Aufwand aus. Falls eines dieser drei Elemente fehlt oder deren Wechselbeziehung negativ ist, ist von einem niedrigen Motivationsniveau auszugehen. Wenn ein Einkäufer angehalten ist bestimmte Fähigkeiten anzuwenden, diese jedoch nicht gemessen und entlohnt werden, so ist gemäß der VIE-Theorie die Instrumentalität niedrig und die Motivation gering.

Die Reinforcement-Theorie charakterisiert das Mitarbeiterverhalten, welches durch vergangene Belohnungen oder Bestrafungen geprägt ist. Ein effektives Ver-

[6] Vgl. Beel (2007, S. 7).

[7] Vgl. Osterloh (2004, S. 75).

[8] Vgl. Beel (2007, S. 14).

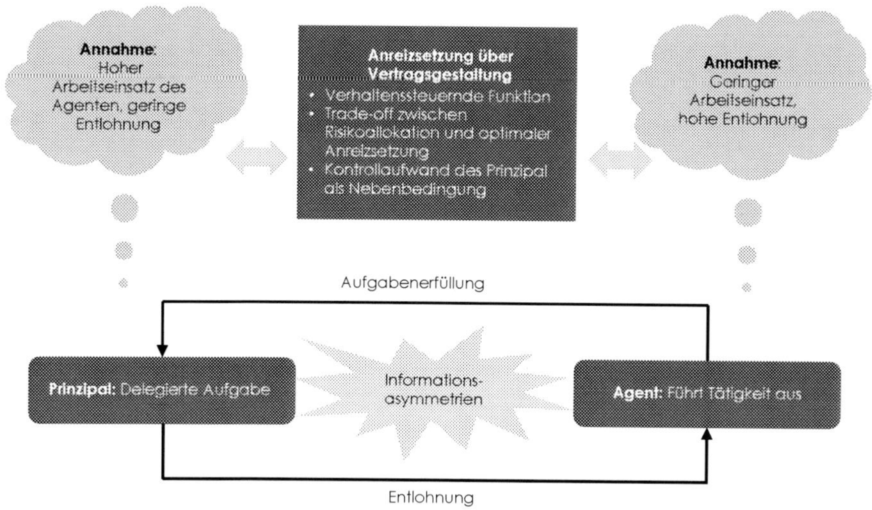

Abb. 7.4 Grundschema der Prinzipal-Agent-Theorie

gütungssystem sollte als Anreiz für ein leistungsbezogenes Arbeitsverhalten gesehen werden. Mitarbeiter werden dadurch motiviert die belohnte Fähigkeit bzw. Leistung erneut einzusetzen. Falls das Vergütungssystem fehlerhaft konstruiert ist, sind die Mitarbeiter nicht motiviert ihre bereits vorhandenen Fähigkeiten anzuwenden und sich neue Fähigkeiten anzueignen.[9] Die Ermittlung von Savings ist beispielsweise stark branchenabhängig und von den Mitarbeitern daher nur schwer zu beeinflussen (z. B. IT-Industrie im Vergleich zur Automobilindustrie). Daher wird sie oft als ungerecht empfunden, was einen negativen Einfluss auf die Motivation der Einkäufer hat.

Die Equity-Theorie beschreibt die Abwägung der Mitarbeiter von der erwarteten Belohnung mit dem zu erbringenden Aufwand. Ist die wahrgenommene Belohnung in den Augen des Mitarbeiters nicht befriedigend, nimmt die Motivation ab. Im Einkauf ist diese Theorie besonders bei der Arbeit in interdisziplinären Teams relevant, wenn es darum geht den individuellen Aufwand bzw. die Belohnung mit dem Gruppenaufwand oder der Gruppenbelohnung abzuwägen.[10]

Eine weitere theoretische Grundlage zeigt die Prinzipal-Agent-Theorie auf. Der Prinzipal ist der Auftraggeber, der dem Arbeitsausführenden (Agenten) eine Aufgabe überträgt und diesen dafür entlohnt. Er erwartet einen gewissen Arbeitseinsatz einer bestimmten Entlohnung. Der Agent führt die Aufgabe für den Prinzipal aus. Dabei wird unterstellt, es sei das Ziel des Agenten den Arbeitseinsatz möglichst gering zu halten und dafür eine hohe Entlohnung zu beziehen (Abb. 7.4). Die Komplexität der Entscheidungen von Prinzipalen zwingt zur Delegation von Entschei-

[9] Vgl. Pagell et al. (1996, S. 28).

[10] Vgl. Pagell et al. (1996, S. 29).

dungsaufgaben und -kompetenzen an Spezialisten.[11] Bei diesem Verhältnis treten Informationsasymmetrien auf, die sich aufgliedern in:

- *Hidden Characteristics:* Unveränderliche oder nicht mehr kostenlos veränderbare Eigenschaften des Agenten, die der Prinzipal nicht kennt.
- *Hidden Intentions:* Absichten des Arbeitsausführenden, die für den Prinzipal nicht erkennbar sind.
- *Hidden Actions:* Bemühungen der Agenten, die vom Prinzipal nicht kontrolliert und honoriert werden können, da diese für ihn verborgen sind.
- *Hidden Information:* Der Prinzipal kann das Verhalten des Agenten zwar beobachten, jedoch nicht beurteilen, da ihm das erforderliche Fachwissen fehlt.

Um diese Informationsasymmetrien ausgleichen zu können, sind relevante Kennzahlen zur Leistungsmessung der Agenten zu definieren, sowie Informationssysteme „zur Kontrolle" zu implementieren. Nur so können dem Prinzipal die notwendigen Informationen bereitgestellt werden. Des Weiteren sind leistungsabhängige Anreizsysteme einzuführen um die Informationsasymmetrien zwischen Prinzipal und Agenten weitestgehend zu berücksichtigen.[12]

Ansatzpunkte für Anreizsysteme im Einkauf In der Beschaffung können verschiedene Akteure als Prinzipal und Agent auftreten:

- Die Geschäftsführung bzw. der CEO beauftragt den Chief Procurement Officer (CPO) das Beschaffungswesen zu steuern. Dafür erhält er eine monetäre Entlohnung und bekommt zur Unterstützung Mitarbeiter zur Seite gestellt.
- Der CPO wiederum tritt als Prinzipal gegenüber seinen Mitarbeitern und Lieferanten auf. Die Einkäufer bekommen als Agenten die Aufgabe Anbieter von Waren und Dienstleistungen hoher Qualität zu identifizieren und günstige Preise auszuhandeln.
- Der Lieferant übernimmt aus Sicht des Abnehmers immer die Rolle des Agenten, der für die Bereitstellung von Roh-, Hilfs- und Betriebsstoffen oder für Dienstleistungen entlohnt wird. Prinzipal kann hierbei einerseits der CPO als Repräsentant der Beschaffungsorganisation bzw. Einkaufsabteilung oder der einzelne Einkäufer sein.

Einen Überblick der möglichen Prinzipal-Agenten-Konstellation im Einkauf gibt Tab. 7.1. Innerhalb der Beziehung können sowohl unternehmens- oder abteilungsintern als auch unternehmensübergreifend Anreize gewährt werden. Abbildung 7.5 zeigt auf, an welchen Stellen die Anreizsysteme einzusetzen sind. Zunächst haben das Unternehmen und die verschiedenen Unternehmensbereiche ein Interesse daran, dass die Einkaufsabteilung ein adäquates Einstandspreisleistungs-Niveau sicherstellt und Produkte zur richtigen Zeit, in der richtigen Menge und Qualität so-

[11] Vgl. Lehmann (2006, S. 3).

[12] Vgl. Arrow (1985, S. 3).

Tab. 7.1 Beispiele für Prinzipal-Agent-Beziehungen bei Anreizsystemen im Einkauf

Ansatzpunkt	Prinzipal	Agent	Beispiele für Kennzahlen
1	CEO (oder andere Unternehmensbereiche)	CPO (Beschaffungs-organisation)	Bestände, Qualität
2	CPO (Einkaufsabteilung)	Einkäufer	Savings, Lagerhüterquote
3a	CPO (Einkaufsabteilung)	Lieferant	Innovationen
3b	Einkäufer	Lieferant	Zuverlässigkeit

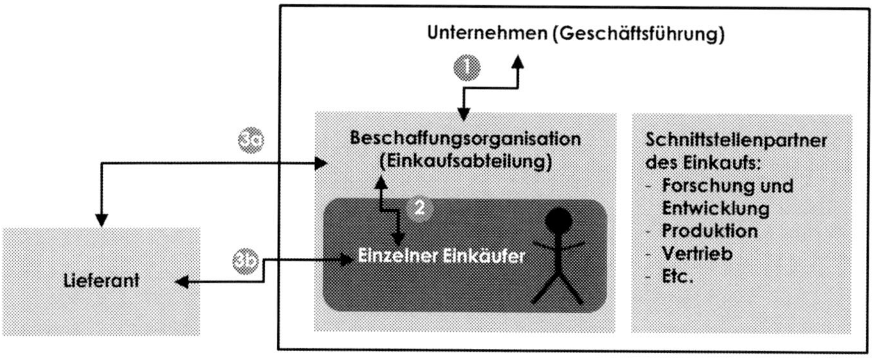

Abb. 7.5 Ansatzpunkte für Anreizsysteme im Einkauf

wie zu möglichst geringen Kosten verfügbar sind. Um dies zu erreichen, können der Einkaufsabteilung bzw. dem Chief Procurement Officer (CPO) für die Erfüllung oder Überschreitung bestimmter Sollwerte Vorteile in Aussicht gestellt werden (1). Prinzipal sind hier die Unternehmensführung oder andere Unternehmensbereiche, wie die Fertigungsabteilung. Der CPO wiederum hat die Möglichkeit Anreize für seine Einkäufer (2) und Lieferanten (3a) zu schaffen. Der Lieferant wird zudem häufig direkt vom Einkäufer (3b) für seine Produktqualität, Pünktlichkeit oder Flexibilität „belohnt". Anreize können auf allen Hierarchieebenen sinnvoll eingesetzt werden, wobei die jeweilige Ausgestaltung variiert.[13] So können Mitarbeiter mit Bonuszahlungen, einer ergänzenden betrieblichen Altersvorsorge oder Weiterbildungsmaßnahmen motiviert werden. Lieferanten hingegen lassen sich bei nicht eingehaltener Qualität oder bei Lieferverzögerungen über einen Malus – z. B. in der Form einer fälligen Preisreduktion – steuern.

Zusammenspiel zwischen dem Anforderungsprofil der Mitarbeiter und Anreizsystemen im Einkauf Die Konkretisierung der Anreizsysteme hat sich – neben allgemeinen Kriterien – insbesondere am Anforderungsprofil der Mitarbeiter zu orientieren.[14] Abbildung 7.6 zeigt die essentiellen Elemente eines Anforderungs-

[13] Vgl. Westermann (2009, S. 330).

[14] Vgl. Giunipero (2000, S. 8).

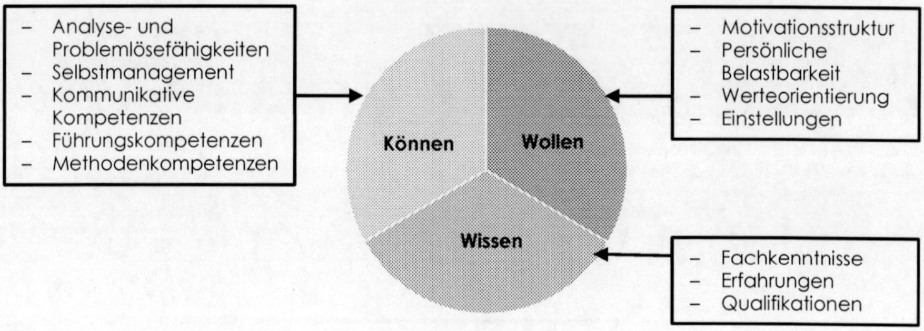

Abb. 7.6 Die drei Elemente eines Anforderungsprofils. (Vgl. Kerkhoff und Penning 2010, S. 59)

profils, mit dem Personalverantwortliche Kompetenzen und Potenzial bei Einkäufern identifizieren. Unter Kompetenzen fallen das Handlungsvermögen und die Fähig- und Fertigkeiten eines Einkäufers, die mit Hilfe der drei Elemente Wissen, Können und Wollen ermittelt werden können. Das Potenzial hingegen konzentriert sich auf vermutete Leistungsfähigkeiten und zukünftige – vertikale höher angesiedelte – Entwicklungen.[15]

Die Kategorisierung und Identifizierung erforderlicher Fähigkeiten im Einkauf ist wichtig für das Erreichen von Professionalität in der Beschaffung.[16] Fehlende Leistungsanreize mindern die Attraktivität des Einkaufs für Fachkräfte. Ausgewählte Selektions- und Trainingsprogramme helfen die benötigten „Skill Sets" der Einkäufer zu entwickeln. Anhand der dargestellten Dimensionen des Anforderungsprofils lässt sich nicht nur das gegenwärtige und zukünftige Potenzial der Einkäufer ermitteln (z. B. innerhalb der Mitarbeiterperspektive der P-BSC), sondern stellt zusammen mit den leistungsbezogenen Anreizsystemen eine solide Grundlage für einen erfolgreichen Einkauf dar.

7.2.1 Formen von leistungsbezogenen Anreizsystemen

Erfolgsmessung, Entlohnung und Motivation sind zentrale Elemente von Anreizsystemen. Die grundlegenden Zusammenhänge sind in Abb. 7.7 dargestellt.[17]

Im Kern ist von einem Kreislauf zwischen den drei Elementen auszugehen. Die Vergütung – und das ihr zugrundeliegende Entlohnungssystem – beeinflusst direkt die Motivation eines Mitarbeiters seine Fähigkeiten anzuwenden und neue Fähigkeiten zu erlernen. Sowohl der Wissens- und Fähigkeitenaufbau als auch die operative Leistung des Mitarbeiters lassen sich über die Erfolgsmessung erfassen. Letztere dient als Basis für das Entlohnungssystem und bietet die Möglichkeit für

[15] Vgl. Kerkhoff und Penning (2010, S. 57 ff.).

[16] Vgl. Giunipero und Pearcy (2000, S. 11).

[17] Vgl. Pagell et al. (1996, S. 32).

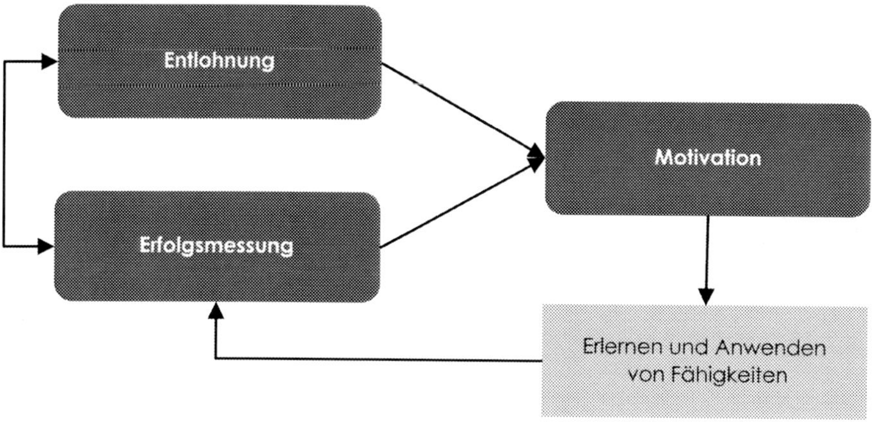

Abb. 7.7 Allgemeine Darstellung der Zusammenhänge zwischen Entlohnung, Motivation und Erfolgsmessung

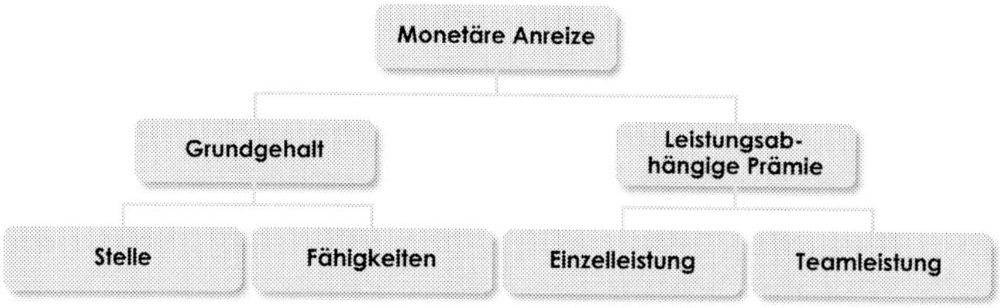

Abb. 7.8 Monetäre Anreize im Überblick

Feedbacks gegenüber den Mitarbeitern.[18] Da über die Ausgestaltung der Erfolgsmessung die Messgrößen für die monetäre Vergütung festgelegt werden, ist von einer motivierenden Wirkung auszugehen.[19]

Die Entlohnung besitzt – im Vergleich zum Erfolgsmesssystem – eine größere Motivationswirkung. Neben der monetären Vergütung fallen Sachzuwendungen – in Abhängigkeit der Leistung des Mitarbeiters – zu den Formen leistungsbezogener Anreize. Entsprechende Sachzuwendungen können Fortbildungsmöglichkeiten, Firmenfahrzeuge, Reisen oder Mitarbeitergeschenke sein.

In der Praxis sind vor allem monetäre Anreize von Relevanz. Grundsätzlich wird zwischen dem Grundgehalt und der Entlohnung auf Leistungsgrundlage (Leistungsprämie) unterschieden (Abb. 7.8). Das Grundgehalt eines Mitarbeiters macht i. d. R den größten Anteil der Bezüge aus und bemisst sich nach der besetzten Stelle und den Fähigkeiten, die ein Mitarbeiter aufweisen kann. Studien belegen, dass

[18] Vgl. Pohl und Förstel (2011, S. 3).

[19] Vgl. Pagell et al. (1996, S. 29).

die Gehaltsbemessung auf der Ebene der Fähigkeiten einige Vorteile bietet. Neben einer höheren Flexibilität, geringeren Fehlzeiten und geringeren Fluktuationsraten sind die Mitarbeiter zufriedener und können sich besser mit dem Unternehmen und der Bedeutsamkeit ihrer Arbeit identifizieren. Da Mitarbeiter diese Art der Vergütungsbemessung als gerecht empfinden, eignet sich dieses System sehr gut für die Motivation von Mitarbeitern im Einkauf.[20] Bei der leistungsabhängigen Vergütung unterscheidet man zwischen Entlohnung der Einzelleistung und Entlohnung der Teamleistung. Jeder Mitarbeiter ist bei einem einzelleistungsbasiertem Anreizsystem gewillt seine eigenen Ziele zu erreichen, die unter Umständen die Leistungen und Zielgrößen der Mitarbeiter anderer Funktionsbereiche nachteilig beeinflussen können. Aus diesem Grund ist die Entlohnung auf der Gruppenebene unter Berücksichtigung der Teamleistung sinnvoll. Dabei unterscheidet man zwischen „Profit Sharing" (Erfolgsbeteiligung), „Gainsharing" (Gewinnbeteiligung für Arbeitsgruppen) und „Ownership" (Mitarbeiteraktien). Das „Profit Sharing" verfehlt häufig den Motivationsaspekt, da es für einzelne Angestellte oft schwer zu verstehen ist, wie sie den Erfolg des gesamten Unternehmens bzw. der Geschäftseinheit beeinflussen können. Das „Gainsharing" ist für Motivationszwecke besser geeignet, da es Auszahlungen mit Ergebnissen verknüpft, die der Mitarbeiter konkret erfassen kann. Das „Ownership" kann besonders in kleinen Unternehmen motivierend wirken, da Mitarbeiter den Wert kleiner Unternehmen stärker beeinflussen können. Für das Profil des Einkäufers ist das „Gainsharing" besonders gut geeignet, da sich Kosteneinsparungen gut quantifizieren und zuordnen lassen können.[21]

7.2.2 Bedeutung von Anreizsystemen für Einkäufer und Beschaffungsorganisationen

Im Folgenden werden Anreizsysteme für Einkäufer und Beschaffungsorganisationen in der Praxis betrachtet.

Einsatzgrad von Anreizsystemen im Einkauf Bisher nutzen weniger als die Hälfte der Unternehmen spezifische Anreizsysteme im Einkauf. Dabei zeigen sich deutliche Unterschiede in Abhängigkeit der Größe der Unternehmen. Erst Unternehmen mit einem Umsatz von über 20 Mio. € nutzen leistungsabhängige Anreize im Einkauf. Unternehmen ohne eine organisatorische Trennung zwischen strategischem und operativem Einkauf nutzen seltener Anreizsysteme als Unternehmen mit einer Trennung. Da eine organisatorische Trennung der Beschaffungsbereiche auf eine reife Unternehmensstruktur hindeutet, ist die Nutzung von Anreizsystemen in organisatorisch fortschrittlichen Einkaufsabteilungen verbreiteter. Bei der Nutzung von Anreizsystemen in Abhängigkeit des jeweils zuständigen Ressorts der

[20] Vgl. Lawler und Jenkins (1992, S. 24).

[21] Vgl. Pagell et al. (1996, S. 31).

Geschäftsführung fällt auf, dass Anreizsysteme im Einkauf weiter verbreitet sind, wenn der Einkauf einen hohen Stellenwert im Unternehmen besitzt.[22]

Typische Problemfelder bei der Gestaltung im Einkauf Bedauerlicherweise kann der Einsatz von Anreizsystemen zu Fehlsteuerungen und unerwünschten Nebeneffekten führen. Das Hauptproblem besteht darin, dass Mitarbeiter vor allem an Anreizsysteme geknüpfte Zielsetzungen bevorzugt behandeln. Die nicht durch Anreize bedachten Zielsetzungen bleiben häufig unberücksichtigt.[23] Ein weiteres Problemfeld ist die Anfälligkeit des Systems, indem die Bemessungsgrundlage manipuliert oder das Erreichen der Leistung anderer Mitarbeiter behindert werden, um selber eine günstigere Position zu beziehen. Ferner ist eine negative Wirkung von Anreizsystemen gegeben, wenn die anreizbedingte Motivation eines Mitarbeiters die Demotivation eines anderen Mitarbeiters bedingt. Multidimensionale Anreizsysteme können diese negativen Effekte eingrenzen.

Weiterhin stellt der nicht eindeutig geklärte Wirkungszusammenhang zwischen intrinsischer und extrinsischer Motivation eine Herausforderungen im Einkauf dar. Je nach Argumentation existiert sowohl eine additive Motivationswirkung als auch eine verdrängende Wirkung. Die intrinsische Motivation wird oftmals durch extrinsische Anreize verdrängt. Eine zusätzliche extrinsische Anreizgewährung ist bei intrinsisch motiviertem Verhalten daher nicht zielführend.

Ein weiteres Problemfeld von Anreizsystemen stellt die schwierige Prognostizierbarkeit der Reaktionen dar. Aufgrund unterschiedlicher Motive und Einstellungen der einzelnen Mitarbeiter ist die Reaktion auf die gesetzten Anreize verschiedenartig. Die Übereinstimmung von Anreiz, Motiv und Einstellungen ist jedoch für die Verhaltenssteuerung zwingend erforderlich. Hierbei sind rückläufige verhaltenssteuernde Wirkungen zu berücksichtigen. Anreize dürfen für Mitarbeiter nicht zur Gewohnheit werden, weil darüber womöglich die motivationsfördernde Wirkung entfällt.[24]

Typische Ablehnungsgründe für Anreizsysteme im Einkauf Mehr als die Hälfte der Unternehmen nutzen derzeit noch keine umfassenden Anreizsysteme im Einkauf. Dafür gibt es mehrere Gründe. Zum einen erfordern Anreizsysteme eine adäquate Erfolgsmessung und verursachen einen gewissen Aufwand für die Verwaltung solcher Systeme. Zum anderen sind Anreizsysteme selten an den strategischen Zielen des Einkaufs ausgerichtet. Ein zu einseitiger Fokus auf Kostensenkungen ist ein ebenso häufig genannter Ablehnungsgrund.

Allgemein ist festzuhalten, dass die wenigsten Unternehmen, die ein Anreizsystem nutzen, schlechte Erfahrungen damit gesammelt haben. Auf der Mitarbeiterseite empfinden eine deutliche Mehrheit Anreizsysteme als tendenziell motivierend,

[22] Vgl. Stoppel (2012, S. 17).

[23] Vgl. Dumond (1991, S. 22).

[24] Vgl. Lehmann (2006, S. 30).

nur 4 % der Mitarbeiter äußern eine deutliche Ablehnung. Dabei ist auffällig, dass die Zufriedenheitsquote mit abnehmender Hierarchieebene sinkt.[25]

7.2.3 Managementempfehlungen

Besondere Kenntnisse und Fähigkeiten zu besitzen führt nicht selbstverständlich dazu, diese auch nutzenstiftend einzusetzen.

Ein Unternehmen, das die beste Leistung seiner Mitarbeiter verlangt, muss diese dazu motivieren sich stets neue Fähigkeiten anzueignen und diese gewinnbringend für das Unternehmen einzusetzen. Die zwei wesentlichen Schlüsselelemente dafür sind das Entlohnungssystem und die Erfolgsmessung. Um die bestmögliche Leistung der Mitarbeiter im Einkauf zu erreichen, sollte das Entlohnungssystem die Mitarbeiter auf der Basis ihrer Fähigkeiten sowie ihrer tatsächlichen Leistung vergüten. Einkäufer wünschen sich vor allem den Einsatz von leistungsorientierten Anreizsystemen.[26] Die leistungsbezogene Vergütung sollte dabei im Einkauf auf Gruppenebene erfolgen, da ein Großteil der Aufgaben in funktionsübergreifenden Teams bearbeitet wird und von den einzelnen Mitarbeitern nicht gesamthaft zu beeinflussen ist. Dabei ist der Fokus auf das „Gainsharing" und punktuell das „Ownership" zu legen. Eine präzise und abgestimmte Erfolgsmessung unterstützt die gezielte Anreizsetzung.[27] Erfahrungen aus der Praxis zeigen, dass sich über Anreizsysteme die Beschaffungsorganisation und deren Mitarbeitern (Einkäufer) im Sinne eines „Management-by-Objectives" proaktiv steuern lassen.

Anreizsysteme sind auf alle Ebenen der internen und externen Erfolgsmessung im Einkauf zu beziehen. Als Eingangsgrößen dienen i. d. R quantitative Kennzahlen und Spitzenkennzahlen. Mit den Anreizsystemen schließt sich der Kreislauf zur Steuerung von Einkäufern und Beschaffungsorganisationen. Sind entsprechende Zielvorgaben, das ganzheitliche System zur Erfolgsmessung und die Anreizsysteme stringent aus den Zielen und Vorgaben des Einkaufs abgeleitet, sollten sich in diesem Schritt keine Diskrepanzen zwischen dem gewollten und dem incentivierten Verhalten der Mitarbeiter und Beschaffungsorganisationen ergeben. Falls dies nicht der Fall ist, sind entsprechende Stellschrauben nachzujustieren.

7.3 Schaffung von Anreizen für Lieferanten

Die Entstehung globaler Märkte, stark verkürzter Produktlebenszyklen und die enorme Geschwindigkeit an Produktneueinführungen tragen zur wachsenden Signifikanz der Zusammenarbeit mit Lieferanten – also der Organisation und dem Management von Lieferantenbeziehungen – bei.[28] Die Qualität von Lieferantenbezie-

[25] Vgl. Stoppel (2012, S. 31).

[26] Vgl. Stoppel (2012, S. 17); vgl. Penka et al. (2010, S. 35).

[27] Vgl. Pagell et al. (1996, S. 33).

[28] Vgl. Srinivasan und Brush (2006, S. 436).

hungen übt dabei sichtlichen Einfluss auf die Produktqualität, Produktinnovationen und auf die Herstellungskosten der abnehmenden Unternehmen aus.[29] Allerdings sind Lieferantenbeziehungen häufig durch Interessenkonflikte gekennzeichnet, da sich finanzielle Vorteile des Lieferanten meistens in erhöhten Kosten beim beschaffenden Unternehmen niederschlagen. Zudem weicht die gelieferte Qualität mitunter von der gewünschten Qualität des beschaffenden Unternehmens ab. Asymmetrische Informationsverteilung und Interessenkonflikte zwischen Lieferanten und beschaffenden Unternehmen prägen den Kontext der Anreizsetzung für Lieferanten.

Für beschaffende Unternehmen bergen Veränderungen des Beschaffungsmarkts und seine zunehmende Relevanz Risiken. Allen voran stehen Risiken, die durch die steigende Abhängigkeit von wenigen Schlüssellieferanten bedingt sind. So sind JIT-geprägte Austauschbeziehungen häufig mit hohen spezifischen Anlageninvestitionen der Lieferanten in Form von Produktionsstätten und Lagerhallen in der Nähe zum Abnehmer verbunden, die deren Abhängigkeit zum Lieferanten erhöhen.[30] Durch einen Ausfall eines solchen Lieferanten würde einerseits die Versorgungssicherheit mit den benötigten Teilen und Komponenten eingeschränkt werden, andererseits bestehen das Risiko technologischer Abhängigkeit sowie der Verlust von wichtigen „in-house"-Kompetenzen.[31] Ein weiteres Risiko, das mit dieser Entwicklung einhergeht, besteht im geringer werdenden Lieferantenwettbewerb. Weniger Wettbewerber, langfristige Verträge und technologische Verflechtungen resultieren in einer schrumpfenden Verhandlungsmacht gegenüber den Zulieferern. Aus Sicht des beschaffenden Unternehmens ergibt sich daraus die Notwendigkeit, ein Instrumentarium an monetären und nicht-monetären Anreizformen zu bilden. Dadurch werden die Lieferanten dazu bewegt nachhaltig Kosten- und Qualitätsvorteile zu realisieren, welche in sinkenden Materialkosten beim Abnehmer resultieren und darüber hinaus die Versorgungssicherheit aufrechterhalten. Allerdings sollte der Fokus eines solchen Anreizsystems erwiesenermaßen auf Belohnungsaspekten und nicht auf Bestrafungsmaßnahmen liegen.[32]

Die Bedeutung von Anreizsystemen für Lieferanten wurde bisher, ähnlich wie bei der Schaffung von Anreizen für Einkäufer und Beschaffungsorganisationen, von theoretischer sowie auch von praktischer Seite nicht entsprechend gewürdigt. Der folgende Abschnitt soll diese Lücke schließen und ein theoretisch fundiertes Methodenset an monetären und nicht-monetären Anreizformen liefern. Darüber hinaus werden Managementempfehlungen gegeben, die den Einsatz dieser Mechanismen aufzeigen und deren Wirksamkeit bewerten.

[29] Vgl. Clark et al. (1987, S. 743).

[30] Vgl. Frazier et al. (1988, S. 55).

[31] Vgl. Lyons et al. (1990, S. 32).

[32] Vgl. Lahdenperaund Koppinen (2003, S. 481 ff.).

7.3.1 Bedeutung von Anreizsystemen für Lieferanten

Strategische Partnerschaften mit Lieferanten als Auslöser Die Entwicklung der Lieferantenbeziehungen hin zu strategischen Partnerschaften über die letzten zwei Jahrzehnte hinweg betont deren Bedeutung und das immer noch nicht voll ausgeschöpfte Potenzial. Generell lassen sich zwei Formen des Lieferantenmanagements unterschieden:

- Die traditionelle Sichtweise, das *Arms-Length Modell*, steht für eine Reduzierung der Abhängigkeit von Lieferanten und für eine Steigerung der Verhandlungsmacht des einkaufenden Unternehmens.[33] Der Schlüsselgedanke des Modells liegt darin, den Lieferanten „auf Abstand" zu halten und jede Form von partnerschaftlichen Zugeständnissen zu vermeiden. Kennzeichnend für eine Lieferanten-Abnehmer-Beziehung nach dem Arms-Length Modell sind kurzfristige Verträge, häufig wiederholte Ausschreibungsvorgänge, wenig Informationsaustausch, keine spezifischen Investitionen in die Anlagen des Lieferanten und ein geringes Maß an gegenseitigem Vertrauen. Der Vorteil liegt in der Reduzierung der Einkaufskosten, bedingt durch den intensiven Wettbewerb. Dieses Modell fand und findet teilweise immer noch breite Anwendung in der amerikanischen Automobilindustrie.[34]
- Im Gegensatz dazu ist das *Partnermodell* vor allem durch intensive, langfristige Partnerschaften mit regem Informationsaustausch gekennzeichnet. Spezifische Investitionen und Eigenkapitalbeteiligungen sind im Rahmen des Partnermodells üblich. Diese Eigenschaften werden häufig als Basis des Erfolges des japanischen Partnermodells gegenüber dem amerikanischen Arms-Length Modell aufgeführt.[35] Auch der Erfolg und die Effizienz der japanischen Automobilindustrie Mitte der 1990er Jahre werden oft auf die Anwendung dieses Modells zurückgeführt. Des Weiteren ergeben sich im Rahmen des Partnermodells durch Synergieeffekte Kosten- und Qualitätsverbesserungen sowie eine Beschleunigung der Produktentwicklung.[36]

Für den Einkauf stellt sich grundsätzlich die Frage, welches Modell des Lieferantenmanagements zu bevorzugen ist. Anstatt sich ausschließlich für ein Modell zu entscheiden und dabei auf die Vorteile des anderen Ansatzes zu verzichten, ist es empfehlenswert jeden Lieferanten zu analysieren und zu beurteilen, inwieweit dessen Produkte zur Kernkompetenz und zum Wettbewerbsvorteil des kaufenden Unternehmens beitragen. Indem die Lieferanten segmentiert werden, ist es möglich, die Vorteile beider Ansätze miteinander zu kombinieren (Abb. 7.9). Bei der Ausgestal-

[33] Vgl. Dyer et al. (1996, S. 1).

[34] Vgl. Dyer et al.(1996, S. 3).

[35] Vgl. Fruin (1992, S. 387 ff.); vgl. Womack (1990, S. 160).

[36] Vgl. Asanuma (1989, S. 18).

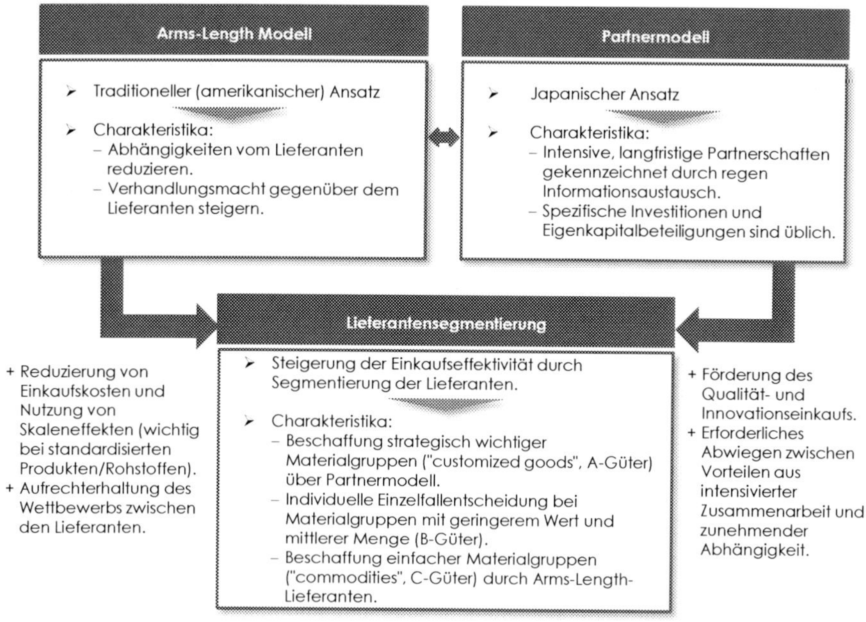

Abb. 7.9 Modell zur Segmentierung von Lieferanten

tung der Anreizsysteme spielt insbesondere die anschließende Verteilung der Kontrollrechte innerhalb einer Lieferanten-Abnehmer-Beziehung eine wichtige Rolle.[37]

Der Bezug strategisch wichtiger Materialgruppen („customized goods", A-Güter) sollte durch eng verbundene Lieferanten auf Basis des Partnermodells erfolgen, während Lieferanten von einfachen Produkten und Rohstoffen („commodities", C-Güter) durch langfristige Arms-Length-Beziehungen organisiert werden sollten. Bei den dazwischen liegenden B-Gütern ist jeweils eine Einzelfallentscheidung zu treffen. Diese Art der Segmentierung von Lieferanten sowie die einhergehende Zunahme an langfristigen strategischen Partnerschaften erhöht die Bedeutung von spezifischen Anreizsystemen für Zulieferer und Dienstleister.

Informationsökonomische Begründung Die Unterschiede, die jeweiligen Vorzüge sowie die Auswirkungen der unterschiedlichen Modelle lassen sich mit der Transaktionskosten- und der Principal-Agent-Theorie erklären.[38]

Antworten auf die Frage, in welchen Fällen sich der Ausbau partnerschaftlicher Geschäftsbeziehungen zu Lieferanten eignet, gibt die Transaktionskostentheorie.[39] Diese identifiziert Vorteile einer längerfristigen Bindung bei ausgeprägter Spezifität

[37] Vgl. Hofmann et al. (2008, S. 11 ff.).

[38] Vgl. Williamson (1998, S. 35).

[39] Vgl. Williamson (1979, S. 239).

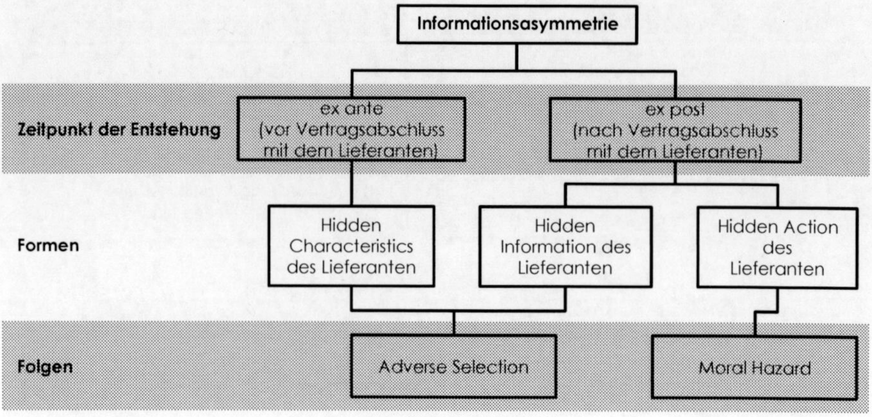

Abb. 7.10 Formen asymmetrischer Informationen in Lieferanten-Abnehmer-Beziehungen. (Vgl. Beißel 2003, S. 26)

der Investitionen und bei hoher Qualitätsunsicherheit.[40] Immer wenn die Notwendigkeit umfangreicher Investitionen innerhalb vertikaler Lieferanten-Abnehmer-Beziehungen besteht, um Geschäftsbeziehungen zu ermöglichen, gibt es die Bereitschaft zur langfristigen Zusammenarbeit, wie bei spezifischen Zulieferteilen in der Automobilindustrie.[41] Vertraglich geregelte, Partnerschaften beugen Abhängigkeiten vor und senken die Transaktionskosten bei steigenden Qualitätsanforderungen, da die Überwachung der Belieferungsqualität ungebundener Lieferanten mit hohem Aufwand verbunden ist. Somit liefert die Transaktionskostentheorie die notwendige theoretische Rechtfertigung für eine Segmentierung der Lieferanten. Der Grad der spezifischen Investitionen in Anlagen beim Lieferanten ist letztendlich abhängig von der Höhe der entstehenden Transaktionskosten. Charakterisierende Attribute des Ausprägungsgrades dieser Lieferanten-Abnehmer-Beziehungen sind die Anreizintensität und die Anpassungsfähigkeit. Jedoch bestehen Zweifel an der Erklärungskraft der Transaktionskostentheorie bzgl. der Auswirkungen der Integration und der bilateralen Verflechtungen durch spezifische Anlageninvestitionen.[42]

Einen weiteren Erklärungsversuch liefert die Prinzipal-Agenten-Theorie, die Formen von Informationsasymmetrien in Wirtschaftsbeziehungen beleuchtet. In Verbindung mit gegenseitigen Interessenskonflikten beider Parteien treten Probleme auf, welche die Koordination und Zusammenarbeit erschweren bzw. verhindern können.[43] Abbildung 7.10 skizziert die verschiedenen Formen asymmetrischer Information bei Lieferanten.[44] Im vorliegenden Fall wird bei der Darstellung der jeweiligen Grundproblematik von einem vereinfachten Szenario mit zwei Zeitpunk-

[40] Vgl. Gerlach et al. (2004, S. 4).

[41] Vgl. Clark et al. (1987, S. 766).

[42] Vgl. Hart (1995, S. 4). Ein Grund hierfür ist, dass die Transaktionskostentheorie die Bedeutung von Macht oder der Machtverteilung unter Agenten weniger Aufmerksamkeit schenkt.

[43] Vgl. Beißel (2003, S. 24).

[44] Vgl. Arrow (1985, S. 38).

ten ausgegangen. Darüber hinaus existieren beliebig viele Erweiterungen, auf die aus Gründen der Übertragbarkeit auf die konkrete Beschaffungssituation nicht näher eingegangen werden soll. Besteht eine Informationsasymmetrie zwischen zwei potenziellen Vertragspartnern, wird der Auftraggeber als Prinzipal (hier: Abnehmer) und der besser informierte Auftragnehmer als Agent (hier: Lieferant) bezeichnet.[45]

Hidden Characteristics liegen vor, wenn der Prinzipal vor Vertragsschluss (ex ante) ungenügend über bestimmte, unveränderliche Eigenschaften des Agenten informiert ist. Ein klassisches Beispiel hierfür ist das Saure-Gurken-Problem, wobei Hidden Characteristics anhand des Wissensvorsprungs von Gebrauchtwagenverkäufern gegenüber den Kunden hinsichtlich der Qualität des Autos beschrieben werden.[46] Übertragen auf den Beschaffungsbereich bedeutet dies, dass Lieferanten generell einen Wissensvorsprung gegenüber ihren Abnehmern bzgl. der Qualität des zu liefernden Gutes besitzen. Der Preis wird somit für den Abnehmer ein Indikator für Qualität. Dieses Problem wird auch als *Adverse Selection-Problem* bezeichnet.

Treten Informationsasymmetrien nach Vertragsabschluss auf (ex post), spricht man von *Hidden Action* und *Hidden Information.* Bei *Hidden Action*hat der Agent sogenannte, diskretionäre Spielräume, d. h. die vom Agent durchgeführte Handlung kann vom Prinzipal nicht beobachtet werden. Übertragen auf die Lieferanten-Abnehmer-Beziehung wird ein Interessenskonflikt zwischen Abnehmer und Lieferant deutlich, da diese in Bezug auf Kosten und Qualität unterschiedliche Zielvorstellungen haben. Aufgrund von Informationsasymmetrien kann der Lieferant allerdings keine Rückschlüsse auf das Kostenbudget des Lieferanten und die tatsächlich realisierte Qualität ziehen.[47] Solche Konflikte liegen bei Kontrakten mit Unternehmensberatern, Anlagenbauern oder Systemlieferanten vor.[48] Im Fall von *Hidden Information* kann der Abnehmer die vom Lieferanten durchgeführten Handlungen zwar beobachten, sie aber aufgrund mangelnder fachlicher Kenntnisse nicht evaluieren. Ein Beispiel hierfür stellt die Beschaffung komplexer Investitionsgüter dar, wobei der Abnehmer nicht in der Lage ist, diese selbst zu produzieren und den Produktionsprozess hinsichtlich des Verhältnisses von Kosten und Qualität aufgrund fehlenden Know-hows nicht adäquat einschätzen kann. Gerade in solchen Fällen können die auftretenden Probleme durch spezielle Anreizsysteme gelindert werden, wie Analysen im Rahmen der Informationsökonomie zeigen.[49]

Weitere Asymmetrien können auftreten, da das beschaffende Unternehmen i. d. R größer ist als der Lieferant, was in einer ungleichmäßigen Verteilung der Verhandlungsmacht resultiert. Diese Asymmetrien lassen sich ebenfalls durch die Principal-Agent-Theorie beschreiben. Der Prinzipal – in unserem Fall das beschaffende Unternehmen – übt seine Verhandlungsmacht aus, indem er die Konditionen bestimmt. Der Lieferant, als Agent, kann seine schwächere Verhandlungspositionen nur durch alternative Kunden, einen Informationsvorsprung oder vorvertragliche

[45] Vgl. Beißel (2003, S. 26).
[46] Vgl. Akerlof (1970, S. 489 ff).
[47] Vgl. Beißel (2003, S. 27).
[48] Vgl. Beißel (2003, S. 31).
[49] Vgl. Kruse (1998, S. 23).

Informationsasymmetrien (Hidden Information) verbessern. Je mehr alternative Vertriebskanäle für den Lieferanten bestehen, desto geringer ist die Verhandlungsmacht des Käufers.[50] Des Weiteren bestehen nachvertragliche Informationsasymmetrien (Hidden Action), wenn das zu beschaffende Gut bei Vertragsabschluss noch nicht fertiggestellt wurde.[51] Im Folgenden sollen verschiedene Anreizformen für Lieferanten vorgestellt werden, die Lösungen für das *Adverse Selection-* und das *Moral Hazard-Problem* liefern können.

7.3.2 Formen von Anreizen für Lieferanten

Im Folgenden sollen Anreizformen für Lieferanten vorgestellt sowie deren Eignung aus Sicht von beschaffenden Unternehmen beurteilt werden. Dabei werden monetäre und nicht-monetäre Instrumente berücksichtigt.

Langfristorientierung von Lieferanten-Abnehmer-Beziehungen Lieferanten-Abnehmer-Beziehungen können die Charakteristika eines „Gefangenendilemmas“[52] aufweisen: kurzfristige Ziele bzw. Gewinnorientierung beider Parteien führen zu einem negativen Gesamtnutzen beider Seiten.[53] Werden durch den Lieferanten spezifische Investitionen für einen Auftrag getätigt, kann für diesen eine Abhängigkeit entstehen, die vom Käufer ggf. durch Preisnachverhandlungen ausgenutzt werden kann. Ein Vertrag kommt in diesem Fall nicht zustande, obwohl für beide Parteien dadurch ein Vorteil entstehen würde. Die Lösung dieses Dilemmas liefert eine spieltheoretische Betrachtung dieser Lieferanten-Abnehmer-Beziehung. Wiederholungen des „Spiels“ ermöglicht es den „Spielern“ (hier: Lieferanten und Abnehmer) dem Dilemma zu entkommen. Dazu bedarf es allerdings der Existenz eines Anreizsystems, um ein effizientes Ergebnis der Zusammenarbeit sicherzustellen.[54] Möglichkeiten für Anreize können langfristige Verträge, spezifische Investitionen, Eigenkapitalbeteiligungen und qualitative Faktoren (z. B. Vertrauen) sein, die den Nutzen beider Parteien pareto-optimal steigern. [55] Spezifische Investitionen des Lieferanten führen i. d. R zu langfristigen Verträgen, da der Lieferant opportunistisches Verhalten des Abnehmers befürchten muss und sich daher seine spezifische Investition nicht amortisiert. Auf der anderen Seite entsteht eine Abhängigkeit des Abnehmers vom Lieferanten, da er auf die spezifischen Anlagen seines Zuliefe-

[50] Vgl. McMillan (1990, S. 39).

[51] Vgl. Beißel (2003, S. 139).

[52] Das Gefangenendilemma ist ein zentraler Bestandteil der Spieltheorie und beschreibt eine Situation, in der individuell rationales Verhalten der einzelnen Gruppenmitglieder zu einem für die Gruppe nicht pareto-optimalem Ergebnis führt. Obwohl demnach ein Gleichgewicht vorhanden ist, ist dieses nicht gesellschaftlich optimal. Vgl. Axelrod und Hamilton (1981, S. 1391).

[53] Vgl. McMillan (1990, S. 40).

[54] Vgl. Kruse (1998, S. 22).

[55] Das Pareto-Optimum kennzeichnet einen Zustand, in dem es nicht möglich ist, eine Partei besser zu stellen, ohne zugleich eine andere Partei schlechter zu stellen. Vgl. McMillan (1990, S. 41).

rers angewiesen ist und diese im Falle eines Lieferantenwechsels kostenintensiv neu beschafft werden müssen.[56] Deshalb begünstigen spezifische Investitionen in Lieferanten-Abnehmer-Beziehungen langfristige Kooperationsbeziehungen.[57] Auch das dadurch entstehende monetäre Abhängigkeitsverhältnis des Lieferanten von seinen Kunden wirkt sich positiv auf die Leistung des Zulieferers aus, da durch die starke technologische Abhängigkeit und die dadurch bedingte Unfähigkeit eines plötzlichen Lieferantenwechsels seitens des Abnehmers eine stetige Nachfrage garantiert ist.[58] Betrachtet man hingegen den Informationsaustausch zwischen Lieferant und Abnehmer, der für partnerschaftliche Beziehungen kennzeichnend ist, ergibt sich ein anderes Bild. Der Lieferant gibt einen Teil seines Informationsvorsprungs bzgl. der Produktionsprozesse und -kosten an den Abnehmer ab. Aus Perspektive des einkaufenden Unternehmens bedeutet dies faktisch eine Reduzierung der Einkaufskosten, da das Wissen über die Prozesse und Kosten beim Lieferanten in Preisverhandlungen genutzt werden kann.[59]

Preismodelle in Lieferanten-Abnehmer-Beziehungen Ein wesentlicher Anreiz für Lieferanten um sich nutzenstiftend in eine Lieferanten-Abnehmer-Beziehungen einzubringen, liegt in der Möglichkeit selbst von Effizienz-, Qualitäts-, und Kostenverbesserungen zu profitieren, d. h. Residualprofite zu realisieren und diese nicht an den Abnehmer weiter geben zu müssen. Es sind deshalb Anreizmechanismen in Form von vertraglichen Preismechanismen zu entwickeln, die Leistungsanreize darstellen und zugleich die Aufteilung verbleibender Residualprofite regeln. Die Anwendung vertraglich geregelter, finanzieller Anreize hat sich als fördernd bzgl. Motivation und gegenseitiger Verpflichtung der Projektpartner erwiesen.[60] Das Ziel hierbei ist es, den Lieferanten über Preismodelle hin zu nachhaltigen Kosteneinsparungen und Qualitätsverbesserungen zu bewegen.[61]

Eine Möglichkeit sind so genannte Festpreisregelungen. Bei diesem Preismodell besteht der maximale Anreiz zu Kostensenkungen und Innovationen, da die realisierten zusätzlichen Profite aufgrund von Kosteneinsparungen ganz beim Lieferanten verbleiben. Jedoch profitiert das beschaffende Unternehmen davon erst bei Abschluss weiterer Verträge, da abhängig von der Höhe der Informationsasymmetrien bei den Produktionskosten zwischen Kunde und Lieferant eine „Informationsrente" für den Lieferanten entsteht. Informationsrenten sind zusätzlich realisierte Profite durch Informationsasymmetrien nach Vertragsabschluss, also *Hidden Information* und *Hidden Action*. Die Höhe der Informationsrente hängt davon ab, wie gut der Abnehmer die Produktionskosten und -prozesse beim Lieferanten einschätzen kann.

Eine weitere Form vertraglicher Anreize stellen Cost-Plus-Verträge dar. Dabei bekommt der Lieferant seine Kosten erstattet und erhält zusätzlich einen fixen Ge-

[56] Vgl. Kruse (1998, S. 26).

[57] Vgl. Monteverde und Teece (1982, S. 206 f.).

[58] Vgl. Srinivasan und Brush (2006, S. 439).

[59] Vgl. Srinivasan und Brush (2006, S. 447 ff.).

[60] Vgl. Bresnen und Marshall (2000, S. 587).

[61] Vgl. Kruse (1998, S. 23).

winnaufschlag.[62] Er kann somit keine Profite aufgrund eines evtl. Informationsvorsprungs realisieren, d. h., es können Informationsrenten beim Lieferanten vermieden werden. Dies trifft unter der Voraussetzung zu, dass die Produktionskosten des Lieferanten ex post vom Abnehmer beobachtet werden können. Der Anreiz zur Kostensenkung fällt bei dieser Vertragsart jedoch deutlich geringer aus, da der Lieferant stets die vollen Kosten erstattet bekommt und von möglichen Kostensenkungen nicht direkt profitiert.

Des Weiteren können leistungs- und qualitätsbezogene Vergütungssysteme (z. B. Performance Contracting) in der Beziehung eingeführt werden.[63] Hierbei werden anhand von Leistungs- und Mängelkatalogen Preise festgelegt, die der Lieferant für erbrachte Leistungen erhält bzw. die dem Lieferanten für Qualitätsmängel abgezogen werden.[64] Durch diese Systeme wird der Lieferant motiviert, eine beständig hohe Qualität bei Waren und Dienstleistungen zu erbringen und diese pünktlich abzuliefern. Zudem können mögliche Qualitätsprüfungen im Wareneingang reduziert werden.

In vielen Fällen werden Preissenkungen infolge von Kostenreduzierungen des Lieferanten durchgeführt. Die Schwierigkeit besteht darin, dass diese Politik langfristig den Kostensenkungs- und Innovationsanreiz des Lieferanten schmälert, da er dabei von seinen Anstrengungen nicht direkt profitiert. Diesem Interessenkonflikt soll ein im Vorfeld festgelegter Zielerreichungspfad des Preises vorbeugen. Ursprünglich in der japanischen Automobilindustrie stark verbreitet und inzwischen auch in westlichen Industrien verankert, fungiert das „Target Pricing" als eine Art Erfahrungskurve, die Kostenreduktionen, technologische Errungenschaften und Prozessinnovationen beim Lieferanten voraussetzt.[65] Beispielsweise werden halbjährlich Pricing-Gespräche mit den Lieferanten durchgeführt, in denen nach und nach über Kostenreduktionen entschieden wird. Ziel ist es, Lieferanten zu Kosteneinsparungen zu bewegen, von denen sie selbst profitieren, wenn die Einsparungen über den festgelegten Prozentsatz (z. B. 4 % Preissenkung p.a.) hinausgehen.[66] Dieses Modell steht im Gegensatz zum Bieterwettbewerb im amerikanischen Automobilsektor, das versucht Kosteneinsparungen durch Konkurrenzdruck zu erzielen.

Risikoteilung in Lieferanten-Abnehmer-Beziehungen Während sich große Unternehmen (oft die Abnehmer) mit breit diversifizierten Portfolios meist risikoneutral verhalten, haben kleine Akteure (oft die Lieferanten) mit nur wenigen Projekten bzw. Kunden eine hohe Risikoaversion, da das Scheitern eines Projektes bereits schwerwiegende Folgen nach sich ziehen kann. Bei Festpreiskontrakten trägt der Lieferant jegliches Risiko möglicher Produktionskostenerhöhungen. In diesem Fall sind kleine Lieferanten häufig bereit durch variable Preisgestaltung der Verträge die Preise zu senken und dafür einen geringeren Teil des Risikos zu tragen. Es wird ihnen somit ermöglicht, evtl. auftretende zyklische Kostensteigerungen,

[62] Vgl. Laffont und Tirole (1993, S. 11).

[63] Zum Performance Contracting im Investitionsgütereinkauf siehe Hofmann et al. (2012, S. 97 ff.).

[64] Vgl. Gudehus (2012, S. 179 ff.).

[65] Vgl. Cusumano und Takeishi (1991, S. 5).

[66] Vgl. McMillan (1990, S. 47).

wie z. B. steigende Energie- und Rohstoffpreise, an ihre Kunden weiterzugeben. Der Vorteil für das beschaffende Unternehmen sind tendenziell niedrigere Preise, allerdings verbunden mit dem Risiko einer späteren Preiserhöhung.

Diese Anreizform findet besonders in der japanischen Automobilindustrie breite Anwendung. Japanische Automobilhersteller garantieren ihren Lieferanten häufig die Amortisation ihrer Kosten. So können nicht nur zyklische Kostenerhöhungen als Preiserhöhungen weitergegeben, sondern auch im Fall von Nachfrageschwankungen die Preise variabel angepasst werden. Damit sind die Kosten der Lieferanten stets gedeckt. Der Nachteil dieser Risikoteilung besteht im geringen Anreiz des Lieferanten seine Produktionskosten zu senken. Daher sind weitere Anreize zu schaffen, wie durch eine vertragliche Gestaltung der Lieferanten-Abnehmer-Kooperationen.[67]

Nutzung von Marktmechanismen in Lieferanten-Abnehmer-Beziehungen Bei Single Sourcing kann es zu ungewollten Abhängigkeiten von einzelnen Lieferanten und somit zu tendenziell höheren Preisen kommen. Neben dem verringerten Anreiz zur Kostensenkung wird die Wahrscheinlichkeit erhöht, dass eigennütziges Verhalten der Lieferanten dem Abnehmer schaden kann.[68] Das einkaufende Unternehmen kann Anreize zu Kosten- und Qualitätsverbesserungen verstärken, indem es den bezahlten Preis in Relation zur Leistung verschiedener Lieferanten bildet. Das bedeutet der qualitativ beste Lieferant erhält den besten Preis. Der aufkommende Wettbewerb ermöglicht es dem Abnehmer einerseits durch Drohungen, wie Lieferantenwechsel, Wegfallen von Folgeaufträgen, der Verringerung der Auftragsvolumina und Rufschädigung, andererseits aber auch durch Belobigungen, wie der öffentlichen Auszeichnung besonderer Leistungen, motivierende Leistungsanreize zu setzen. Es stellt somit für das beschaffende Unternehmen eine wichtige Anreizpolitik dar, den Wettbewerb zwischen seinen Lieferanten zu forcieren.[69] Potenzielle Maßnahmen zur Realisierung dieser nicht-monetären Anreize sind:

- Die Schaffung von Standardprodukten, die keine spezifischen Investitionen benötigen und einen Lieferantenwechsel erleichtern.[70]
- Ein kompetitives Ausschreibungsverfahren für Folgeaufträge, das Wettbewerbsdruck auf den gegenwärtigen Lieferanten ausübt.[71]
- Förderung der potenziellen Lieferanten durch Verringerung der Wissens- und Kostenvorteile der gegenwärtigen Lieferanten aufgrund von spezifischen Investitionen oder Erfahrungskurveneffekten.[72] Dies kann durch Know-how-Transfer oder Investitionsbeihilfen erfolgen. Dadurch erhält der aktuelle Lieferant einen

[67] Vgl. McMillan (1990, S. 43).

[68] Vgl. Kruse (1998, S. 51).

[69] Vgl. Kruse (1998, S. 51).

[70] Vgl. Porter (1983, S. 170).

[71] Vgl. Sappington (1991, S. 56 f.).

[72] Vgl. Laffont und Tirole (1988, S. 517).

gewissen Leistungsdruck und andere Wettbewerber werden ermutigt, sich bei Ausschreibungen zu bewerben.[73]

- Die Beibehaltung der Möglichkeit zur Eigenfertigung trotz teilweise ausgelagerter Produktion impliziert eine glaubwürdige Drohung an den Lieferanten, die Beziehung abzubrechen.[74] Eine weitere Möglichkeit stellt die Eigenfertigung bei gleichzeitigem Fremdbezug dar, wodurch weiterhin die Leistungsbeurteilung des Lieferanten erleichtert wird.[75]
- Mit Hilfe von „Multiple Sourcing" initiiert der Abnehmer durch gleichzeitigen Bezug desselben Produkts von mehreren Anbietern einen erhöhten Wettbewerbsdruck, der sich durch die gezielte Ausschreibung von Aufträgen weiter forcieren lässt. Die Anreizwirkung besteht hierbei ebenfalls in der glaubwürdigen Androhung eines Lieferantenwechsels.[76] Zusätzlich lassen sich die Leistungen der einzelnen Anbieter untereinander vergleichen und das Ausmaß der Anreize dementsprechend gestalten.[77]
- „Parallel Sourcing" stellt eine abgemilderte Form des Multiple Sourcing dar, da identische Produkte nur von einem Lieferanten stammen, aber für ähnliche Produkte verschiedene Lieferanten eingesetzt werden.[78] Lieferantenvergleiche sowie vereinfachte Lieferantenwechsel sind somit noch zu einem gewissen Grad möglich.[79] Außerdem werden die Nachteile des Multiple Sourcing, wie geringere Größendegressions- und Erfahrungskurveneffekte, weitestgehend vermieden.[80]
- Beim „Second Sourcing", einer weiteren Variante des Multiple Sourcing, verpflichtet sich der Abnehmer im Voraus zu Neuausschreibungen nach einer gewissen Zeit. Dadurch wird der Druck auf den aktuellen Lieferanten erhöht.[81] Besonders effizient ist Second Sourcing, wenn im Falle eines Wechsels Know-how und spezifische Investitionen beim Lieferanten kostengünstig auf andere Lieferanten übertragen werden können. Dazu kann eine erzwungene Lizenzierung des Know-hows eines Lieferanten dienen, was eine Übertragbarkeit deutlich vereinfacht.[82]

Eine zu starke Wettbewerbsforcierung birgt allerdings auch Nachteile. Bei Ausschreibungen stehen zunächst Kosteneinsparungen im Vordergrund. Der Qualitätsaspekt wird dabei oft vernachlässigt. Des Weiteren wird beim „Multiple Sourcing" auf Skaleneffekte verzichtet, da bedingt durch den häufigeren Wechsel von Liefe-

[73] Vgl. Kruse (1998, S. 53).
[74] Vgl. Porter (1983, S. 171).
[75] Vgl. Kruse (1998, S. 54).
[76] Vgl. Porter (1983, S. 169).
[77] Vgl. Richardson (1993, S. 341).
[78] Vgl. Richardson (1993, S. 342).
[79] Vgl. Kruse (1998, S. 55).
[80] Vgl. Rogerson (1994, S. 75).
[81] Vgl. Kruse (1998, S. 55).
[82] Vgl. Dick (1992, S. 332).

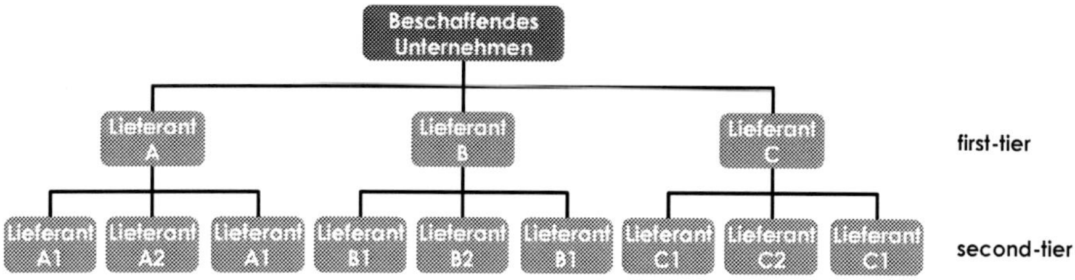

Abb. 7.11 Schematische Darstellung der Hierarchisierung von Lieferanten

ranten öfter Werkzeugwechsel und Anlagenumrüstungen anfallen. Es wird daher empfohlen, bei Ausschreibungen langfristig bewährte Lieferanten zu bevorzugen, da dies Anreize für nachhaltig günstige und hoch qualitative Leistungen setzt. Außerdem lässt sich durch „Multiple Sourcing" mir einer „Two-Vendor Policy", d. h. mindestens zwei Lieferanten für jede Komponente zu verwenden, ein gewisser Wettbewerbsdruck aufrechterhalten.[83] Dies führt zu einer Verringerung von Abhängigkeiten von einem speziellen Lieferanten und schützt vor Produktionsausfällen bedingt durch Teilemangel. Zudem kann eine Art Standard bzgl. Kosten, Qualität, Liefertreue und anderer Faktoren geschaffen werden, um Lieferanten zu messen und untereinander vergleichen zu können.

Hierarchisierung von Lieferanten in Lieferanten-Abnehmer-Beziehungen Eine einstufige Lieferantenhierarchie erfordert ein genaues Verständnis aller einbezogenen Produktionsprozesse seitens des beschaffenden Unternehmens. Vorteile dieses Konzepts sind eine direkte Kontrolle und intensive Zusammenarbeit mit den Lieferanten. Eine hohe Anzahl Lieferanten führt allerdings zu einem entsprechend hohen Verwaltungsaufwand und einer hohen Komplexität des Lieferantenmanagements. Abhilfe soll hierbei eine „multi-tier" Lieferantenhierarchie schaffen.[84] Dabei sind nicht mehr alle Informationen über die gesamte Bandbreite der eingekauften Leistungen erforderlich, was den Verwaltungsaufwand und die Komplexität erheblich reduziert. Der „Preis", den das Unternehmen für die Komplexitätsreduktion bezahlt, sind die Profite, die normalerweise dem einkaufenden Unternehmen zugutekommen würden, nun aber an den „first-tier" Lieferanten weitergegeben werden. Damit entsteht eine weitere Anreizform für Lieferanten. Die dem beschaffenden Unternehmen entgangenen Profite dienen als Anreiz, indem niedrigstufigen Anbietern bei nachhaltig erfolgreicher Zusammenarbeit der Aufstieg in eine höhere Lieferantenstufe in Aussicht gestellt wird. Umso höher die Stufe in der Hierarchie, desto höher die Profite, da die höhere Stellung mit dem Recht einhergeht, Verträge für tiefer gestellte Lieferanten zu diktieren (Abb. 7.11).

[83] Vgl. McMillan (1990, S. 46).

[84] Vgl. McMillan (1990, S. 50 ff.).

7.3.3 Managementempfehlungen

Die vorgestellten Lösungsansätze stellen ein Instrumentarium dar, um den geänderten strategischen Anforderungen des Beschaffungsmanagements bzgl. des wachsenden Stellenwertes von Lieferanten-Abnehmer-Beziehungen gerecht zu werden. Um ein schlankes und effizientes Beschaffungsmanagement zu realisieren, ist diesen Beziehungen durch die Einführung eines passenden Anreizsystems besondere Bedeutung einzuräumen. In den vorangegangenen Ausführungen wurde gezeigt, dass der Wandel der Lieferanten vom einfachen Lieferanten zum strategischen Partner für beide Seiten Nutzen stiften kann. Des Weiteren lässt sich festhalten, dass mit der Ausgestaltung des Lieferantenmanagements und der dazugehörigen Anreizform teilweise die Balancierung widersprüchlicher Ziele einhergeht. Die Gestaltung der Preispolitik sollte einerseits dem Lieferanten Anreize zur Kostensenkung und Qualitätssteigerung liefern, andererseits seine Risiken nicht unnötig erhöhen. Die Einführung einer Lieferantenhierarchisierung reduziert die Komplexität des Lieferantenmanagements deutlich, resultiert aber in einer gewissen Profitverlagerung hin zu „first-tier" Lieferanten. Bieterwettbewerb stellt nach wie vor den effizientesten Weg zur Lieferantenauswahl dar, allerdings ist dabei häufig die Aufrechterhaltung langfristiger Partnerschaften sinnvoll. Die aufgeführten Diskrepanzen zeigen, dass eine eindeutige Definition einer generell anwendbaren Anreizstrategie für Lieferanten aufgrund der fallspezifischen Gegebenheiten kaum möglich ist. Das jeweilige Ausmaß der einzelnen Anreizformen ist je nach Fall spezifisch festzulegen und anzupassen.

Die Erfolgsmessung der Lieferanten-Abnehmer-Beziehung stellt eine wichtige Voraussetzung des Lieferantenmanagements dar. Mit Hilfe der dadurch bereitgestellten Daten und Infomaterialien lässt sich über die Setzung von differenzierten Zielgrößen eine adäquate Steuerung der Zulieferer und Dienstleister umsetzen.

8 Zehn Schritte zur „nachhaltigen" Erfolgsmessung im Einkauf

Um die beschriebenen Verfahren, Kennzahlen und Anreizsysteme im Unternehmen einzuführen, ist ein Umsetzungsprozess zur Erfolgsmessung im Einkauf erforderlich. Abbildung 8.1 zeigt die zehn Schritte zur Umsetzung einer „nachhaltigen" Erfolgsmessung im Einkauf. Nachhaltig meint dabei, dass die Erfolgsmessung langfristig umgesetzt wird und im Einkauf auch auf nachhaltigen Zielen aufgebaut wird.

Im ersten Schritt sind die Projektinhalte zu definieren und die Verantwortlichen für die Erfolgsmessung im Einkauf zu ernennen. Die Verantwortlichen sollten dabei bereichsübergreifend festgelegt werden. Neben Einkäufern sind auch Techniker sowie Mitarbeiter aus dem Controlling einzubeziehen. Die Projektinhalte umfassen die Ziele der Erfolgsmessung sowie deren Grenzen.

Anschließend sollte eine Analyse der Ist-Situation bezüglich der Erfolgsmessung im Einkauf erfolgen. Hierbei ist zu überprüfen, welche Aspekte vom bisherigen Erfolgsmessungs-System abgedeckt und welche möglicherweise noch vernachlässigt werden. Bestehende Kennzahlen und Verfahren können dabei erfasst und deren Bedeutung für die Erfolgsmessung dokumentiert werden.

Im dritten Schritt sind ausgewogene Ziele der Erfolgsmessung aus den Zielen des Unternehmens sowie der Supply Chain abzuleiten und zu definieren. Dabei sollte auf ein ausgewogenes Verhältnis zwischen quantitativen und qualitativen Zielstellungen geachtet werden. Damit verbunden ist auch die Berücksichtigung des Themas Nachhaltigkeit auf allen Ebenen. Zusätzlich sollte auch ein Zeitrahmen festgelegt werden, innerhalb dem die Zielerreichung geplant ist.

In einem weiteren Schritt ist ein ebenenspezifisches Soll-Konzept zu entwickeln. Darin sollten die Inhalte der einzelnen Ebenen, also Warengruppen, Beschaffungsorganisation und Lieferanten, definiert werden. Zudem sollte die prozessuale Abfolge der Erfolgsmessung und die beteiligten Abteilungen identifiziert und dokumentiert werden. Bei diesem Schritt ist es von besonderer Bedeutung die Schnittstellenpartner des Einkaufs, wie die Produktion oder Entwicklung, einzubeziehen, um eine Fokussierung auf reine Kostenziele zu verhindern.

Anschließend sind für jede Ebene entsprechende Verfahren, Kennzahlen, Referenzgrößen und Zielgrößen festzulegen. Dabei ist ebenfalls eine Abstimmung

E. Hofmann et al., *Erfolgsmessung und Anreizsysteme im Einkauf*,
Advanced Purchasing & SCM, DOI 10.1007/978-3-642-34317-9_8,

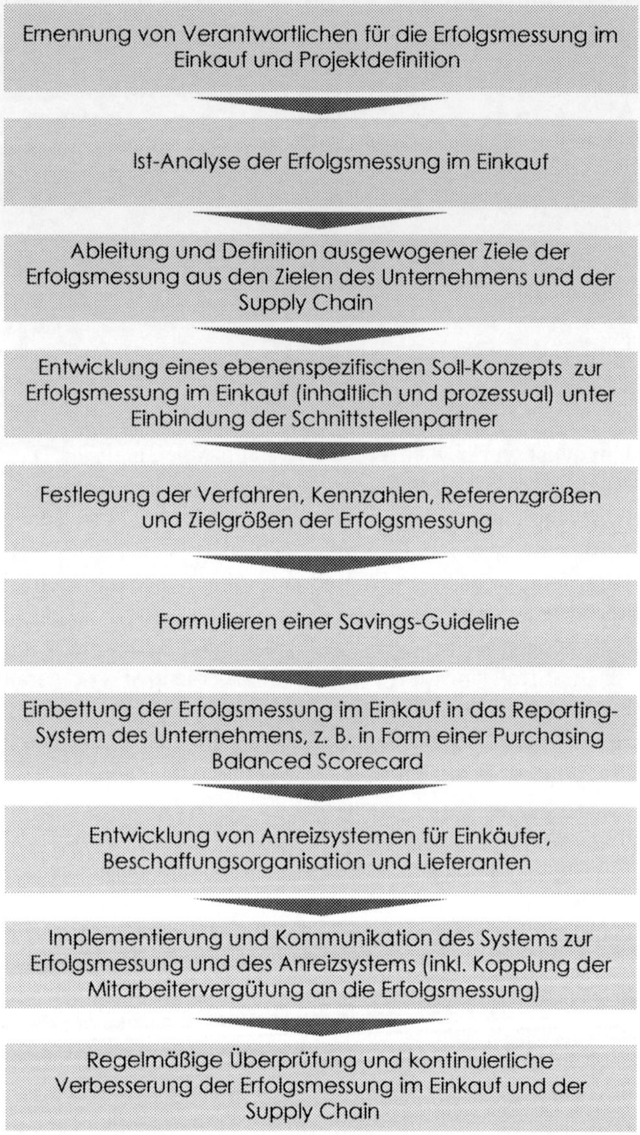

Abb. 8.1 Zehn Schritte zur „nachhaltigen" Erfolgsmessung im Einkauf

mit anderen Unternehmensabteilungen, insbesondere der Controlling-Abteilungen, unbedingt erforderlich, um die Umsetzbarkeit und Nachvollziehbarkeit der Erfolgsmessung zu gewährleisten. Zudem sollten die definierten Verfahren, Kennzahlen, Referenzgrößen und Zielgrößen in gleicher Form von anderen beschaffenden Unternehmensabteilungen angewendet werden. Auf diese Weise können eine Gleichbehandlung garantiert und interne Vergleiche durchgeführt werden.

Die anzuwendenden Verfahren, Kennzahlen, Referenzgrößen und Zielgrößen können im nächsten Schritt in einer Savings-Guideline zusammengefasst werden.

Mitarbeiter verschiedener Abteilungen sollten diese erstellen, um das gegenseitige Vertrauen zu stärken. Auch sollte die Savings-Guideline in die Unternehmens- sowie die Abteilungsstrategien integriert werden, um die Befolgung durch die Mitarbeiter zu gewährleisten.

Im Anschluss daran ist die Erfolgsmessung in das Reporting-System des Unternehmens einzubetten, um eine ganzheitliche Erfolgsmessung sicherzustellen. Dies kann anhand einer P-BSC erfolgen. Die zur Erfolgsmessung im Einkauf angewendeten Kennzahlen können hierbei den Dimensionen Finanzen, Prozesse, Lieferanten, Mitarbeiter sowie interne Kunden zugeordnet werden. Dabei sollten jeder Dimension etwa die gleiche Anzahl Kenngrößen zugewiesen werden. Zudem sind sowohl quantitative als auch qualitative Größen zu berücksichtigen, um die Nachhaltigkeit der Ziele zu gewährleisten.

Aus der Savings-Guideline sowie der P-BSC lassen sich im Folgenden Anreizsysteme für Einkäufer, die Beschaffungsorganisation sowie Lieferanten ableiten. Durch das Formulieren von langfristigen Zielen, die durch die Schaffung von Anreizen erreicht werden sollen, kann festgestellt werden, welche Arten von Anreizsystemen besonders geeignet sind. Hierbei kann auf erfolgs- oder leistungsorientierte Anreize zurückgegriffen werden. Auch ein Corporate Social Responsibility-System, welches sich mit sozialen und ökologischen Sachverhalten auseinandersetzt, kann hier eingebracht werden.

Im nächsten Schritt sollten die ausgewählten Bestandteile des Erfolgsmessungs-Systems im Unternehmen implementiert und kommuniziert werden. Um den Mitarbeitern die Neuerungen nahezubringen, können Workshops durchgeführt werden. Auf diese Weise lassen sich Missverständnisse ausräumen sowie die Nachvollziehbarkeit und Akzeptanz der Erfolgsmessung gewährleisten.

Der letzte Schritt zu einer nachhaltigen Erfolgsmessung besteht in der kontinuierlichen Optimierung der Erfolgsmessung. Regelmäßige Überprüfungen des Systems sind hierbei unerlässlich. So können schnell Änderungen, Anpassungen und Ergänzungen vorgenommen werden.

Bei der Erstellung eines Erfolgsmessungssystems ist vor allem auf eine langfristige Ausrichtung zu achten. Um die Nachhaltigkeit des Systems zu gewährleisten, sollten auch Aspekte wie die soziale, gesellschaftliche und ökologische Verantwortung einbezogen werden. So könnten diese Kriterien bei der Lieferantenauswahl zum Tragen kommen, was im Ergebnis den auswählenden Einkäufern bzw. der Beschaffungsorganisation als Erfolg zugerechnet werden kann. Auch der Aufbau strategischer Partnerschaften mit Lieferanten kann als nachhaltiges Ziel angesehen werden. Dabei sind in der Erfolgsmessung der benötigte Zeitraum für die Umsetzung entsprechender Maßnahmen im Vorfeld abzugrenzen, sowie die Schritte zur Zielerreichung festzulegen. Zudem sollten auch die Mitarbeiter durch ein Bonus- oder Entwicklungsprogramm zu nachhaltigem Handeln motiviert werden.

Da es sich bei nachhaltig orientierten Zielen meist um langwierigere Prozesse handelt, sollte dieser Aspekt auch in der Erfolgsmessung und bei der Ausweisung von Savings berücksichtigt werden. So könnten Etappenziele formuliert werden, die der Beschaffungsorganisation bereits als Teilerfolg zugerechnet werden. Zudem sollte das Erfolgsmessungs-System flexibel gehalten werden, um auf eventuelle

Veränderungen des Marktes oder der Umwelt reagieren und Anpassungen vornehmen zu können.

Zusammenfassend ist festzustellen, dass ein schrittweises Vorgehen bei der Einführung eines nachhaltigen Erfolgsmessungs-Systems empfehlenswert ist, um die Berücksichtigung aller relevanten Aspekte zu gewährleisten. Durch eine ausführliche Ist-Analyse und Formulierung klarer Ziele lässt sich bereits frühzeitig feststellen, welche Defizite durch welche Maßnahmen ausgeglichen werden können und auf welchen Aspekten der Fokus der Erfolgsmessung liegen soll. Bei der Entwicklung und Umsetzung ist die Abstimmung mit anderen Abteilungen und der Unternehmensstrategie essentiell, um Transparenz und Akzeptanz des Systems zu gewährleisten. Nachträgliche Optimierungen sollten zudem ohne großen Aufwand möglich sein. Werden diese Kriterien berücksichtigt, kann eine nachhaltige Erfolgsmessung im Einkauf den Einkaufserfolg langfristig positiv beeinflussen.

Literatur

Adam, D. (1996). *Planung und Entscheidung: Modelle – Ziele – Methoden* (4. Aufl.). Wiesbaden: Gabler.

Aich, R., & Fiedler, C. (2004). Balanced Scorecard im Strategischen Einkauf. *Beschaffung aktuell, 51*(2), 41–43.

Alicke, K. (2005). *Planung und Betrieb von Logistiknetzwerken: Unternehmensübergreifendes Supply Chain Management* (2. neu bearbeitete und erweiterte Aufl.). Berlin: Springer.

Appelfeller, W., & Buchholz, W. (2011). *Supplier Relationship Management: Strategie, Organisation und IT des modernen Beschaffungsmanagements* (2. Aufl.). Wiesbaden: Gabler.

Arnolds, H., et al. (2010). *Materialwirtschaft und Einkauf: Grundlagen – Spezialthemen – Übungen* (11. Aufl.). Wiesbaden: Gabler.

Arrow, K. (1984). *The economics of agency: Institute for mathematical studies in the social science.* Stanford.

Arthur D. Little. (2009). Procurement performance measurement: What CFOs expect from measuring procurement success. o. O.

Arthur D. Little/Lehrstuhl für Logistikmanagement der Universität St. Gallen/Bundesverband Materialwirtschaft Einkauf und Logistik e. V. BME. (2010). *Spitzenleistung im Einkauf: Ergebnisse der Benchmarking-Studie „Purchasing Performance Excellence" (PPE).* o. O.

Asanuma, B. (1989). Manufacturer-supplier relationships in Japan and the concept of relation-specific skill. *Journal of the Japanese and the International Economies, 3*(1), 1–30.

Ashenbaum, B. (2006). *Defining cost reduction and cost avoidance: Critical Issues Report. CAPS Research.* o. O.

Axelrod, R. (1984). *The evolution of cooperation.* New York: Basic Books.

Bachmann, H., & Hofmann, E. (2006). *Behälter-Management in der Praxis: State-of-the-art und Entwicklungstendenzen bei der Steuerung von Ladungsträgerkreisläufen.* Hamburg: Deutscher Verkehrs.

Baily, P., et al. (2008). *Procurement principles and management* (10. Aufl.). Essex: Prentice Hall.

Beamon, B. M. (1999). Measuring supply chain performance. *International Journal of Operations & Production Management, 19*(3), 275–292.

Beck, P., & Hofmann, E. (2012). Multiple criteria decision making in supply chain management: Currently available methods and possibilities for future research. *Die Unternehmung, 66*(2), 182–217.

Becker, E. G. (1994). *Grundlagen betrieblicher Leistungsbeurteilungen: Leistungsverständnis und -prinzip, Beurteilungsproblematik und Verfahrensprobleme* (2. Aufl.). Stuttgart: Schäffer-Poeschel.

Beckmann, T. (2008). Emerging Market Sourcing: Eine empirische Untersuchung über Erfolgsfaktoren in der Beschaffung aus Wachstumsmärkten. In F. Straube, H. Baumgarten, & R. Klinkner (Hrsg.), *Schriftenreihe Logistik der Technischen Universität Berlin* (Bd. 4). Berlin.

E. Hofmann et al., *Erfolgsmessung und Anreizsysteme im Einkauf,*
Advanced Purchasing & SCM, DOI 10.1007/978-3-642-34317-9,

Beel, J. (2007). *Project team rewards: Rewarding and motivating your project team*. Scotts Valley: CreateSpace Independent Publishing Platform.

Beißel, J. (2003). *Anreizsysteme in der Beschaffung.* Wiesbaden: Gabler.

Bichler, K., Krohn, R., & Philippi, P. (2011). *Gabler Kompaktlexikon Logistik: 1.900 Begriffe nachschlagen, verstehen, anwenden* (2. Aufl.). Wiesbaden: Gabler.

Blascovich, J. D., & Markham, W. J. (2005). How procurement excellence creates value. *Supply Chain Management Review, 2*(9).

BME Verband. (2010). *Umfrage Topkennzahlen im Einkauf: Ergebnisse aus der Datenerhebung 2010*. o. O.

Bragg, S. M. (2002). *Accounting reference desktop.* New York: Wiley.

Bresnen, M., & Marshall, N. (2000). Motivation, commitment and the use of incentives in partnerships and alliances. *Construction Management and Economics, 18*(5), 587–598.

Buchholz, W. (2002). Messung und Darstellung von Beschaffungsleistungen. *Zfbf – Kontaktstudium* 54.

Buck, T. (2005). *Performance Controlling im Beschaffungsmanagement. Perspektiven des Supply Management: Konzepte und Anwendungen.* Berlin.

Burt, D. N., Dobler, D. W., & Starling, S. L. (2003). *World class supply management. The key to supply chain management* (7. Aufl.). New York: Mcgraw Hill Book Co.

Carr, A. S., & Smeltzer, L. R. (1999). The relationship among purchasing benchmarking, strategic purchasing, firm performance, and firm size. *Journal of Supply Chain Management, 35*(4), 56.

Carter, P. J., Monczka, R. M., & Mosconi, T. (2005). Looking at the Future of Supply Measurement. *Supply Chain Management Review, 9*(20), 9–27.

Charnes, A., Cooper, W. W., & Rhodes E. (1978). Measuring the efficiency of decision making units. *European Journal of Operational Research, 4*(2), 429–444.

Charnes, A., Cooper, W. W., & Lewin, A. Y. (1994). *Data envelopment analysis: Theory, methodology and applications.* Norwell: Kluwer.

Chen, I. J., Paulraj, A., & Lado, A. A. (2004). Strategic purchasing, supply management, and firm performance. *Journal of Operations Management, 22*(3), 506–520.

Christiansen, P. E., & Maltz, A. (2002). Becoming an „interesting" customer: procurement strategies for buyers without leverage. *International Journal of Logistics: Research and Applications, 5*(2), 177–195.

Clark, K. B., Chew, W. B., & Fujimoto, T. (1987). Product development in the world auto industry: strategy, organization and performance. *Brooking Papers on Economic Activity, 35*(3), 729–771.

Cordón, C., & Vollmann, T. (2008). *The power of two: how smart companies create win-win customer-supplier partnerships that outperform the competition.* Basingstoke: Palgrave Macmillan.

Corsten, H. (2004). *Produktionswirtschaft: Einführung in das industrielle Produktionsmanagement* (10. vollständig überarbeitete Aufl.). München: Oldenbourg Wissenschaftsverlag.

Corsten, D., & Hofstetter, J. (2001). Supplier Relationship Management: Prozessmanagement in Lieferantenbeziehungen. In C. Belz & J. Mühlmeyer (Hrsg.), *Key supplier management* (S. 130–147). St. Gallen: Thexis.

Cusumano, M. A., & Takeishi, A. (1991). Supplier relations and management: A survey of Japanese, Japanese-transplant, and U.S. auto plants. *Strategic Management, 12*(1), 563–588.

Daxböck, C., et al. (2011). *Performance Management im Einkauf 2011: Den Wertbeitrag des Einkaufs aktiv steuern und optimieren: Ergebnisbericht.* Stuttgart.

De Toni, A. F., & Tonchia, S. (2001). Performance measurement systems: models, characteristics and measures. *International Journal of Operations & Production Management, 21*(2), 53.

Dick, A. R. (1992). An efficient explanation for why firms second source. *Economic Inquiry, 30*(2), 332–354.

Duffy, R. J. (2008). Measuring purchasing's effectiveness: Critical Issues Report. *CAPS Research.* o. O.

Dumond, E. (1991). *Performance measurement and decision making in a purchasing environment.* Tempe.

Dyckhoff, H. (2000). *Grundzüge der Produktionswirtschaft: Einführung in die Theorie der betrieblichen Wertschöpfung.* (3. überarbeitete Aufl.). Berlin: Springer.

Dyer, J. H., Cho, S. D., & Chu, W. (1996). *Strategic supplier segmentation: A Model for managing suppliers in the 21st century.* Cambridge: MIT Press.

Ellram, L. M., & Siferd, S. P. (1998). Total cost of ownership: A key concept in strategic cost management decisions. *Journal of Business Logistics, 19*(1), 55–84.

Engelhardt, C. (2002). *Balanced Scorecard in der Beschaffung.* (2. Aufl.). München.

Entchelmeier, A. (2008). *Supply Performance Measurement: Leistungsmessung in Einkauf und Supply Management.* Wiesbaden: Gabler.

Ernst & Young AG/Fraunhofer Institut für Produktionstechnologie IPT. (2009). *Innovationsmanagement durch den Einkauf.* Eschborn.

Eschenbach, S. (1999). Balanced Scorecards für die Materialwirtschaft. *Beschaffung Aktuell, 4*(10), 38–41.

Eßig, M. (2003). Supplier Lifetime Value als Ansatz zur Neubewertung von Lieferantenbeziehungen. In R. Bogaschewsky (Hrsg.), *Integrated Supply Management – Einkauf und Beschaffung: Effizienz steigern, Kosten senken* (S. 323–346). Köln: Deutscher Wirtschaftsdienst.

Eßig, M. (2007). Value Sourcing: Aspekte eines wertorientierten Controlling im Beschaffungs- und Supply Chain Management. In F. J. Garcia Sanz, K. Semmler, & J. Walther (Hrsg.), *Die Automobilindustrie auf dem Weg zur globalen Netzwerkkompetenz* (S. 231–247). Berlin: Springer.

Eßig, M., & Buck, T. (2007). Dimensionen, Elemente und Institutionalisierung eines Beschaffungscontrolling-Portfolios. *Controlling & Management, 51*(3), 168–173.

Fearon, H. E., Dobler, D. W., & Killen, K. H. (1993). *The purchasing handbook* (5. Aufl.). Stanford.

Fields, E. (2011). *The essentials of finance and accounting for nonfinancial managers* (2. Aufl.). New York: AMACOM.

Fisher, M. L. (1997). What is the right supply chain for your product?: A simple framework can help you figure out the answer. *Harvard Business Review, 7*(2), 105–116.

Frazier, G. L., Spekman, R. E., & O'Neal, C. R. (1988). Just-In-Time exchange relationships in industrial markets. *Journal of Marketing, 52*(10), 52–67.

Fruin, M. (1992). *The Japanese enterprise system.* Oxford: Clarendon Press.

Gabath, C. (2008). Organisation und Personal – die Keimzelle des erfolgreichen Beschaffungsmanagements. In *Gewinngarant Einkauf – Nachhaltige Kostensenkung ohne Personalabbau.* Wiesbaden: Springer.

Gabler. (2009). *Gabler Wirtschaftslexikon.* Wirtschaftslexikon.

Gebert, K. (2011). *Performance control in buyer-supplier-relationships: The design and use of formal management control systems.* Diss., Univ. St. Gallen.

Gerlach, S., et al. (2004). *Supplier Relationship Management im Agribusiness: Ein Konzept zur Messung der Geschäftsbeziehungsqualität.* Diskussionsbeitrag 0406 des Instituts für Agrarökonomie, Univ. Göttingen 2004.

Gienke, H., & Kämpf, R. (2007). *Handbuch Produktion. Innovatives Produktmanagement: Organisation, Konzepte, Controlling.* München: Carl Hanser.

Giunipero, L., & Pearcy, D. (2000). World-Class purchasing skills: An empirical investigation. *The Journal of Supply Chain Management, 36*(4), 4–15.

Glückstein, T. (2011). *Wirtschaftsrechtliche Erscheinungsformen von E-Procurement: Die Nutzungs- und Marktverhältnisse elektronischer b2b-Handelsplattformen.* München: VVF, Utz.

Gomes, P., Gouveia, J. B., & Santos, S. (2012). *Measuring performance in supply chain – a framework.* o. O.

Gudehus, T. (2010). *Logistik: Grundlagen – Strategien – Anwendungen.* Heidelberg: Springer.

Gunasekaran, A., Patel, C., & McGaughey, R. E. (2004). A framework for supply chain performance measurement. *International Journal of Production Economics, 87*(3), 333–347.

Hansen, K. (2006). *Sonderangebote im Lebensmitteleinzelhandel: Eine empirische Analyse für Deutschland.* Diss., Univ. Kiel 2006, Göttingen.

Hart, O. D. (1995). *Firms, contracts and financial structure.* Oxford: Oxford University Press.

Hart, T., Capps, A. D., & Bauer, M. (2010). *Nonprofit guide to green going.* Hoboken: Wiley.

Hartmann, E., Kerkfeld, D., & Henke, M. (2011). Top and bottom line relevance of purchasing and supply management. *Journal of Purchasing and Supply Management (2012)18*, 22–34. Diss., Friedrich-Alexander-Univ. Erlangen-Nürnberg 2012.

Hartmann, H., Pahl, H. J., & Spohrer, H. (1992). *Lieferantenbewertung – aber wie?: Lösungsansätze und erprobte Verfahren.* Gernsbach: Deutscher Betriebswirte-Verlag.

Henke, M., & Grötsch V. (2010). *Performance Measurement Respekt für den Einkauf. BA Beschaffung Aktuell.* Leinfelden-Echterdingen.

Henke, M., & Quitt, A. (2008). Measuring supply management's bottom line impact – the necessity of participatory action research. Wiesbaden.

Heß, G. (2008). Supply-Strategien in Einkauf und Beschaffung. Wiesbaden: Gabler.

Hofmann E. (2008). Vom Outsourcing zum Insourcing: Organisatorische Alternativen und Wege zur Beendigung von Geschäftsbeziehungen. *Zeitschrift Führung + Organisation (ZFO), 77*(2), 104–113.

Hofmann E. (2010). Natural hedging as a risk prophylaxis and supplier financing instrument in automotive supply chains. *Supply Chain Management: An International Journal, 16*(2), 128–141.

Hofmann, E., Hofmann, C., & Pfeiffer, T. (2008). Kontrollrechte und Anreize in Supply Chains. *Zeitschrift für betriebswirtschaftliche Forschung (ZfbF), 59,*1–29.

Hofmann, E., & Kotzab H. (2010). A supply chain-oriented approach of working capital management. *Journal of Business Logistics, 2,* 305.

Hofmann, E., Maucher, D., Piesker, S., & Richter, P. (2011). *Ways out of the working capital trap: Empowering self-financing growth through modern supply management.* Berlin: Springer.

Hofmann, E., Maucher, D., Hornstein, J., & den Ouden, R. (2012). *Capital equipment purchasing: Optimizing the total cost of capex sourcing.* Berlin: Springer.

Holtsteiner, B., & Jaffe, B. D. (2012). *IT manager's handbook: Getting your new job done* (3. Aufl., S. 142). Waltham: Morgan Kaufmann.

Homburg, C. (2002). Bestimmung der optimalen Lieferantenzahl für Beschaffungsobjekte: Konzeptionelle Überlegungen und empirische Befunde. In D. Hahn & L. Kaufmann (Hrsg.), *Handbuch Industrielles Beschaffungsmanagement: Internationale Konzepte – Innovative Instrumente – Aktuelle Praxisbeispiele* (2. Aufl.). Wiesbaden: Gabler.

Horváth, P., & Kaufmann, L. (1998). Balanced Scorecard – Ein Werkzeug zur Umsetzung von Strategien. *Harvard Business Manager, 20*(5), 39–48.

Horváth, P., & Kaufmann, L. (2006). Beschleunigung und Ausgewogenheit im strategischen Managementprozess – Strategieumsetzung mit Balanced Scorecard. In D. Hahn & B. Taylor (Hrsg.), *Strategische Unternehmungsplanung – Strategische Unternehmungsführung: Stand und Entwicklungstendenzen* (9. Aufl., S. 137–150). Berlin: Springer.

Hug, W. (2011). *Einkaufscontrolling – Ist Einkaufserfolg messbar? Präsentation BME e. V. Vortrag.* Ludwigshafen.

Hug, W., & Weber J. (2011). *Wertetreiber Einkauf* (S. 42–55). Weinheim: Wiley-VCH.

Jahns, C., Hartmann, E., & Entchelmeier, A. (2007). Strategisches supply performance measurement. *Zeitschrift für Controlling & Management, 4*(Sonderheft 2), 74–82.

Janker, C. G. (2008). *Multivariate Lieferantenbewertungen: Empirisch gestützte Konzeption eines anforderungsgerechten Bewertungssystem* (2. Aufl.). Wiesbaden: Gabler.

Johnson, P. F., & Leenders, M. R. (2010). Minding the supply savings gap. *MIT Sloan Management Review, 51*(2), 25–31.

Johnston, W. J., & Bonoma, T. V. (1981). The buying center: Structure and interaction patterns. *Journal of Marketing, 45*(3), 143–156.

Jung, H. (2006). *Allgemeine Betriebswirtschaftslehre* (10. Aufl.). München: Oldenbourg.

Kajüter, P., & Kulmala H. I. (2005). Open-book accounting in networks: Potential achievements and reasons for failures. *Management Accounting Research, 16*(2), 179–204.

Kaplan, R. S., & Norton, D. P. (1992). The balanced scorecard – Measures that drive performance. *Harvard Business Review, 70*(1), 71–79.

Kaplan, R. S., & Norton, D. P. (1996a). Using the balanced scorecard as a strategic management system. *Harvard Business Review, 74*(1), 75–85.
Kaplan, R. S., & Norton, D. P. (1996b). *The balanced scorecard – Translating strategy into action.* Boston: Harvard Business School Press.
Kaplan, R. S., & Norton, D. P. (2000). *The strategy focused organization – How balanced scorecard companies thrive in the new business environment.* Boston: Harvard Business School Press 2(2000)14.
Karjalainen, K., Kemppainen, K., & van Raaij, E. M. (2008). Non-compliant work behaviour in purchasing: An exploration of reasons behind maverick buying. *Journal of Business Ethics, 85*(2), 245–261.
Karrer, M. (2006). Supply Chain Performance Management. Entwicklung und Ausgestaltung einer unternehmensübergreifenden Steuerungskonzeption. In M. Eßig & W. Stölzle (Hrsg.), *Supply Chain Management. Beiträge zu Beschaffung und Logistik.* Diss., Univ. Duisburg-Essen (2005), Wiesbaden.
Kaufmann, L. (2001). *Internationales Beschaffungsmanagement: Gestaltung strategischer Gesamtsysteme und Management einzelner Transaktionen.* Wiesbaden: Gabler.
Kerkhoff, G., & Penning, S. (2010). *Der strategische Faktor Personal im Einkauf: Warum mache Einkaufsorganisationen erfolgreich sind – andere aber nicht.* Weinheim: Wiley.
Kirst, P. (2008). *Switching integrated suppliers: A multiple case analysis of supplier switches in an industrial context.* St. Gallen.
Klaus, P., & Krieger, W. (Hrsg.). (2008). *Gabler Lexikon Logistik* (4. Aufl.). Wiesbaden.
Köhler, R., Küpper, H. U., & Pfingsten, A. (2007). *Handwörterbuch der Betriebswirtschaft* (6. Aufl.). Ulm.
Kopplemann, U. (2004). *Beschaffungsmarketing* (4. Aufl.). Berlin: Springer.
Körfer, C. (2011). *Beschaffungscontrolling: Die Performance der Beschaffung durch geeignete Instrumente messbar machen.* Hamburg: Diplomica.
Kraft, A. (2010). *Messung von Einkaufserfolgen als integraler Bestandteil eines Performance-Measurement-Systems.* Vortrag, RWE Service GmbH. o. O.
Kraljic, P. (1983). Purchasing must become supply management. *Harvard Business Review, 9*(1), 109–117.
Kruse, K.-O. (1996). *Anreizsysteme in Abnehmer-Zulieferer-Kooperationen.* Hamburg: Kovac 1998.
Küpper, H.-U., & Helber, S. (2004). *Ablauforganisation in Produktion und Logistik* (3. überarbeitete und erweiterte Aufl.). Stuttgart: Schäffer-Poeschel.
Laffont, J.-J., & Tirole, J. A. (1988). Repeated auctions of incentive contracts, investment and bidding parity with an application to takeovers. *The RAND Journal of Economics, 19*(4), 516–537.
Laffont, J.-J., & Tirole, J. A. (1993). *A theory of incentives in procurement and regulation.* Cambridge: MIT.
Lahdenpera, P., & Koppinen, T. (2003). Charting of incentive payment bases for multiobjective construction projects. *Proceedings from Joint International Symposium of CIB Working Commissions Singapore, 4,* 481–493.
Lawler, E., & Jenkins, G. (1992). Strategic reward systems. In M. Dunnette (Hrsg.), *Handbook of industrial & organizational psychology.* Palo Alto: Consulting Psychologists.
Liepold, N. (2011). *Scoring Modell: Verstellung der Scoring Methode als Entscheidungshilfe bei der Lieferantenauswahl für Verkehrsdienstleistungen.* Norderstedt.
Lindstrom, M. (2010). *Measuring strategic sourcing and procurement maturing within indirect spend.* 95th ISM Annual International Supply Management Conference, San Diego.
Liu, J., Ding, F., & Lall, V. (2000). Using data envelopement analysis to compare suppliers for supplier selection and performance improvement. *Supply Chain Management: An International Journal, 5*(3), 143–150.
Locke, R. M., & Romis, M. (2006). Beyond corporate codes of conduct: Work organization and labor standards in two Mexican garment factories. *MIT Working Paper, 6*(3), 6–13.
Lödding, H. (2008). *Verfahren der Fertigungssteuerung* (2. erweiterte Aufl.). Berlin: Springer.

Lührs, S. (2010). *Kostentransparenz in der Supply Chain: Der Einsatz von Open Book Accounting in Zulieferer-Abnehmer-Beziehungen.* Wiesbaden: Gabler.

Lyons, T., Krachenberg, A., & Henke, J. (1990). Mixed motive marriages: What's next for buyer-supplier relations? *Sloan Management Review, 31*(1), 29–36.

Madhok, A., & Tallman, S. B. (1998). Resources, transactions and rents: Managing value through interfirm collaborative relationships. *Organization Science, 9*(3), 326–339.

Maier, H., & Niclauß, S. (2006). Früh einkaufen, gemeinsam handeln – Projektgeschäft ist anders. *BA Beschaffung Aktuell.* Leinfelden-Echterdingen.

Mamic, I. (2004). *Implementing codes of conduct: How businesses manage social performance in global supply chains.* Geneva: ILO.

Maucher, D., Stölzle, W., & Hofmann, E. (2012). Procurement Value Added – Ein Ansatz zur wertorientierten Messung des Beschaffungserfolges. In R. Bogaschewsky (Hrsg.), *Supply Management Research. Aktuelle Forschungsergebnisse.* Wiesbaden: Gabler.

McMillan, J. (1990). Managing supplier incentives systems in Japanese and U.S. industry. *California Management Review, 32*(4), 38–55.

Melzer-Ridinger, R. (2007). *Supply Chain Management. Prozess- und unternehmenübergreifendes Management von Qualität, Kosten und Liefertreue.* München: Oldenbourg.

Monczka, R. M., Trent, R. J., & Handfield, R. B. (2002). *Purchasing and supply chain management* (2. Aufl.). Stanford: Stanford University Press.

Monteverde, K., & Teece, D. J. (1982). Supplier switching costs and vertical integration in the automobile industry. *The Bell Journal of Economics, 13*(1), 201–213.

Morlock, U., & Nachtrab, S. (1997). Verkürzung von Entscheidungsprozessen: Fuzzy Logic eröffnet neue Wege der Lieferantenbewertung. *Beschaffung Aktuell, 7,* 29–31.

Nikbakht, E., & Groppelli, A. (2006). *Finance* (5. Aufl.). New York.

Nyiri, A. (2007). *Corporate Performance Management: Ein ganzheitlicher Ansatz zur Gestaltung der Unternehmenssteuerung.* Wien: facultas.wuv.

Ogden, J. A., Zsidisin, G. A., & Hendrick, T. E. (2002). Factors that influence chief purchasing officer compensation. *Journal of Supply Chain Management, 38*(3), 30–38.

Olsen, R. F., & Ellram, L. M. (1997). A portfolio approach to supplier relationships. *Industrial Marketing Management, 26,* 102–120.

Osterloh, M. (2004). *Die Motivationsaufgabe: In Organisation II: Das Management von Strukturen und Prozessen.* Zürich.

Pagell, M. et al. (1996). Motivating the purchasing professional. *International Journal of Operations Management, 19*(4), 497–512.

Penka, A. et al. (2010). *Global Chief Procurement Officer Survey 2010: Achieving sustained business value through procurement.* London.

Pfohl, H.-C. (2004). *Logistikmanagement: Konzeption und Funktionen* (Bd. 1). Berlin.

Piontek, J. (2004). *Beschaffungscontrolling* (3. überarbeitete und erweiterte Aufl.). München: Oldenbourg.

Piontek, J. (2012). *Beschaffungscontrolling* (4. Aufl.). München: Oldenbourg.

Plümer, T. (2003). *Logistik und Produktion.* München: Oldenbourg.

Pohl, M., & Förstl, K. (2011). Achieving purchasing competence through purchasing performance measurement system design – A multiple-case study analysis. *Journal of Purchasing & Supply Management, 17*(4), 231–245.

Porter, M. E. (1983). *Competitive strategy.* New York: The Free Press.

Präuer, A. (2006). Erfolgsmessung im Einkauf – Ein absolutes Muss mit vielen Hürden. *BA Beschaffung Aktuell.* Leinfelden-Echterdingen.

Preissler, P. R. (2008). *Betriebswirtschaftliche Kennzahlen. Formeln Aussagekraft Sollwerte Ermittlungsintervalle.* München: Oldenbourg.

Przygodda, I., & Ferreras, M. (2004). State-of-the-art Bewertungen von Lieferantenbeziehungen. In v. D. Ahlert & S. Zelewski (Hrsg.), *MOTIWIDI-Projektbericht Nr. 19.* Essen.

Ramanathan, R. (2007). Supplier selection problem: Integrating DEA with the approach of total cost of ownership and AHP. *Supply Chain Management: An International Journal, 12*(4), 258–261.

Refflinghausen, R. (2000). *Anbahnung von Forschungs- und Entwicklungskoopertationen mit Methoden des Qualitätsmanagement.* Universität Dortmund 2002.

Reinschmidt, J. (1989). *Beschaffungs-Controlling mit Kennzahlensystemen.* Bergisch Gladbach: Eul.

Reisetbauer, M., & Schlattl, B. (2004). Erfolgs- und finanzwirtschaftliche Analysen aus Sicht der Unternehmensführung. In R. Guserl & H. Pernsteiner (Hrsg.), *Handbuch Finanzmanagement in der Praxis.* Wiesbaden: Gabler.

Rennemann, T. (2007). *Logistische Lieferantenauswahl in globalen Produktionsnetzwerken.* Diss., Univ. Eichstätt.

Reuter, C., & Hartmann, E. (2008). Tipps zur Formulierung Ihrer Savings Guideline. *BA Beschaffung Aktuell.* Leinfelden-Echterdingen.

Richardson, J. (1993). Parallel sourcing and supplier performance in the Japanese automobile industry. *Strategic Management Journal, 144*(5), 339–350.

Rogerson, W. P. (1994). Economic incentives and the defense procurement process. *Journal of Economic Perspectives, 8*(4), 65–90.

Rounsavill, B. et al. (2008). *Calculating procurement's value – Presentation.* National Association of Educational Procurement 87th Annual Meeting. Austin.

RWTH. (2005). *Anreizsysteme im Unternehmen.* Aachen.

Saaty, T. L. (1990). How to make a decision: The analytic hierarchy process. *European Journal of Operational Research, 48*(1), 9–26.

Sage, A. P., & Rouse, W. B. (2009). *Handbook of system engineering and management* (2. Aufl.). Hoboken: Wiley.

Saleem, S. (2006). *Business environment.* Delhi.

Sánchez-Rodríguez, C., Mártinez-Lorente, Á. R., & Clavel, J. G. (2003). Benchmarking in the purchasing function and its impact on purchasing and business performance. *Benchmarking: An International Journal, 10*(5), 469.

Sappington, D. E. M. (1991). Incentives in Principal-agent relationships. *Journal of Economic Perspectives, 5*(2), 45–66.

Schiele, H. et al. (2012). Towards a social exchange theory perspective on preferred customership – Concept and practice. In R. Bogaschewsky et al. (Hrsg.), *Supply management research* (S. 133–151). Wiesbaden: Gabler.

Schild, D. (2008). Erfolg ist messbar – Die wahren Kennzahlen des Einkaufs. *BA Beschaffung Aktuell.* Leinfelden-Echterdingen.

Schoddel, M., & Krentscher, U. (2004). Im Einkauf liegt der Gewinn. *BA Beschaffung Aktuell.* Leinfelden-Echterdingen.

Schulte, C. (2005). *Logistik. Wege zur Optimierung der Supply Chain* (4. Aufl.). München: Vahlen.

Schulte, G. (2001). *Material- und Logistikmanagement* (2. Aufl.). München: Oldenbourg.

Sibbel, R. (2004). *Produktion integrativer Dienstleistungen: Kapazitätsplanung und Organisationsgestaltung am Beispiel von Krankenhäusern.* Wiesbaden: Deutscher Universitätsverlag.

Silbermayr, T. (2008). *Steuerungsmöglichkeiten im Projekteinkauf durch ein Einkaufscontrolling – und Reportingsystem – Siemens VAI.* BMÖ Vortrag. o. O.

Slack, N., Chambers, S., & Johnston, R. (2010). Operations Management (6. Aufl.). London.

Srinivasan, R., & Brush, T. H. (2006). Supplier performance in vertical alliances: The effects of self-enforcing agreements and enforceable contracts. *Organization Science, 17*(4), 436–452.

Stewart, G. (1991). *The quest for value: A guide for senior managers.* New York: Harper Collins.

Stewart, G. (1995). Supply chain performance benchmarking study reveals keys to supply chain excellence. *Logistics Information Management, 8*(2), 38–44.

Stölzle, W. (1999). *Industrial relationships.* München.

Stölzle, W. (2007). Beschaffung als Herausforderung für das Controlling. *Controlling & Management, 51*(3), 200–203.

Stoppel, M. et al. (2012). *Anreizsysteme im Einkauf.* Detecon AG. o. O.

Strache, H. (1978). Aufbau und Auswirkung des Controllings im Beschaffungs- und Materialbereich. In G. Haberland, P. R. Preissler, & C. W. Meyer (Hrsg.), *Handbuch revision, controlling, consulting* (S. 1–23). München.

Urban, M. (1998). *Fuzzy-Konzepte für Just-In-Time-Produktion und -Beschaffung.* Frankfurt a. M.

Victor, G. I. (2012). Property, plant, equipment and depreciation. In l. Graham & D. R. Carmichael (Hrsg.), *Accountant's handbook. Financial accounting and general topics* (Bd. 1, 12. Aufl.). Hoboken.

Voss, C. A., Ahlstrom, P., & Blackmon, K. (1997). Benchmarking and operational performance: Some empirical results. *International Journal of Operations & Production Management, 22*(2), 1056.

Wagner, S. M., & Kaufmann, L. (2004). Overcoming the main barriers in initiating and using purchasing-BSCs. *Journal of Purchasing and Supply Management, 10*(6), 269–281.

Wagner, S. M., & Weber, J. (2007). *Beschaffungscontrolling: Den Wertbeitrag der Beschaffung messen und optimieren. Advanced Controlling* (Bd. 54). Weinheim: Wiley.

Wahlen, J. M., Baginski, S. P., & Bradshaw, M. T. (2008). *Financial reporting, financial statement analysis and valuation. A strategic perspective* (7. Aufl.). Mason.

Wannenwetsch, H. (2005). *Vernetztes Supply Chain Management. SCM-Integration über die gesamte Wertschöpfungskette.* Berlin: Springer.

Weber, C. (1996). A data envelopment analysis approach to measuring vendor performance. *Supply Chain Management:An International Journal, 1*(1), 28–39.

Weber, J. (2004). *Das Advanced-Controlling-Handbuch: Alle entscheidenden Konzepte, Steuerungssysteme und Instrumente.* Vallendar.

Weber, J., & Zubler, S. (2010). *Controlling in Zeiten der Krise. Wirkungen und Maßnahmen* (Bd. 73). Weinheim: Wiley.

Werner, H. (2010). *Supply Chain Management: Grundlagen, Strategien, Instrumente und Controlling* (4. Aufl.). Wiesbaden.

Westermann, H. (2009). *Strategisches Einkaufsmanagement – Das große Handbuch wirksamer Werkzeuge für Industrie, Handel, Verwaltung.* Norderstedt: Books on Demand.

Wild, J. (1973). Organisation und Hierarchie. *Zeitschrift für Organisation, 42*(1), 45–54.

Wildemann, H. (1999). Einkaufserfolgsmessung – Controllingkonzept zur Einkaufspotenzialanalyse. *BA Beschaffung Aktuell.* Leinfelden-Echterdingen.

Williamson, O. E. (2005). Transaction cost economics. In C. Menard & M. M. Shirley (Hrsg.), *Handbook of new institutional economics.* Dordrecht: Springer.

Wu, T., & Blackhurst, J. (2009). Supplier evaluation and selection: An augmented DEA approach. *International Journal of Production Research, 47*(16), 4593–4608.

Wulf, K. (2011). *Ethics and compliance programs in multinational organizations.* Diss., Freie Univ., Berlin.

Wyld, D. C. (2003). Transforming procurement: The Potential of auctions. In M. A. Abramson & R. S. Harris III (2003). *The procurement revolution* (S. 408). Lanham-Oxford.

Yüksel, I., & Dağdeviren, M. (2010). Using the fuzzy Analytic Network Process (ANP) for Balanced Scorecard (BSC). A case study for a manufacturing firm. *Expert Systems with Applications, 37*(2), 1270–1278.